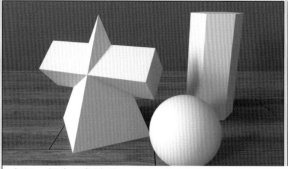

实例：制作石膏模型

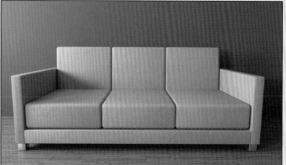

实例：制作沙发模型

实例：制作门模型

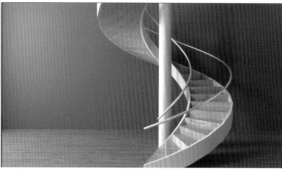

实例：制作螺旋楼梯模型

实例：制作图书模型

实例：制作排

实例：制作酒瓶模型

实例：制作饮料瓶子模型

实例：制作碗模型

实例：制作台灯模型

实例：制作烟灰缸模型

实例：制作方桌模型

实例：制作哑铃模型

实例：制作单人沙发模型

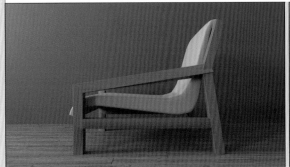

实例：制作躺椅模型

实例：制作柜子模型

实例：制作产品照明效果

实例：制作室内天光照明效果

实例：制作室外阳光照明效果

实例：制作台灯照明效果

实例：使用物理材质制作玻璃和水材质

实例：使用物理材质制作金属材质

实例：使用物理材质制作玉石材质

实例：使用物理材质制作夜灯材质

实例：使用多维/子对象材质制作陶瓷材质

实例：使用UVW贴图修改器制作图书材质

实例：使用渐变贴图制作彩色玻璃材质

实例：使用Wifeframe贴图制作线框材质

实例：制作景深效果

实例：制作运动模糊效果

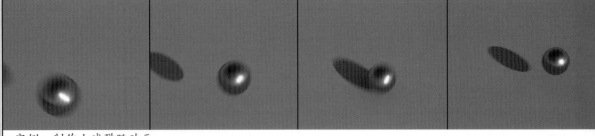

实例：制作小球弹跳动画

实例：制作文字变换动画

实例：制作气缸运动动画

实例：制作直升机飞行动画

实例：制作植物摆动动画

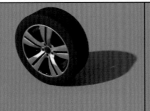 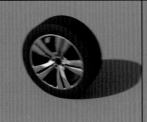 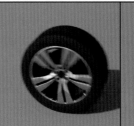 

实例：制作车轮滚动动画

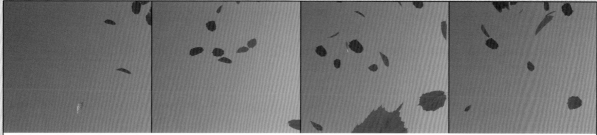

实例：制作落叶飞舞动画

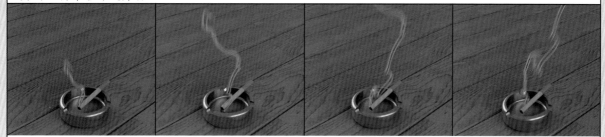

实例：制作香烟燃烧动画

实例：制作杯子炸裂动画

实例：制作雨滴飞溅动画

实例：制作物体碰撞动画

实例：制作桌布下落动画

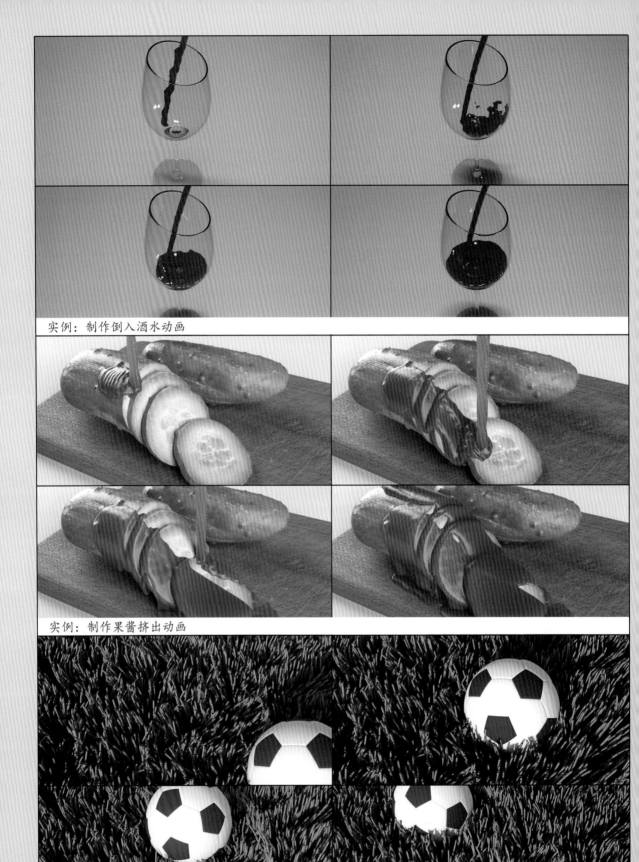

实例：制作倒入酒水动画

实例：制作果酱挤出动画

实例：制作草地动画效果

综合实例：客厅天光照明表现

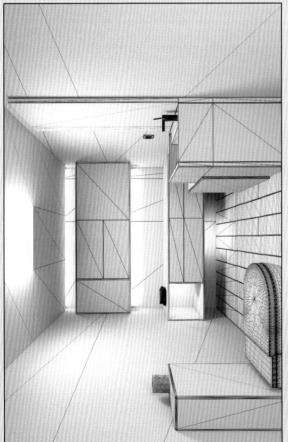

综合实例：卫生间灯光照明表现

实例：使用VRayMtl制作玻璃和饮料材质

实例：使用VRayMtl制作金属材质

实例：使用VRayMtl制作玉石材质

实例：使用VRayMtl制作陶瓷材质

实例：使用VRayMtl制作木纹材质

实例：使用VRay灯光材质制作灯泡材质

实例：使用VR-灯光制作室内天光照明效果

实例：使用VR-太阳制作天空环境照明效果

VRay综合实例：客厅室内照明表现

来阳 / 编著

从新手到高手

# 3ds Max 2022
# 从新手到高手

清华大学出版社
北京

# 内 容 简 介

本书是一本主讲如何使用中文版3ds Max 2022的技术手册。全书共15章,包含3ds Max 2022的界面组成、几何体建模、修改器建模、复合对象建模、图形建模、多边形建模、灯光技术、材质与贴图、摄像机技术、动画技术、粒子系统、动力学技术、毛发技术、渲染技术以及 VRay 渲染器应用等内容。

本书结构清晰、内容全面、通俗易懂,而且设计了大量的实用案例,详细阐述了制作原理及操作步骤,旨在提升读者的软件实际操作能力。另外,本书附带的教学资源内容丰富,包括本书案例的工程文件、贴图文件和教学视频,便于读者学以致用。

本书非常适合作为高校和培训机构动画专业的相关课程培训教材,也可以作为广大三维动画爱好者的自学参考用书。

**图书在版编目(CIP)数据**

3ds Max 2022 从新手到高手 / 来阳编著 . —北京:清华大学出版社,2022.1 (2024.9重印)
(从新手到高手)
ISBN 978-7-302-59274-7

Ⅰ.① 3… Ⅱ.① 来… Ⅲ.①三维动画软件 Ⅳ.① TP391.414

中国版本图书馆 CIP 数据核字 (2021) 第 196910 号

**责任编辑:** 陈绿春
**封面设计:** 潘国文
**版式设计:** 方加青
**责任校对:** 胡伟民
**责任印制:** 曹婉颖

**出版发行:** 清华大学出版社
  **网  址:** https://www.tup.com.cn, https://www.wqxuetang.com
  **地  址:** 北京清华大学学研大厦 A 座   **邮  编:** 100084
  **社 总 机:** 010-83470000   **邮  购:** 010-62786544
  **投稿与读者服务:** 010-62776969,c-service@tup.tsinghua.edu.cn
  **质 量 反 馈:** 010-62772015,zhiliang@tup.tsinghua.edu.cn
**印 装 者:** 三河市龙大印装有限公司
**经  销:** 全国新华书店
**开  本:** 188mm×260mm  **印 张:** 20  **插 页:** 4  **字 数:** 620 千字
**版  次:** 2022 年 1 月第 1 版  **印 次:** 2024 年 9 月第 3 次印刷
**定  价:** 99.00 元

产品编号:091556-01

# 前言 PREFACE

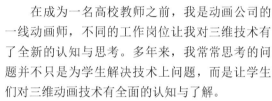

在成为一名高校教师之前，我是动画公司的一线动画师，不同的工作岗位让我对三维技术有了全新的认知与思考。多年来，我常常思考的问题并不只是为学生解决技术上问题，而是让学生们对三维动画技术有全面的认知与了解。

很多人认为学习三维动画仅仅是学习软件技术，这种想法并不全面。任何一款动画软件都不可能脱离其他学科的知识辅助来单独学习，例如建模、材质、灯光、摄影机这几项技术分别对读者的造型能力、色彩认知、光影关系和审美构图有相关的美术功底要求，如果读者在这几方面的美术能力很高，那么学习这几项三维技术将如鱼得水，游刃有余；如果读者对医用人体解剖及人物的运动规律很了解，那么这些读者则非常适合学习三维角色骨骼装配及角色动画；如果读者的逻辑性思维很强且有一定的计算机语言基础，那么从事对动画进行脚本编程或对3ds Max软件的功能进行二次开发这样的工作将非常轻松。所以想学好这款三维动画软件，对于读者的基础知识要求非常高。

本书全面系统地讲述3ds Max 2022的基础知识，主要包括多种模型制作技巧、灯光技术、材质与贴图、摄影机技术、动画技术、粒子系统、动力学技术、毛发技术、渲染技术以及VRay渲染器应用等内容。本书首先进行软件的命令基础讲解，再通过大量实例操作使读者快速掌握每章的知识要点。因篇幅有限，本书只针对主要工具进行讲解。

本书的工程文件和视频教学文件请扫描下面的二维码进行下载，如果在下载过程中碰到问题，请联系陈老师，邮箱：chenlch@tup.tsinghua.edu.cn。

由于作者水平有限，书中疏漏之处在所难免。如果有任何技术问题请扫描下面的二维码联系相关技术人员解决。

工程文件

视频教学

技术支持

来　阳

2022年1月

# CONTENTS 目录

# CONTENTS

# CONTENTS

# 第12章 动力学技术

# 第13章 毛发技术

# 第14章 渲染技术

# CONTENTS

## 第 15 章　VRay 渲染器

# 第1章
# 初识 3ds Max 2022

## 1.1　3ds Max 2022 概述

当前，科技行业发展迅猛，计算机的软硬件逐年更新，其用途早已不仅仅局限于办公，越来越多的可视化产品凭借这一平台飞速地融入人们的生活中。人们通过家用电脑不但可以游戏娱乐，还可以完成以往只能在高端配置的工作站上才能制作出的数字媒体产品。越来越多的高校也开始注重计算机软件在各专业中的应用，并将计算机课程分别安排在不同学期，以帮助学生更好地完成本专业的课程学习计划。

中文版3ds Max 2022软件是Autodesk公司生产的旗舰级别动画软件，该软件为从事工业产品、建筑表现、室内设计、风景园林、三维游戏及电影特效等视觉设计的工作人员提供了一整套全面的 3D 建模、动画、渲染以及合成的解决方案，应用领域非常广泛，如图1-1～图1-4所示。图1-5所示为3ds Max 2022的软件启动界面。

图1-1

图1-2

图1-3

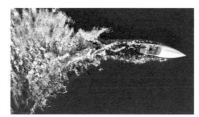

图1-4

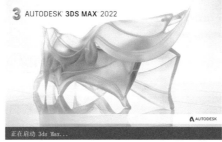

图1-5

## 1.2 3ds Max 2022 的工作界面

安装好3ds Max 2022软件后，可以通过双击桌面上的 图标启动3ds Max 2022软件。3ds Max 2022为用户提供了多种语言版本，在"开始"菜单中执行"Autodesk/3ds Max 2022-Simplified Chinese"命令，可以启动中文版3ds Max 2022程序。

学习3ds Max 2022之前，首先应熟悉软件的操作界面与布局，为以后的学习打下基础。3ds Max 2022的界面主要包括软件的标题栏、菜单栏、主工具栏、视图工作区、命令面板、时间滑块、轨迹栏、动画关键帧控制区、动画播放控制区和Maxscript迷你脚本侦听器等部分。图1-6为软件3ds Max 2022的软件截图。

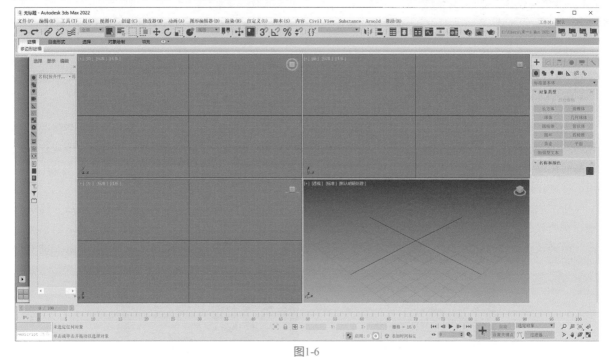

图1-6

### 1.2.1 欢迎屏幕

打开3ds Max 2022软件，系统会自动弹出"欢迎屏幕"，其中包含"软件概述""欢迎使用3ds Max""在视口中导航""场景安全改进"和"后续步骤"5个选项卡，以帮助新用户更好地了解并使用该软件。

1. "软件概述"选项卡

在"欢迎屏幕"对话框的第一个选项卡中显示的就是3ds Max的软件概述，如图1-7所示。

图1-7

2. "欢迎使用3ds Max"选项卡

"欢迎使用3ds Max"选项卡为用户简单介绍3ds Max的界面组成结构，如"在此处登录""控制摄影机和视口显示""场景资源管理器""时间和导航"等，如图1-8所示。

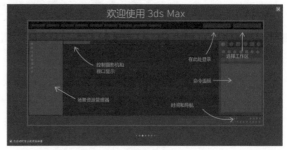

图1-8

3. "在视口中导航"选项卡

在"在视口中导航"选项卡中提示习惯Maya软件操作的用户可以使用"Maya模式"进行3ds Max

的视图操作，如图1-9所示。

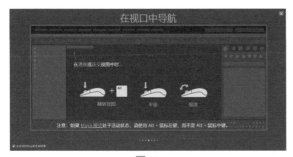

图1-9

**4. "场景安全改进"选项卡**

"场景安全改进"选项卡提示用户"安全场景脚本执行"和"恶意软件删除"两个新功能可以更好地保护用户的场景文件，如图1-10所示。

图1-10

**5. "后续步骤"选项卡**

在"后续步骤"选项卡中，3ds Max 2022提供"新增功能和帮助""样例文件""诚挚邀请您""教程和学习文章"以及"1分钟启动影片"为新用户解决3ds Max 2022的基本操作问题，如图1-11所示。需要注意的是，此处的内容需要连接网络才可以使用。

图1-11

### 1.2.2 菜单栏

菜单栏位于标题栏下方，包含3ds Max 2022软件中的所有命令，包括文件、编辑、工具、组、视图、创建、修改器、动画、图形编辑器、渲染、自定义、脚本、内容、Civil View、Substance、Arnold和帮助几类，如图1-12所示。

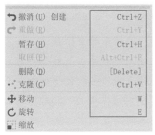

图1-12

3ds Max 2022软件设置了大量的快捷键，以帮助用户在实际工作中简化操作方式并提高工作效率，当用户打开下拉菜单时，就可以看到一些常用命令的后面有相应的快捷键提示，如图1-13所示。

图1-13

有些下拉菜单的命令后面带有省略号，表示使用该命令会弹出一个独立的对话框，如图1-14所示。

下拉菜单的命令后面带有黑色小三角箭头图标，表示该命令还有子命令可供选择，如图1-15所示。

图1-14

图1-15

下拉菜单中的部分命令为灰色不可使用状态，表示在当前的操作中，没有选择合适的对象可以使用该命令。例如当我们没有选择场景中的任何对象时，就无法激活"选择类似对象"和"选择实例"命令，如图1-16所示。

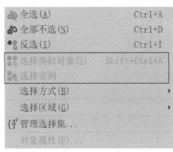

图1-16

### 1.2.3　工具栏

3ds Max 2022为用户提供了许多工具栏，在默认状态下，菜单栏的下方会显示"主工具栏"和"项目"工具栏。其中，主工具栏由一系列的图标按钮组成，当用户的显示器分辨率过低时，主工具栏上的图标按钮会显示不全，这时可以将鼠标移动至工具栏上，待鼠标变成抓手工具时，即可左右移动主工具栏来查看其他未显示的工具图标，图1-17所示为3ds Max 2022的主工具栏。

图1-17

仔细观察主工具栏上的图标按钮，如果图标按钮的右下角有黑色小三角形的标志，表示当前图标按钮包含多个类似命令。切换其他命令时，需要用鼠标长按当前图标按钮，就可以将其他命令显示出来，如图1-18所示。

图1-18

#### 工具解析

- ↺ "撤销"按钮：可取消上一次的操作。
- ↻ "重做"按钮：可取消上一次的"撤销"操作。
- ⧉ "选择并链接"按钮：用于将两个或多个对象链接成父子层次关系。
- ⧉ "断开当前选择链接"按钮：用于解除两个对象之间的父子层次关系。
- ≋ "绑定到空间扭曲"按钮：将当前选择附加到空间扭曲。
- 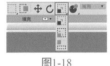 "选择过滤器"下拉列表：可以通过此列表限制选择工具选择的对象类型。
- ◼ "选择对象"按钮：可用于选择场景中的对象。
- ⊒ "按名称选择"按钮：单击此按钮可打开"从场景选择"对话框，通过对话框中的对象名称来选择物体。
- ▢ "矩形选择区域"按钮：在矩形选区内选择对象。
- ◯ "圆形选择区域"按钮：在圆形选区内选择对象。
- ▨ "围栏选择区域"按钮：在不规则的围栏形状内选择对象。

- ◌ "套索选择区域"按钮：通过鼠标在不规则的区域内选择对象。
- ▦ "绘制选择区域"按钮：用鼠标在对象上方以绘制的方式选择对象。
- ▢ "窗口/交叉"按钮：单击此按钮，可在"窗口"和"交叉"模式之间进行切换。
- ✛ "选择并移动"按钮：选择并移动选择的对象。
- ↻ "选择并旋转"按钮：选择并旋转选择的对象。
- ▦ "选择并均匀缩放"按钮：选择并均匀缩放所选择的对象。
- ▦ "选择并非均匀缩放"按钮：选择并以非均匀的方式缩放选择的对象。
- ▦ "选择并挤压"按钮：选择并以挤压的方式缩放所选择的对象。
- ◉ "选择并放置"按钮：将对象准确地定位到另一个对象的表面。
- 视图 ▼ "参考坐标系"下拉列表：可以指定变换所用的坐标系。
- ▦ "使用轴点中心"按钮：可以围绕对象各自的轴点旋转或缩放一个或多个对象。
- ▦ "使用选择中心"按钮：可以围绕选择对象的共同的几何中心进行选择，或缩放一个或多个对象。
- ▦ "使用变换坐标中心"按钮：围绕当前坐标系中心旋转或缩放对象。
- ✛ "选择并操纵"按钮：通过在视口中拖动"操纵器"来编辑对象的控制参数。
- ▦ "键盘快捷键覆盖切换"按钮：单击此按钮，可以在"主用户界面"快捷键和组快捷键之间进行切换。

- 🔧 "捕捉开关"按钮：通过此按钮可以设置捕捉3D空间内的顶点、栅格点、轴心和垂足等选项。
- 📐 "角度捕捉开关"按钮：通过此按钮可以设置在旋转操作时进行预设角度旋转。
- % "百分比捕捉开关"按钮：按预先设置好的百分比来缩放对象。
- 🔧 "微调器捕捉开关"按钮：用于切换设置3ds Max中微调器的一次单击的增加或减少值。
- 🔧 "编辑命名选择集"按钮：单击此按钮，可以打开"命名选择集"对话框。
- ▼ "命名选择集"下拉列表：使用此列表可以调用选择集合。
- 🔧 "镜像"按钮：单击此按钮，可以打开"镜像"对话框来详细设置镜像场景中的物体。
- 🔧 "对齐"按钮：将当前选择与目标选择进行对齐。
- 🔧 "快速对齐"按钮：可立即将当前选择的对象与目标对象进行对齐。
- 🔧 "法线对齐"按钮：使用"法线对齐"对话框设置物体表面基于另一个物体表面的法线方向进行对齐。
- 🔧 "放置高光"按钮：可将灯光或对象对齐到另一个对象上来精确定位其高光位置。
- 🔧 "对齐摄影机"按钮：将摄影机与选定的面法线进行对齐。
- 🔧 "对齐到视图"按钮：通过"对齐到视图"对话框，将对象或子对象选择的局部轴与当前视口进行对齐。
- 🔧 "切换场景资源管理器"按钮：单击此按钮，可打开"场景资源管理器-场景资源管理器"对话框。
- 🔧 "切换层资源管理器"按钮：单击此按钮，可打开"场景资源管理器-层资源管理器"对话框。
- 🔧 "切换功能区"按钮：单击此按钮，可显示或隐藏Ribbon工具栏。
- 🔧 "曲线编辑器"按钮：单击此按钮，可打开"轨迹视图-曲线编辑器"面板。
- 🔧 "图解视图"按钮：单击此按钮，可打开

"图解视图"面板。

- 🔧 "材质编辑器"按钮：单击此按钮，可打开"材质编辑器"面板。
- 🔧 "渲染设置"按钮：单击此按钮，可打开"渲染设置"面板。
- 🔧 "渲染帧窗口"按钮：单击此按钮，可打开"渲染帧窗口"。
- 🔧 "渲染产品"按钮：渲染当前激活的视图。

在主工具栏的空白处右击，可以看到在默认状态下未显示的其他多个工具栏，如图1-19所示。除主工具栏外，还有MassFX工具栏、"动画层"工具栏、"容器"工具栏、"层"工具栏、"捕捉"工具栏、"渲染快捷方式"工具栏、"状态集"工具栏、"笔刷预设"工具栏、"轴约束"工具栏和"附加"工具栏，如图1-20～图1-29所示。

图1-19 　　　　　　　　　图1-20

图1-21

图1-22

图1-23

图1-24

图1-25 　　　　　　　　图1-26

图1-27

X Y Z XY XY

图1-28 　　　　　　　图1-29

## 1.2.4 Ribbon 工具栏

Ribbon工具栏包含建模、自由形式、选择、对象绘制和填充五部分，在"主工具栏"后面的空白处右击，执行Ribbon命令即可将工具栏显示出来，如图1-30所示。

图1-30

### 1. 建模

单击"显示完整的功能区"图标，可以向下将Ribbon工具栏完全展开。执行"建模"命令，Ribbon工具栏就可以显示出与多边形建模相关的命令，如图1-31所示。当鼠标未选择几何体时，该命令区域呈灰色。

图1-31

用鼠标选择几何体时，单击相应图标进入多边形的子层级后，此区域可显示相应子层级内的全部建模命令，并以非常直观的图标形式显示。如图1-32所示为多边形"顶点"层级内的命令图标。

### 2. 自由形式

执行"自由形式"命令，其内部的命令图标如图1-33所示。需选择物体才可激活相应图标命令并显示，通过"自由形式"选项卡内的命令，可以用绘制的方式修改几何形体的形态。

### 3. 选择

执行"选择"命令，其内部的命令图标如图1-34所示。前提是需要选择多边形物体，并进入其子层级后，可激活图标显示状态。未选择物体时，此命令内部为空。

### 4. 对象绘制

执行"对象绘制"命令，其内部命令图标如图1-35所示。此区域的命令允许用户为鼠标设置一个模型，以绘制的方式在场景中或物体对象表面进行复制操作。

### 5. 填充

执行"填充"命令，可以快速制作大量人群走动和闲聊场景。尤其是在建筑室内外的动画表现上，更少不了角色这一元素。角色不仅仅可以为画面添加活泼的生气，还可以作为所要表现的建筑尺寸的重要参考依据。其内部命令图标如图1-36所示。

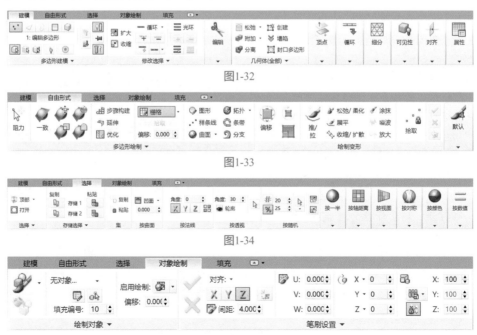

图1-32

图1-33

图1-34

图1-35

图1-36

## 1.2.5 场景资源管理器

通过停靠在软件界面左侧的"场景资源管理器"面板，用户不仅可以方便地查看、排序、过滤和选择场景中的对象，还可以重命名、删除、隐藏和冻结场景中的对象，如图1-37所示。

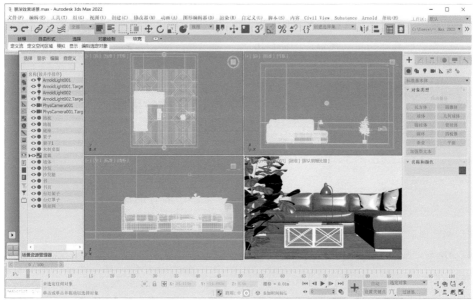

图1-37

## 1.2.6 工作视图

### 1. 工作视图的切换

在3ds Max 2022的整个工作界面中，工作视图区域占据了软件的大部分界面空间。默认状态下，工作视图分为"顶"视图、"前"视图、"左"视图和"透视"视图4种，如图1-38所示。

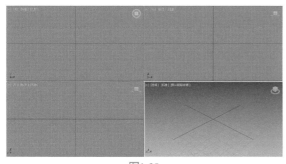

图1-38

◎技巧与提示·◦

可以单击软件界面右下角的"最大化视口切换"按钮 ，将默认的四视口区域切换至一个视口区域显示。

当视口区域为一个时，可以通过按下相应的快捷键来进行各个操作视口的切换。

切换至顶视图的快捷键是T。

切换至前视图的快捷键是F。

切换至左视图的快捷键是L。

切换至透视图的快捷键是P。

当选择了一个视图时，可按下组合键Window图标键+Shift键来切换至下一视图。

将鼠标移动至视口的左上方，在相应视口提示的字上单击，可弹出下拉列表，从中可以选择要切换的操作视图。从此下拉列表中还可以看出"后"视图和"右"视图无快捷键设置，如图1-39所示。

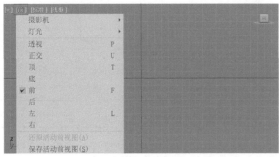

图1-39

单击3ds Max 2022界面左下角的"创建新的视口布局选项卡"按钮,弹出"标准视口布局"对话框,用户可以选择自己喜欢的布局视口,如图1-40所示。

图1-40

**2. 工作视图的显示样式**

3ds Max 2022启动后,"透视"视图的默认显示样式为"默认明暗处理",如图1-41所示。用户可以单击"默认明暗处理"文字,在弹出的下拉菜单中更换工作视图的其他显示样式,例如"线框覆盖",如图1-42所示。

图1-41

图1-42

除了上述所说的"默认明暗处理"和"线框覆盖"两种常用的显示方式外,还有"石墨""彩色铅笔""墨水"等多种不同的风格显示方式供用户选择,如图1-43所示。

图1-43

### 1.2.7　命令面板

3ds Max 2022软件界面的右侧为"命令"面板。命令面板由"创建"面板、"修改"面板、"层次"面板、"运动"面板、"显示"面板和"实用"程序面板组成。

#### 1. "创建"面板

图1-44所示为"创建"面板,可以创建7种对象,分别是"几何体""图形""灯光""摄影机""辅助对象""空间扭曲"和"系统"。

图1-44

**工具解析**

- ● "几何体"按钮:不仅可以用来创建"长方体""椎体""球体""圆柱体"等基本几何体,也可以创建出一些现成的建筑模型,如"门""窗""楼梯""栏杆""植物"等模型。

- ● "图形"按钮:主要用来创建样条线和NURBS曲线。

- 💡 "灯光"按钮：主要用来创建场景中的灯光。
- 📷 "摄影机"按钮：主要用来创建场景中的摄影机。
- 📐 "辅助对象"按钮：主要用来创建有助于场景制作的辅助对象，如对模型进行定位、测量等功能。
- ≋ "空间扭曲"按钮：使用空间扭曲功能可以在围绕其他对象的空间产生各种不同的扭曲方式。
- ⚙ "系统"按钮：系统将对象、链接和控制器组合在一起，以生成拥有行为的对象及几何体。包含"骨骼""环形阵列""太阳光""日光"和"Biped"五个按钮。

**2. "修改"面板**

图1-45所示为"修改"面板，用来调整所选择对象的修改参数，当未选择任何对象时，此面板里的命令为空。

图1-45

**3. "层次"面板**

图1-46所示为"层次"面板，可以在其中访问调整对象间的层次链接关系，如父子关系。

图1-46

**工具解析**

- "轴"按钮：该按钮下的参数主要用来调整对象和修改器的中心位置，以及定义对象之间的父子关系和反向动力学IK的关节位置等。

- "IK"按钮：该按钮下的参数主要用来设置动画的相关属性。
- "链接信息"按钮：该按钮下的参数主要用来限制对象在特定轴中的变换关系。

**4. "运动"面板**

图1-47所示为"运动"面板，主要用来调整选定对象的运动属性。

图1-47

**5. "显示"面板**

图1-48所示为"显示"面板，可以控制场景中对象的显示、隐藏、冻结等属性。

图1-48

**6. "实用程序"面板**

图1-49所示为"实用程序"面板，其中包含很多工具程序，在面板里只显示其中的部分命令，其他的程序可以通过单击"更多…"按钮进行查找。

图1-49

◎技巧与提示·◎

　　个别面板命令过多显示不全时，可以上下拖动整个"命令"面板来显示其他命令，也可以将鼠标放置于"命令"面板的边缘处，以拖曳的方式将"命令"面板的显示方式更改为显示两排或者更多，如图1-50所示。

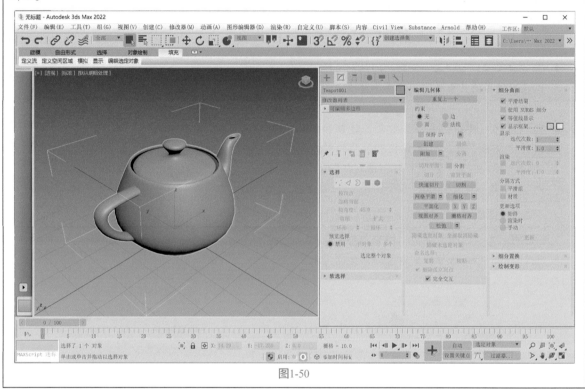

图1-50

## 1.2.8　时间滑块和轨迹栏

　　时间滑块位于视口区域的下方，可用鼠标拖动来显示不同时间段场景中物体对象的动画状态。默认状态下，场景中的时间帧数为100帧，帧数值可根据将来的动画制作需要随意更改。当用户按住时间滑块时，可以在轨迹栏上迅速拖动以查看动画的设置，在轨迹栏内的动画关键帧可以很方便地进行复制、移动及删除操作，如图1-51所示。

图1-51

◎技巧与提示·◎

　　按快捷键：Ctrl+Alt+鼠标左键，可以保证时间轨迹右侧的帧位置不变，只更改左侧的时间帧位置。
　　按快捷键：Ctrl+Alt+鼠标中键，可以保证时间轨迹的长度不变，只改变两端的时间帧位置。
　　按快捷键：Ctrl+Alt+鼠标右键，可以保证时间轨迹左侧的帧位置不变，只更改右侧的时间帧位置。

## 1.2.9　提示行和状态栏

　　提示行和状态栏可以显示出当前有关场景和活动命令的提示和操作状态。二者位于时间滑块和轨迹栏的下方，如图1-52所示。

图1-52

## 1.2.10　动画控制区

　　动画控制区具有可以用于视口中进行动画播放的时间控件。使用这些控制可随时调整场景文件中的时间来播放并观察动画，如图1-53所示。

图1-53

**工具解析**

- ：这一区域为设置动画的模式，有"自动"动画模式与"设置关键点"动画模式两种可选。

- 沍"新建关键点的默认入/出切线"按钮：可设置新建动画关键点的默认内/外切线类型。

- 过滤器... "打开过滤器对话框"按钮：关键点过滤器可以设置所选物体的哪些属性可以设置关键帧。

- |◀◀ "转至开头"按钮：转至动画的初始位置。

- ◀‖ "上一帧"按钮：转至动画的上一帧。

- ▶ "播放动画"按钮：按下后会变成停止动画的按钮图标。

- ‖▶ "下一帧"按钮：转至动画的下一帧。

- ▶▶| "转至结尾"按钮：转至动画的结尾。

- 0 帧显示：当前动画的时间帧位置。

- ⏱ "时间配置"按钮：单击弹出"时间配置"对话框，可以进行当前场景内动画帧数的设定等操作。

## 1.2.11 视口导航

视口导航区域允许用户使用这些按钮在活动视口中导航场景，位于整个3ds Max 2022界面的右下方。如图1-54所示。

图1-54

**工具解析**

- 🔍 "缩放"按钮：控制视口的缩放，使用该工具可以在透视图或正交视图中通过拖曳鼠标的方式调整对象的显示比例。

- ⊞ "缩放所有视图"按钮：使用该工具可以同时调整所有视图中的对象的显示比例。

- ⊡ "最大化显示选定对象"按钮：最大化显示选定的对象，快捷键为Z。

- ◁ "所有视图最大化显示选定对象"按钮：在所有视口中最大化显示选定的对象。

- ▷ "视野"按钮：控制在视口中观察的"视野"。

- ✋ "平移视图"按钮：平移视图工具，快捷键为鼠标中键。

- ◿ "环绕子对象"按钮：单击此按钮可以进行环绕视图操作。

- ◳ "最大化视口切换"按钮：控制一个视口与多个视口的切换。

**基础讲解** 加载自定义用户界面方案

**01** 启动3ds Max 2022软件，我们可以看到软件的默认界面颜色为深灰色，如图1-55所示。

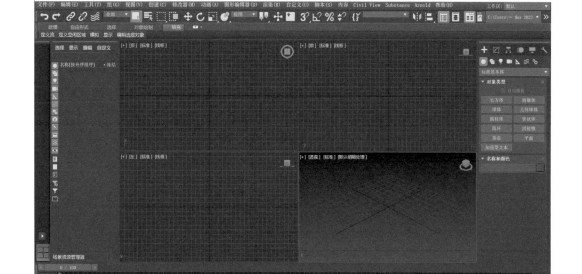

图1-55

**02** 执行菜单栏"自定义"|"加载自定义用户界面方案"命令，如图1-56所示。

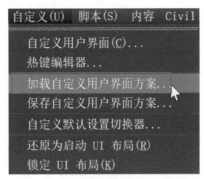

图1-56

**03** 在弹出的"加载自定义用户界面方案"对话框中选择ame-light.ui文件，如图1-57所示。单击"打开"按钮，即可将软件的界面颜色更改为浅灰色。这时系统会自动弹出"提示"对话框，提示用户需要重新启动软件，如图1-58所示。

图1-57

图1-58

**04** 再次重新打开3ds Max 2022软件后，软件的界面颜色如图1-59所示。

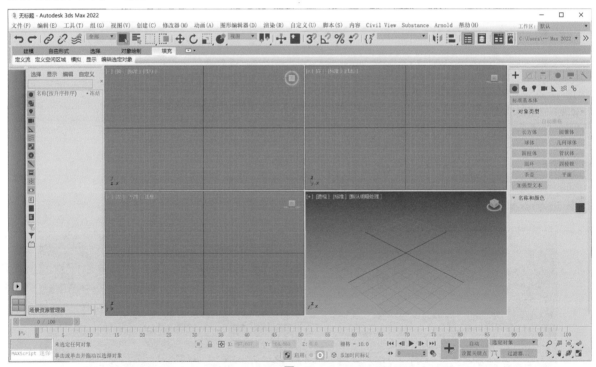

图1-59

---

**基础讲解** 创建文件

3ds Max 2022为用户提供了多种新建空白文件的创建方式，以确保用户随时可以使用一个空的场景来制作新的物体对象。当然，最简单的方法依然是双击桌面上的3ds Max图标，即可创建一个新的工程文件。接下来讲解一下创建文件的其他方法。

**01** 启动3ds Max 2022软件，如图1-60所示。

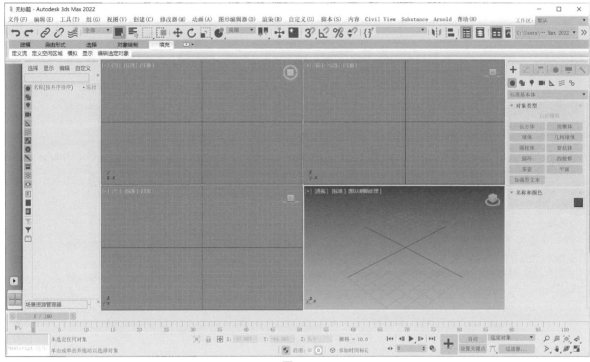

图1-60

**02** 执行菜单栏"文件"|"新建"|"新建全部"命令，可创建一个空白的场景文件，如图1-61所示。

图1-61

**03** 这时系统会自动弹出Autodesk 3ds Max 2022对话框，询问用户是否保存更改，如图1-62所示。

图1-62

**04** 如果用户希望保存现有工程文件，单击"保存"按钮即可；如果无须保存现有工程文件，单击"不保存"按钮即可新建一个空白的场景文件。

**05** 3ds Max 2022还为用户提供了一些场景模板文件，如要使用这些模板，可以执行菜单栏"文件"|"新建"|"从模板创建"命令，如图1-63所示。

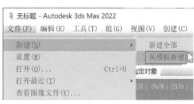

图1-63

**06** 在系统自动弹出的"创建新场景"对话框中，用户可以先选择自己喜欢的场景，然后单击"创建新场景"按钮，如图1-64所示。这样一个带有模板信息的新文件就创建完成了，如图1-65所示。

图1-64

图1-65

**07** 除了"新建场景"功能外，3ds Max 2022还有一个相似的功能，叫作"重置"，执行菜单栏"文件"|"重置"命令，如图1-66所示。

**08** 这时，系统会自动弹出3ds Max对话框，询问用户确实要重置吗，如图1-67所示。

图1-66

图1-67

**09** 用户单击"是"按钮后，3ds Max 2022会重置为一个新的空白场景。

## 1.3 对象选择

大多数情况下，在对象上执行某个操作或者执行场景中的对象之前，首先要选中对象。因此，选择操作是建模和设置动画过程的基础。3ds Max是一种面向操作对象的程序，这说明场景中的每个对象都带有一些指令，这些指令会告诉3ds Max用户可以通过它执行的操作。这些指令随对象类型的不同而不同。因为每个对象可以对不同的命令集作出响应，所以可通过先选择对象，然后选择命令来应用命令。这种工作模式类似于"名词-动词"的工作流，先选择对象（名词），然后选择命令（动词）。因此，正确快速地选择物体、对象在整个3ds Max的操作中显得尤为重要。

### 1.3.1 选择对象工具

"选择对象"按钮是3ds Max 2022所提供的重要的工具之一，方便用户在复杂的场景中选择单个或者多个对象。当用户想要选择一个对象并且又不想移动它时，这个工具就是最佳选择。"选择对象"按钮是3ds Max软件打开后的默认鼠标工具，其命令图标位于主工具栏上，如图1-68所示。

图1-68

### 1.3.2 区域选择

3ds Max 2022为用户提供了多种区域选择方式，以帮助用户方便快速地选择一个区域内的所有对象。"区域选择"有"矩形选择区域"按钮、"圆形选择区域"按钮、"围栏选择区域"按钮、"套索选择区域"按钮和"绘制选择区域"按钮5种类型，如图1-69所示。

图1-69

当场景中的物体过多需要大面积选择时，可以按下左键拖出一片区域来对对象进行选择。默认状态下，主工具栏上所激活的区域选择类型为"矩形选择区域"按钮，如图1-70所示。

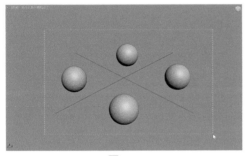

图1-70

在"主工具栏"上激活"圆形选择区域"按钮，按下鼠标并拖动即可在视口中以圆形的方式选择对象，如图1-71所示。

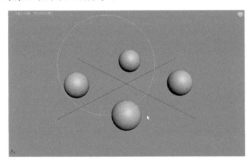

图1-71

在"主工具栏"上激活"围栏选择区域"按钮，按下左键并拖动鼠标即可在视口中以绘制直线选区的方式来选择对象，如图1-72所示。

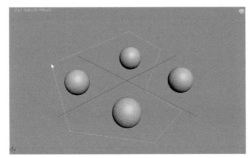

图1-72

在"主工具栏"上激活"套索选择区域"按钮，按下左键并拖动鼠标即可在视口中以绘制曲线

选区的方式来选择对象，如图1-73所示。

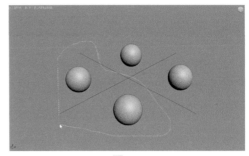

图1-73

在"主工具栏"上激活"绘制选择区域"按钮，按下左键并拖动鼠标即可在视口中以笔刷绘制选区的方式选择对象，如图1-74所示。

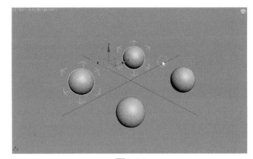

图1-74

◎技巧与提示·o

使用"绘制选择区域"按钮进行对象选择时，在默认情况下笔刷可能较小，这时需要对笔刷的大小进行合理设置。在主工具栏"绘制选择区域"按钮上右击，可以打开"首选项设置"面板。在"常规"选项卡内，利用"场景选择"选项组中的"绘制选择笔刷大小"参数即可进行调整，如图1-75所示。

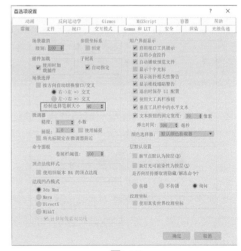

图1-75

**基础讲解** 窗口与交叉模式选择

**01** 启动3ds Max 2022软件，单击"创建"面板中的"球体"按钮，如图1-76所示。

**02** 在场景中创建3个球体模型，如图1-77所示。

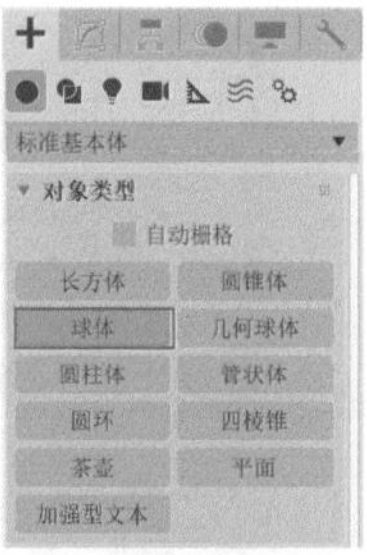

图1-76

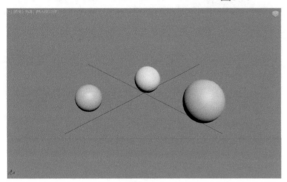

图1-77

**03** 默认状态下，3ds Max 2022软件的"窗口/交叉"图标为"交叉"状态，如图1-78所示。

图1-78

**04** 在视图中通过单击并拖动鼠标的方式框选对象时，仅仅需要框住所选对象的一部分，即可选中该对象，如图1-79所示。

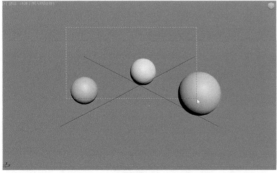

图1-79

**05** 单击"窗口/交叉"图标，可将选择方式切换至"窗口"状态，如图1-80所示。

图1-80

**06** 再次在视口中通过单击并拖动鼠标的方式选择对象，发现只能将三个球体全部框选后才能够选中，如图1-81所示。

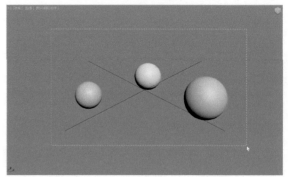

图1-81

**07** 除了在主工具栏上可以切换"窗口"与"交叉"选择的模式，也可以像在AutoCAD软件中那样根据鼠标的选择方向自动在"窗口"与"交叉"之间进行选择上的切换。在菜单栏上执行"自定义"|"首选项"命令，如图1-82所示。

**08** 在弹出的"首选项设置"面板中，在"常规"选项卡下的"场景选择"选项组里，勾选"按方向自动切换窗口/交叉"复选框即可，如图1-83所示。

图1-82

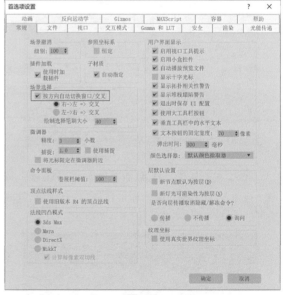

图1-83

---

**基础讲解** 名称选择与选择类似对象

**01** 启动3ds Max 2022软件，单击"创建"面板中的"茶壶"按钮，如图1-84所示。

图1-84

**02** 在场景中任意位置处创建3个茶壶模型，如图1-85所示。

图1-85

**03** 单击主工具栏上的"按名称选择"按钮，如图1-86所示。

图1-86

**04** 系统弹出"从场景选择"对话框，如图1-87所示。用户就可以在该对话框中通过选择对象的名称来选择场景中的模型了。此外，在3ds Max 2022中，更加方便的名称选择方式为直接在"场景资源管理器"中选择对象的名字。

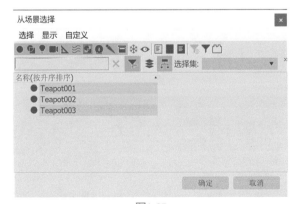

图1-87

**05** 在3ds Max 2022中，还可以通过"选择类似对象"命令选择对象。现在选择场景中任意一个茶壶对象，如图1-88所示。

图1-88

**06** 右击，在弹出的快捷菜单中选择并执行"选择类似对象"命令，如图1-89所示。

**07** 场景中的另外2个茶壶模型也被快速地一并选中，如图1-90所示。

图1-89

图1-90

## 1.4　变换操作

3ds Max 2022为用户提供了多个用于对场景中的对象进行变换操作的按钮，这些按钮被集成到"主工具栏"中，如图1-91所示。使用这些工具可以方便地改变对象在场景中的位置、方向及大小。

图1-91

### 1.4.1　变换操作切换

3ds Max 2022提供了多种变换操作的切换方式供用户选择使用。

第一种：单击"主工具栏"上对应的按钮就可以直接切换变换操作。

第二种：3ds Max 2022还提供了通过鼠标右键弹出的快捷菜单来选择相应的命令进行相应的变换操作切换，如图1-92所示。

图1-92

第三种：3ds Max 2022为用户提供了相应的快捷键进行变换操作的切换，习惯使用快捷键进行操作的用户可以非常方便地切换这些命令："选择并移动"工具的快捷键是W；"选择并旋转"工具的快捷键是E；"选择并缩放"工具的快捷键是R；"选择并放置"工具的快捷键是Y。

## 1.4.2 变换命令控制柄的更改

在3ds Max 2022中，使用不同的变换操作，其变换命令的控制柄显示会有明显区别，图1-93～图1-96所示分别为变换命令是"移动""旋转""缩放"和"放置"状态下的控制柄状态显示。

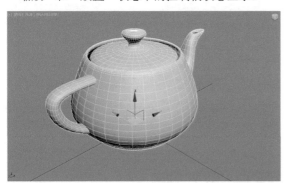

图1-93

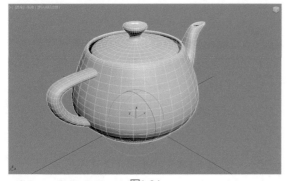

图1-94

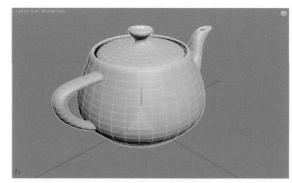

图1-95

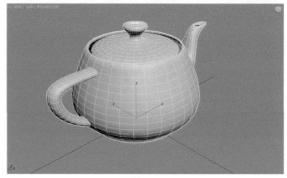

图1-96

当用户对场景中的对象进行变换操作时，可以使用快捷键+来放大变换命令的控制柄显示状态；同样，使用快捷键-可以缩小变换命令的控制柄显示状态，如图1-97、图1-98所示。

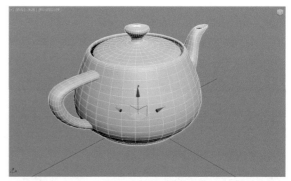

图1-97

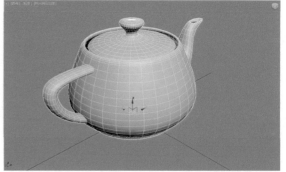

图1-98

**基础讲解** 更改模型的位置

**01** 启动中文版3ds Max 2022软件，单击"创建"面板中的"茶壶"按钮，在场景中任意位置处创建一个茶壶模型，如图1-99所示。

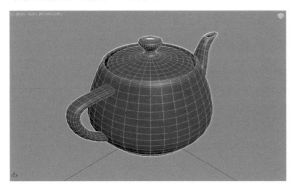

图1-99

**02** 单击"主工具栏"上的"选择并移动"按钮，如图1-100所示。即可在场景中随意调整茶壶模型的位置，如图1-101所示。

图1-100

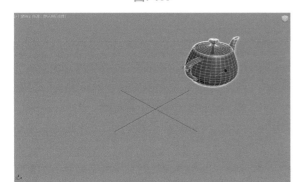

图1-101

**03** 用户还可以在软件界面下方观察该茶壶模型位于场景中的坐标，可以通过输入坐标值的方式来精确调整茶壶位于场景中的位置，如图1-102所示。

图1-102

**04** 选择茶壶模型，右击并选择"移动"命令后的方形按钮，如图1-103所示。

**05** 在弹出的"移动变换输入"对话框内，也可以通过手动输入的方式来更改茶壶对象的位置，如图1-104所示。

图1-103

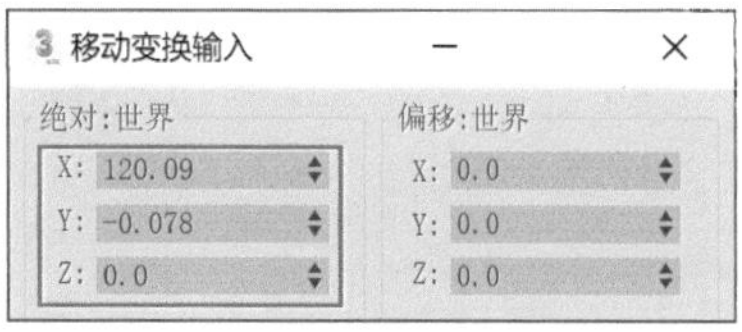

图1-104

**06** 使用相同的方式，还可以打开"旋转变换输入"和"缩放变换输入"对话框来更改所选对象的旋转角度及缩放大小，如图1-105、图1-106所示。

图1-105

图1-106

## 1.5 复制对象

在进行三维项目的制作时，常常需要使用一些相同的模型来构建场景，这就需要用到3ds Max的一个常用功能——复制对象操作。在3ds Max 2022版本中，有多种命令可以实现复制对象，下面一一进行讲解。

### 1.5.1 克隆

"克隆"命令使用率极高，并且非常方便，3ds Max提供多种克隆方式供用户选择。

#### 1.使用菜单栏命令克隆对象

在3ds Max 2022软件界面上方的菜单栏中就有"克隆"命令。选择场景中的物体，执行"编辑"|"克隆"命令，如图1-107所示。系统会自动弹出"克隆选项"对话框，即可对所选对象进行克隆操作，如图1-108所示。

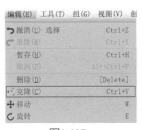

图1-107

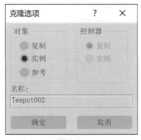

图1-108

### 2. 使用四元菜单命令克隆对象

3ds Max 2022在右键的四元菜单中同样提供"克隆"命令。选择场景中的对象并右击，弹出四元菜单，在"变换"组中选择并单击"克隆"命令，可对所选对象进行复制操作，如图1-109所示。

图1-109

### 3. 使用快捷键克隆对象

3ds Max 2022为用户提供两种快捷键方式克隆对象。

第一种：使用快捷键Ctrl+V，可原地克隆对象。

第二种：按住Shift键，配合拖曳、旋转或缩放操作可克隆对象。

**◎技巧与提示·◦**

使用这两种方式克隆对象时，系统弹出的"克隆选项"对话框有少许差别，如图1-110所示。

图1-110

### 工具解析

- 复制：创建一个与原始对象完全无关的克隆对象，修改任意对象时，均不会影响到另外的一个对象。

- 实例：创建出与原始对象完全可以交互影响的克隆对象，修改实例对象会相应地改变另外的对象。

- 参考：克隆对象时，创建与原始对象有关的克隆对象。参考基于原始对象，就像实例一样，但是二者可以拥有自身特有的修改器。

- 副本数：设置对象的克隆数量。

## 1.5.2 快照

"快照"命令会随时间克隆动画对象。可在任一帧上创建单个克隆，或沿动画路径为多个克隆设置间隔。间隔可以是均匀的时间间隔，也可以是均匀的距离。在菜单栏执行"工具"|"快照"命令，可以打开"快照"对话框，如图1-111所示。

图1-111

### 工具解析

（1）"快照"组。

- 单个：在当前帧克隆对象的几何体。

- 范围：沿着设置好的一段帧的范围克隆所选对象。使用"从/到"设置指定范围，并使用"副本"设置指定克隆数。

- 从/到：指定帧的范围，以沿该轨迹放置克隆对象。

- 副本：指定要沿轨迹放置的克隆数。这些克隆对象将均匀地分布在该时间段内，但不一定沿路径跨越空间距离。

（2）"克隆方法"组。

- 复制：克隆选定对象的副本。

- 实例：克隆选定对象的实例，不适用于粒子系统。

- 参考：克隆选定对象的参考，不适用于粒子系统。

- 网格：在粒子系统之外创建网格几何体，适用于所有类型的粒子。

## 1.5.3 镜像

通过"镜像"命令可以将对象根据任意轴进行

对称地复制，"镜像"命令还提供一个叫作"不克隆"的选项，来进行镜像操作但并不复制。效果是将对象翻转或移动到新方向。

镜像具有交互式对话框。更改设置时，可以在活动视口中看到效果，即可以看到镜像显示的预览，其命令面板如图1-112所示。

图1-112

**工具解析**

（1）"镜像轴"组。

● X/Y/Z/XY/YZ / ZX：选择其一可指定镜像的方向。

● 偏移：指定镜像对象轴点与原始对象轴点之间的距离。

（2）"克隆当前选择"组。

● 不克隆：在不制作副本的情况下，镜像选定对象。

● 复制：将选定对象的副本镜像到指定位置。

● 实例：将选定对象的实例镜像到指定位置。

● 参考：将选定对象的参考镜像到指定位置。

### 1.5.4 阵列

"阵列"可以在视口中创建出重复的对象，这一工具可以给出所有三个变换和在所有三个维度上的精确控制，包括沿着一个或多个轴缩放的能力，其命令面板如图1-113所示。

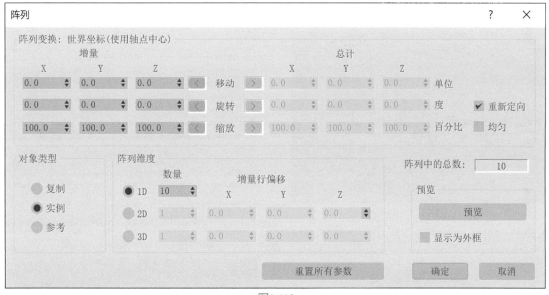

图1-113

**工具解析**

（1）"阵列变换"组。

● 增量 X/Y/Z 微调器：该边上设置的参数可以应用于阵列中的各个对象。

● 总计 X/Y/Z 微调器：该边上设置的参数可以应用于阵列中的总距、度数或百分比缩放。

（2）"对象类型"组。

● 复制：将选定对象的副本阵列化到指定位置。

● 实例：将选定对象的实例阵列化到指定位置。

● 参考：将选定对象的参考阵列化到指定位置。

（3）"阵列维度"组。

● 1D：根据"阵列变换"组中的设置，创建一维阵列。

● 2D：创建二维阵列。

● 3D：创建三维阵列。

● 阵列中的总数：显示将创建阵列操作的实体总数，包含当前选定对象。

（4）"预览"组。

● "预览"按钮：启用时，视口将显示当前阵列设置的预览。更改设置将立即更新视口。如果更新减慢拥有大量复杂对象阵列的反馈速度，则启用"显示为外框"。

- 显示为外框：将阵列预览对象显示为边界框而不是几何体。
- "重置所有参数"按钮：将所有参数重置为默认设置。

**基础讲解** 使用间隔工具来复制对象

**01** 启动3ds Max 2022软件，单击"创建"面板中的"茶壶"按钮，如图1-114所示。

**02** 在场景中创建一个茶壶模型，如图1-115所示。

图1-114

图1-115

**03** 单击"创建"面板中的"圆"按钮，如图1-116所示。

图1-116

**04** 在场景中创建一个圆形图形，如图1-117所示。

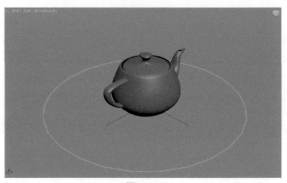

图1-117

**05** 选择场景中的茶壶模型，执行菜单栏"工具"|"对齐"|"间隔工具"命令，在弹出的"间隔工具"面板中单击"拾取路径"按钮，如图1-118所示。

**06** 单击场景中的圆形图形，这样圆形图形的名称将会出现在按钮上，接下来，设置"计数"的值为9，如图1-119所示。即可得到如图1-120所示的茶壶模型。

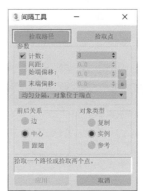

图1-118　　　　图1-119

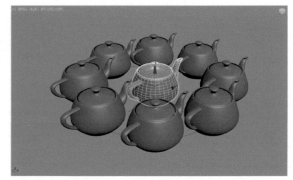

图1-120

**07** 勾选"跟随"选项，如图1-121所示。该选项还会影响复制出来茶壶模型的旋转方向，如图1-122所示。

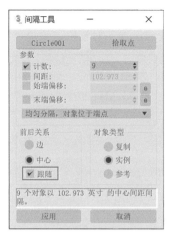

图1-121

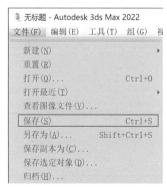

图1-122

## 1.6 文件存储

### 1.6.1 文件保存

3ds Max 2022为用户提供多种保存文件的途径以供使用。

第1种：执行菜单栏"文件"|"保存"命令，如图1-123所示。

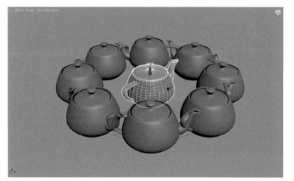

图1-123

第2种：使用组合键Ctrl+S。

### 1.6.2 另存为文件

"另存为"文件是3ds Max 2022中最常用的存储文件方式之一，使用该功能，可以确保在不更改原文件的状态下，将新的工程文件另存为一份新的文件，以供下次使用。执行菜单栏"文件"|"另存为"命令即可使用该功能，如图1-124所示。

图1-124

执行"另存为"命令后，会弹出"文件另存为"对话框，如图1-125所示。

图1-125

在"保存类型"下拉列表中，3ds Max 2022为用户提供了多种不同的保存文件版本，用户可根据自身需要将文件另存为当前版本文件、3ds Max 2019文件、3ds Max 2022文件、3ds Max 2021文件或3ds Max 角色文件，如图1-126所示。

图1-126

### 1.6.3 保存选定对象

"保存选定对象"功能可以允许用户将一个复杂场景中的某个模型或者某几个模型单独选择，执行

菜单栏"文件"|"保存选定对象"命令，即可将选择对象单独保存为一个另外的独立文件，如图1-127所示。

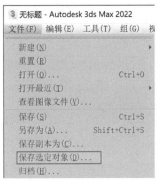

图1-127

◎技巧与提示·◎

"保存选定对象"命令需要在场景中先选择要单独保存的对象，才可激活该命令。

### 1.6.4 归档

使用"归档"命令可以将当前文件、文件中所使用的贴图文件及其路径名称整理并保存为一个ZIP压缩文件。执行菜单栏"文件"|"归档"命令，即可完成文件的归档操作，如图1-128所示。在归档处理期间，还会显示日志窗口，使用外部程序来创建压缩的归档文件。处理完成后，会将生成的ZIP文件存储在指定路径的文件夹内。

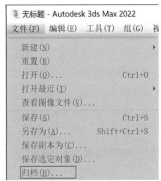

图1-128

### 1.6.5 自动备份

3ds Max 2022在默认状态下为用户提供"自动备份"的文件存储功能，备份文件的时间间隔为5min，存储的文件为3份。当3ds Max 2022程序因意外而关闭时，这一功能尤为重要。文件备份的相关

设置可以执行菜单栏"自定义"|"首选项"命令，打开"首选项设置"对话框，单击"文件"选项卡，在"自动备份"组里即可对自动备份的相关设置进行修改，如图1-129所示。自动备份所保存的文件通常位于"文档/3ds Max 2022/autoback"文件夹内。

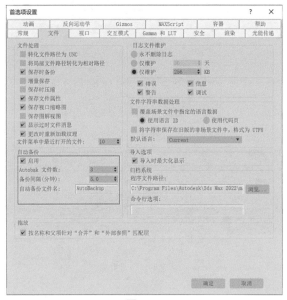

图1-129

### 1.6.6 资源收集器

用户在制作复杂的场景文件时，常常需要大量的贴图应用于模型上，这些贴图的位置可能在硬盘中极为分散，不易查找。使用3ds Max 2022所提供的"资源收集器"命令，可以非常方便地将当前文件用到的所有贴图及IES光度学文件以复制或移动的方式放置于指定的文件夹内。在"实用程序"面板中，单击"更多"按钮，如图1-130所示，即可在弹出的"实用程序"对话框中选择"资源收集器"命令，如图1-131所示。

图1-130

图1-131

"资源收集器"面板中的参数如图1-132所示。

图1-132

**工具解析**

- 输出路径：显示当前输出路径。使用"浏览"按钮可以更改此选项。

- "浏览"按钮：单击此项可显示用于选择输出路径的 Windows 文件对话框。

- 收集位图/光度学文件：打开时，"资源收集器"将场景位图和光度学文件放置到输出目录中，默认设置为启用。

- 包括 MAX 文件：启用时，"资源收集器"将场景自身（.max 文件）放置到输出目录中。

- 压缩文件：打开时，将文件压缩到 ZIP 文件中，并将其保存在输出目录中。

- 复制/移动：选择"复制"可在输出目录中制作文件的副本。选择"移动"可移动文件（该文件将从保存的原始目录中删除）。默认设置为"复制"。

- 更新材质：打开时，更新材质路径。

- "开始"按钮：单击可根据此按钮上方的设置收集资源文件。

# 第 2 章
# 几何体建模

## 2.1　几何体概述

　　3ds Max 2022为用户提供了大量的几何体按钮供用户在建模初期使用，这些按钮被集中设置在"命令"面板里的"创建"面板中下设的第一个分类——"几何体"当中。3ds Max 2022在"创建"面板中提供了7种不同类型的对象按钮，分别为"几何体"按钮●、"图形"按钮◻、"灯光"按钮♥、"摄影机"按钮◼️、"辅助对象"按钮◣、"空间扭曲"按钮≋和"系统"按钮✿，如图2-1所示。其中，"几何体"按钮的下拉菜单中又内置了多种命令选项，如图2-2所示，熟练掌握这些命令有助于用户创建出更多的复杂模型。

图2-1　　　　　　　　　　图2-2

## 2.2　标准基本体

　　3ds Max 2022为用户提供一整套标准的几何体造型，以解决简单形体的构建。通过这一系列基础形体资源，可以使用户非常容易地在场景中以拖曳的方式创建出简单的几何体，如长方体、圆锥体、球体、圆柱体等。这一建模方式作为3ds Max 2022中最简单的几何形体建模，非常易于学习和操作。3ds Max 2022中"创建"面板内的"标准基本体"为用户提供了用于创建11种不同对象的按钮，分别为"长方体"按钮、"圆锥体"按钮、"球体"按钮、"几何球体"按钮、"圆柱体"按钮、"管状体"按钮、"圆环"按钮、"四棱锥"按钮、"茶壶"按钮、"平面"按钮和"加强型文本"按钮，如图2-3所示。

图2-3

## 2.2.1 长方体

在"创建"面板中，单击"长方体"按钮，即可在场景中绘制出长方体模型，如图2-4所示。

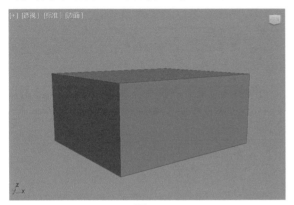

图2-4

长方体的参数命令如图2-5所示。

图2-5

### 工具解析

- 长度/宽度/高度：设置长方体对象的长度、宽度和高度。
- 长度分段/宽度分段/高度分段：设置沿着对象的每个轴的分段数量。

## 2.2.2 圆锥体

在"创建"面板中，单击"圆锥体"按钮，即可在场景中绘制出圆锥体的模型，如图2-6所示。

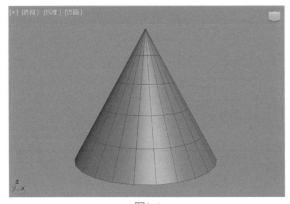

图2-6

圆锥体的参数命令如图2-7所示。

图2-7

### 工具解析

- 半径 1/半径 2：设置圆锥体的第一个半径和第二个半径。
- 高度：设置圆锥体的高度值。
- 高度分段：设置沿着圆锥体主轴的分段数。
- 端面分段：设置围绕圆锥体顶部和底部中心的同心分段数。
- 边数：设置圆锥体周围边数。
- 启用切片：启用"切片"功能。
- 切片起始位置/切片结束位置：分别设置从局部 X 轴的零点开始围绕局部 Z 轴的度数。

## 2.2.3 球体

在"创建"面板中，单击"球体"按钮，即可在场景中绘制出球体模型，如图2-8所示。

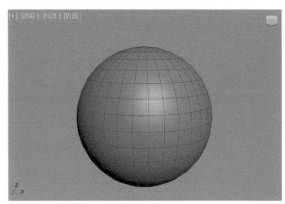

图2-8

球体的参数命令如图2-9所示。

图2-9

**工具解析**

- 半径：指定球体的半径。
- 分段：设置球体多边形分段的数目。
- 平滑：用于创建平滑的外观。
- 半球：用于制作不完整的球体外观。
- 切除：将球体中的顶点和面"切除"，以减少它们的数量。
- 挤压：按照保持原始球体中的顶点数和面数的方式来生成半球。

## 2.2.4　圆柱体

在"创建"面板中，单击"圆柱体"按钮，即可在场景中绘制出圆柱体的模型，如图2-10所示。

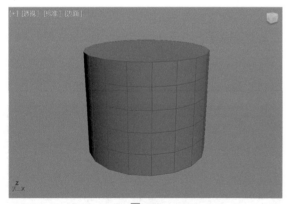

图2-10

圆柱体的参数命令如图2-11所示。

图2-11

**工具解析**

- 半径：设置圆柱体的半径。
- 高度：设置圆柱体的高度。
- 高度分段：设置沿着圆柱体主轴的分段数量。
- 端面分段：设置围绕圆柱体顶部和底部的中心的同心分段数量。
- 边数：设置圆柱体周围的边数。

## 2.2.5　圆环

在"创建"面板中，单击"圆环"按钮，即可在场景中绘制出圆环的模型，如图2-12所示。

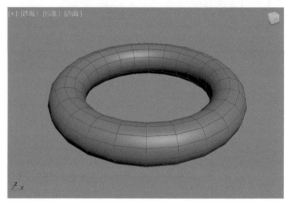

图2-12

圆环的参数命令如图2-13所示。

图2-13

**工具解析**

- 半径1：从环形的中心到横截面圆形的中心的距离，也就是环形环的半径。
- 半径2：横截面圆形的半径。
- 旋转：设置圆环布线的旋转度数。
- 扭曲：设置圆环布线的扭曲度数。
- 分段：围绕环形的径向分割数。

- 边数：环形横截面圆形的边数。

"平滑"组中有以下4个选项。

- 全部：在环形的所有曲面上生成完整平滑，如图2-14所示。

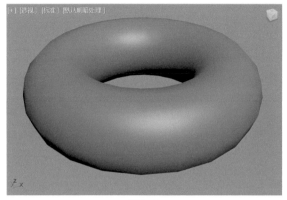

图2-14

- 侧面：平滑相邻分段之间的边，生成围绕环形运行的平滑带，如图2-15所示。

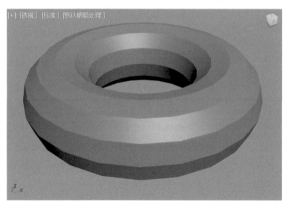

图2-15

- 无：完全禁用平滑，在环形上生成类似棱锥的面，如图2-16所示。

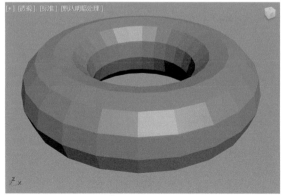

图2-16

- 分段：分别平滑每个分段，沿着环形生成类似环的分段，如图2-17所示。

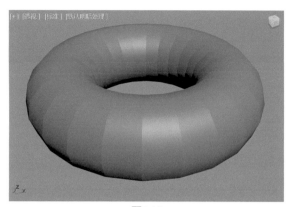

图2-17

### 2.2.6 四棱锥

在"创建"面板中，单击"四棱锥"按钮，即可在场景中绘制出四棱锥的模型，如图2-18所示。

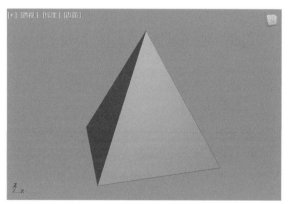

图2-18

四棱锥的参数命令如图2-19所示。

图2-19

**工具解析**

- 宽度/深度/高度：设置四棱锥相应面的维度。
- 宽度分段/深度分段/高度分段：设置四棱锥相应面的分段数。

### 2.2.7 茶壶

在"创建"面板中，单击"茶壶"按钮，即可在场景中绘制出茶壶模型，如图2-20所示。

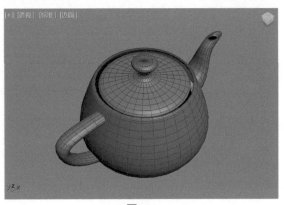

图2-20

茶壶的参数命令如图2-21所示。

图2-21

### 工具解析

- 半径：用于设置茶壶的半径大小。
- 分段：茶壶零件的分段数。
- 平滑：用于在渲染视图中创建平滑的外观。

## 2.2.8 加强型文本

加强型文本提供了内置文本对象。可以创建样条线轮廓或实心、挤出、倒角几何体。通过其他选项，可以根据每个角色应用不同的字体和样式，并添加动画和特殊效果。在"创建"面板中单击"加强型文本"按钮，即可在场景中以绘制方式创建出文本对象，如图2-22所示。

图2-22

加强型文本的参数命令如图2-23所示。

图2-23

### 工具解析

- "文本"框：可以输入多行文本，按 Enter 键开始新的一行，默认文本是TextPlus。
- "将值设置为文本"按钮：单击该按钮可以打开"将值编辑为文本"对话框，以便将文本链接到要显示的值。该值可以是对象值（如半径），也可以是从脚本或表达式返回的任何其他值，如图2-24所示。

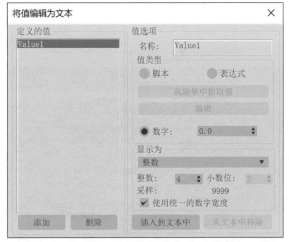

图2-24

- "打开大文本窗口"按钮：切换大文本窗口，以便更好地查看大量文本，如图2-25所示。

图2-25

（1）"字体"组。

- 字体列表：从可用字体列表中进行字体选择，如图2-26所示。
- "字体类型"列表：可以将字体设置为Regular（常规）、Italic（斜体）、Bold（粗体）和Bold Italic（粗斜体）字体类型，如图2-27所示。

图2-26

图2-27

- "粗体样式"按钮：切换加粗文本。
- "斜体样式"按钮：切换斜体文本。
- "下画线样式"按钮：切换下画线文本。
- "删除线"按钮：切换删除线文本。
- "全部大写"按钮：切换大写文本。
- "小写"按钮：将使用相同高度和宽度的大写文本切换为小写。
- "上标"按钮：切换是否减少字母的高度和粗细，并将其放置在常规文本行的上方。
- "下标"按钮：切换是否减少字母的高度和粗细，并将其放置在常规文本行的下方。
- 对齐：设置文本对齐方式。对齐选项包括"左对齐""中心对齐""右对齐""最后一个左对齐""最后一个中心对齐""最后一个右对齐"和"全部对齐"，如图2-28所示。

（2）"全局参数"组。

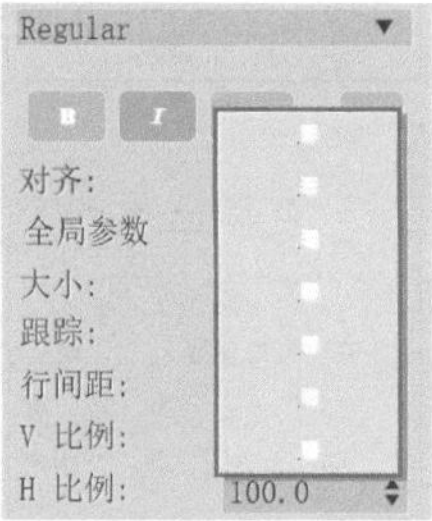

- 大小：设置文本高度，其中测量方法由活动字体定义。
- 跟踪：设置字母间距。
- 行间距：设置行间距，需要有多行文本。
- V比例：设置垂直缩放。
- H比例：设置水平缩放。

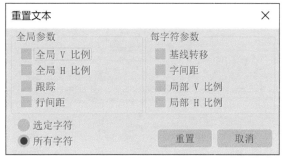

图2-28

- "重置参数"按钮：单击该按钮将打开"重置文本"对话框。对于选定文本，将其参数重置为其默认值。参数包括"全局V比例""全局H比例""跟踪""行间距""基线转移""字间距""局部V比例"和"局部H比例"，如图2-29所示。

图2-29

- "操纵文本"按钮：切换功能以均匀或非均匀手动操纵文本。可以调整文本大小、字体、追踪、字间距和基线。
- 生成几何体：将2D的几何效果切换为3D的几何效果，图2-30、图2-31为该选项勾选前后的效果对比。

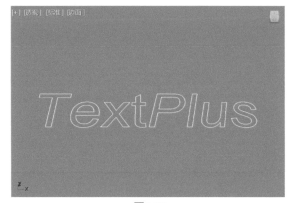

图2-30

图2-31

● 挤出：设置几何体挤出深度，图2-32为该值
分别是5和30的模型生成结果对比。

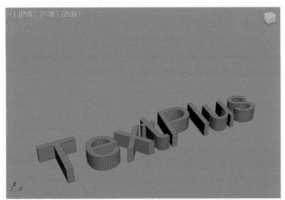

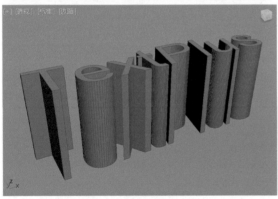

图2-32

● 挤出分段：指定在挤出文本中创建的分
段数。

（3）"倒角"组。

● 应用倒角：切换对文本执行倒角，图2-33所
示为该选项勾选前后的效果对比。

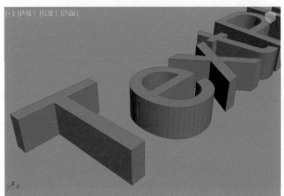

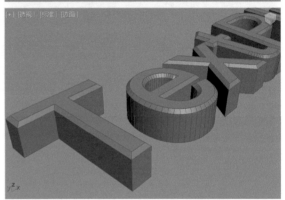

图2-33

● 预设列表：从下拉列表中选择一个预设倒
角类型，或选择"自定义"来使用通过
倒角剖面编辑器创建的倒角。预设包括
"凹面""凸面""凹雕""半圆""壁
架""线性""S
形区域""三步"
和"两步"，如图
2-34所示。图2-35～
图2-43分别为这9种
不同预设的文本倒角
形态。

图2-34

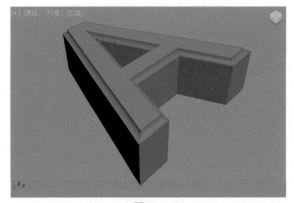

图2-35

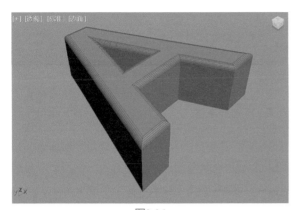

图2-36

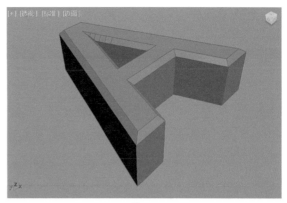

图2-40

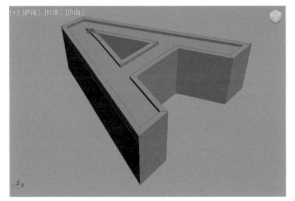

图2-37

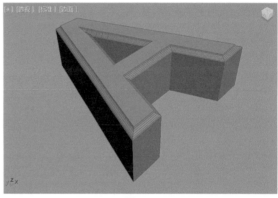

图2-41

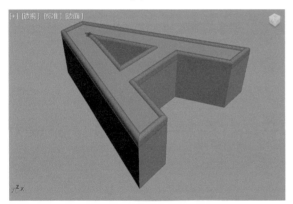

图2-38

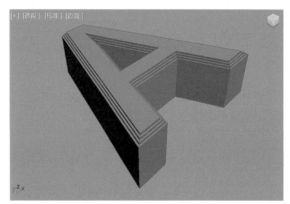

图2-42

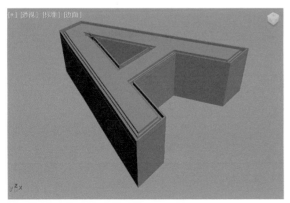

图2-39

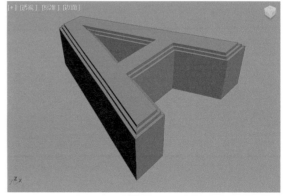

图2-43

● 倒角深度：设置倒角区域的深度，图2-44为
该值是0.5和1.5的文字模型结果对比。

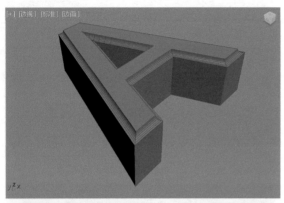

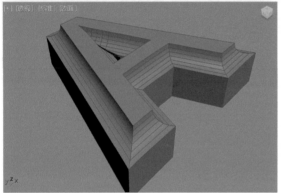

图2-44

● 宽度：该复选框用于切换功能以修改宽度参
数。默认设置为未选中状态，并受限于深度
参数。选中可从默认值更改宽度，并在宽度
字段中输入数量。
● 倒角推力：设置倒角曲线的强度。
● 轮廓偏移：设置轮廓的偏移距离。
● 步数：设置用于分割曲线的顶点数。步数越
多，曲线越平滑。
● 优化：从倒角的直线段移除不必要的步数。
默认设置为启用。
● "倒角剖面编辑器"按钮：单击该按钮可以
打开"倒角剖面编辑器"窗口，使用户可以创
建自定义剖
面，如图2-45
所示。

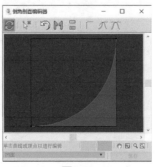

图2-45

● "显示高级参数"按钮：单击该按钮可以切
换高级参数的显示。

## 2.2.9 其他标准基本体

在"标准基本体"的创建命令中，3ds Max
2022除了上述讲解的8种按钮，还有"几何球体"
按钮、"管状体"按钮、和"平面"按钮3个按
钮。由于这些按钮创建对象的方法及参数设置与前
面所讲述的内容基本相同，故不在此重复讲解，这
3个按钮所对应的模型形态如图2-46所示。

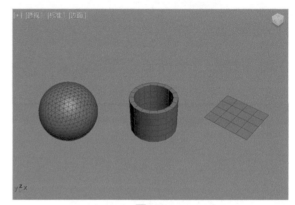

图2-46

**基础讲解** 创建及修改圆柱体模型

**01** 启动3ds Max 2022软件，
单击"创建"面板中的"圆柱
体"按钮，如图2-47所示。
**02** 在场景中任意位置处创
建一个圆柱体模型，如图2-48
所示。

图2-47

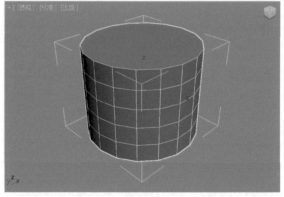

图2-48

**03** 在"修改"面板中，设置圆柱体的"半径"值为30，"高度"值为45，如图2-49所示。

**04** 执行菜单栏"自定义"|"单位设置"命令，打开"单位设置"对话框，勾选"公制"选项，并设置显示单位为"厘米"，如图2-50所示。

图2-49　　　　　　　　　图2-50

**05** 在"修改"面板中，即可看到圆柱体的"半径"和"高度"属性也相应地显示了单位，如图2-51所示。

**06** 取消勾选"平滑"选项，如图2-52所示，视图中的圆柱体显示状态如图2-53所示。

图2-51　　　　　　　　　图2-52

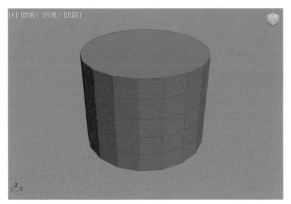

图2-53

**07** 勾选"启用切片"选项，设置"切片起始位置"值为0，"切片结束位置"值为30，如图2-54所示，可以得到如图2-55所示的模型结果。

图2-54

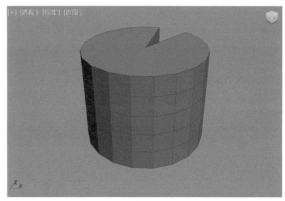

图2-55

**08** 勾选"平滑"选项，取消勾选"启用切片"选项后，设置"边数"值为50，如图2-56所示。可以得到截面更加圆滑的圆柱体模型，如图2-57所示。

图2-56

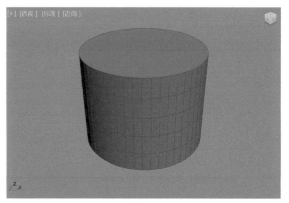

图2-57

◎技巧与提示·◦

标准基本体里其他几何体的创建方法与创建圆柱体的方法非常类似，读者可以自行尝试在场景中创建其他几何体并进行修改。

**实例** 制作石膏模型

在本实例中，主要讲解如何使用"标准基本体"内提供的多个几何体按钮来快速地制作一组石膏模型，石膏模型的渲染效果如图2-58所示。

图2-58

**01** 启动3ds Max 2022软件，在"创建"面板中单击"四棱锥"按钮，如图2-59所示，在场景中创建一个四棱锥模型。

**02** 在"修改"面板中，设置四棱锥的"宽度"值为40，"深度"值为40，"高度"值为60，如图2-60所示。

图2-59　　　　　　　　图2-60

**03** 设置完成后，四棱锥在视图中的显示结果如图2-61所示。

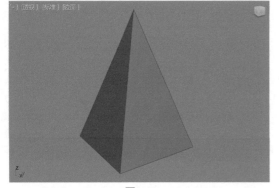

图2-61

**04** 在"创建"面板中单击"长方体"按钮，如图2-62所示，在场景中创建一个长方体。

**05** 在"修改"面板中，设置长方体的"长度"值为60，"宽度"值为18，"高度"值为18，如图2-63所示。

图2-62　　　　　　　　图2-63

**06** 设置完成后，使用快捷键A，打开"角度捕捉切换"功能，旋转长方体的角度并调整长方体的位置，至如图2-64所示状态，制作出十字方锥石膏单体。

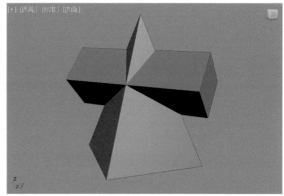

图2-64

**07** 在"创建"面板中单击"圆柱体"按钮，如图2-65所示，在场景中创建一个圆柱体。

**08** 在"修改"面板中，设置圆柱体的"半径"值为15，"高度"值为60，"高度分段"值为1，"边数"值为6，并取消勾选"平滑"选项，如图2-66所示。

图2-65　　　　　　　　图2-66

**09** 设置完成后，调整圆柱体的位置至如图2-67所示。

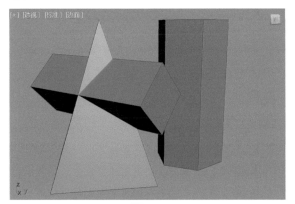

图2-67

**10** 在"创建"面板中，单击"球体"按钮，如图2-68所示，在场景中创建一个球体模型。

**11** 在"修改"面板中设置球体的"半径"值为15，设置"分段"的值为50，并勾选"轴心在底部"复选框，如图2-69所示。

图2-68　　　　　　　　　图2-69

**12** 在"透视"视图中微调一下球体模型的位置，本实例的最终完成效果如图2-70所示。

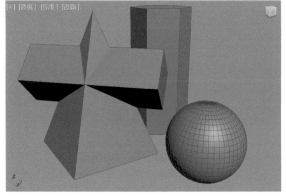

图2-70

◎技巧与提示·◦

　　读者还可以尝试使用其他的几何体制作简单的石膏模型。

## 2.3　扩展基本体

　　3ds Max 2022中"创建"面板内的"扩展基本体"为用户提供了可创建13种不同对象的按钮，这些按钮的使用频率相较于"标准基本体"内的按钮略低一些。"扩展基本体"为用户提供了"异面体"按钮、"环形结"按钮、"切角长方体"按钮、"切角圆柱体"按钮、"油罐"按钮、"胶囊"按钮、"纺锤"按钮、L-Ext按钮、"球棱柱"按钮、C-Ext按钮、"环形波"按钮、"软管"按钮和"棱柱"按钮，如图2-71所示。

图2-71

### 2.3.1　异面体

　　在"创建"面板中单击"异面体"按钮，即可在场景中绘制出异面体模型，如图2-72所示。

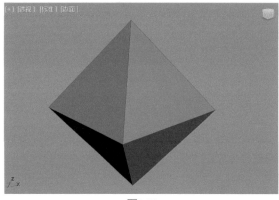

图2-72

　　使用"异面体"按钮，可以在场景中创建一些表面结构看起来很特殊的三维模型，其参数面板如图2-73所示。

**工具解析**

（1）"系列"组。

● 四面体：创建一个四面体。

● 立方体/八面体：创建一个立方体或八面体。

图2-73

- 十二面体/二十面体：创建一个十二面体或二十面体。
- 星形 1/星形 2：创建两个不同的类似星形的多面体。

（2）"系列参数"组。

- P/Q：为多面体顶点和面之间提供两种方式变换的关联参数。

（3）"轴向比率"组。

- P/Q/R：控制多面体一个面反射的轴。
- "重置"按钮：将轴返回为其默认设置。

## 2.3.2 环形结

在"创建"面板中，单击"环形结"按钮，即可在场景中绘制出环形结的模型，如图2-74所示。

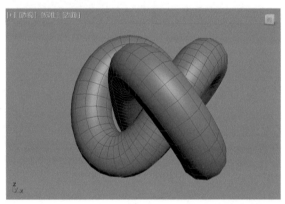

图2-74

使用"异面体"按钮创建的对象可以用来模拟制作绳子打结的形态，其参数面板如图2-75所示。

### 工具解析

（1）"基础线"组。

- 结/圆：选中"结"时，环形将基于其他各种参数自身交织。选中"圆"时，基础曲线是圆形，如果在其默认设置中保留了"扭曲"和"偏心率"这样的参数，则会产生标准环形。
- 半径：设置基础曲

图2-75

线的半径。

- 分段：设置围绕环形周界的分段数。
- P / Q：描述上下（P）和围绕中心（Q）的缠绕数值。
- 扭曲数：设置曲线周围的星形中的"点"数。
- 扭曲高度：设置指定为基础曲线半径百分比的"点"的高度。

（2）"横截面"组。

- 半径：设置横截面的半径。
- 边数：设置横截面周围的边数。
- 偏心率：设置横截面主轴与副轴的比率。值为 1 将创建圆形横截面，其他值将创建椭圆形横截面。
- 扭曲：设置横截面围绕基础曲线扭曲的次数。
- 块：设置环形结中的凸出数量。
- 块高度：设置块的高度，作为横截面半径的百分比。
- 块偏移：设置块起点的偏移，以度数来测量。

## 2.3.3 切角长方体

在"创建"面板中单击"切角长方体"按钮，即可在场景中绘制出切角长方体模型，如图2-76所示。

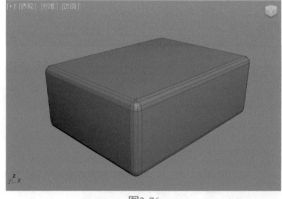

图2-76

使用"切角长方体"按钮创建对象可以快速制作出具有倒角效果或圆形边的长方体模型，其参数面板如图2-77所示。

图2-77

### 工具解析

- 长度/宽度/高度：设置切角长方体的相应维度。
- 圆角：切开切角长方体的边，值越高切角长方体边上的圆角越精细。
- 长度分段/宽度分段/高度分段：设置沿着相应轴的分段数量。
- 圆角分段：设置长方体圆角边时的分段数。添加圆角分段将增加圆形边。
- 平滑：混合切角长方体的面的显示，从而在渲染视图中创建平滑的外观。

## 2.3.4　胶囊

在"创建"面板中单击"胶囊"按钮，即可在场景中绘制出胶囊模型，如图2-78所示。

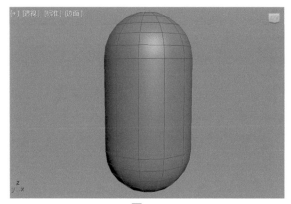

图2-78

使用"胶囊"按钮可以在场景中快速创建出形似胶囊的三维模型，其参数面板如图2-79所示。

图2-79

### 工具解析

- 半径：设置胶囊的半径。
- 高度：设置沿着中心轴的高度。负数值将在构造平面下创建胶囊。
- 总体/中心：决定"高度"值指定的内容。"总体"指定对象的总体高度，"中心"指定圆柱体中部的高度，不包括其圆顶封口。
- 边数：设置胶囊周围的边数。
- 高度分段：设置沿着胶囊主轴的分段数量。
- 平滑：混合胶囊的面，从而在渲染视图中创建平滑的外观。
- 启用切片：启用"切片"功能。
- 切片起始位置/切片结束位置：设置从局部X轴的零点开始围绕局部Z轴的度数。

## 2.3.5　纺锤

在"创建"面板中，单击"纺锤"按钮，即可在场景中绘制纺锤模型，如图2-80所示。

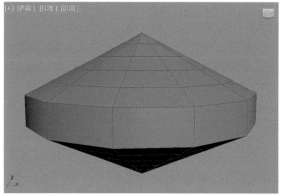

图2-80

使用"纺锤"按钮可以在场景中快速创建形似纺锤的三维模型，其参数面板如图2-81所示。

图2-81

**工具解析**

- 半径：设置纺锤的半径。
- 高度：设置沿着中心轴的维度。负数值将在构造平面下创建纺锤。
- 封口高度：设置圆锥形封口的高度。最小值是 0.1；最大值是"高度"设置绝对值的一半。
- 总体/中心：决定"高度"值指定的内容。"总体"指定对象的总体高度。"中心"指定圆柱体中部的高度，不包括其圆锥形封口。
- 混合：值大于 0 时将在纺锤主体与封口的会合处创建圆角。
- 边数：设置纺锤周围边数。启用"平滑"时，较大的数值将着色和渲染为真正的圆。禁用"平滑"时，较小的数值将创建规则的多边形对象。
- 端面分段：设置沿着纺锤顶部和底部的中心，同心分段的数量。
- 高度分段：设置沿着纺锤主轴的分段数量。
- 平滑：混合纺锤的面，从而在渲染视图中创建平滑的外观。

## 2.3.6 其他扩展基本体

在"扩展基本体"的创建命令中，3ds Max 2022除了上述讲解的5种按钮，还有"切角圆柱体"按钮、"油罐"按钮、L-Ext按钮、"球棱柱"按钮、C-Ext按钮、"环形波"按钮、"软管"按钮和"棱柱"按钮8个按钮。由于这些按钮创建对象的方法及参数设置与前面讲述的内容基本相同，

故不再讲解它们的创建方式，这8个对象创建完成后如图2-82所示。

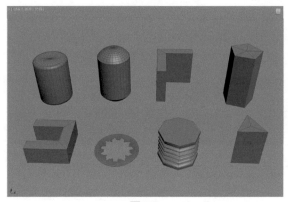

图2-82

**实例** 制作沙发模型

在本实例中，为大家讲解如何使用"切角长方体"按钮来快速制作一个沙发的模型，沙发模型的渲染效果如图2-83所示。

图2-83

**01** 启动3ds Max 2022，在"创建"面板中，将下拉列表切换至"扩展基本体"，单击"切角长方体体"按钮，如图2-84所示，在"顶"视图中绘制一个切角长方体模型。

**02** 在"修改"面板中，设置切角长方体的"长度"值为100，"宽度"值为9，"高度"值为62，"圆角"值为1，如图2-85所示。设置完成后，切角长方体的显示结果如图2-86所示。

图2-84　　　　　　　　图2-85

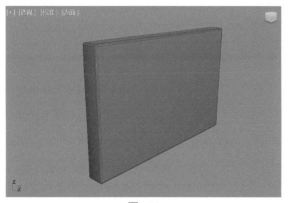

图2-86

**03** 按下Shift键，以拖曳的方式复制出另一个切角长方体，制作出沙发另一侧的扶手结构，如图2-87所示。

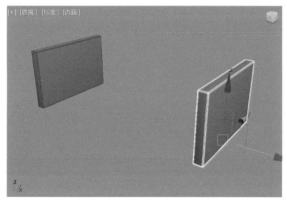

图2-87

**04** 在"创建"面板中，单击"切角长方体"按钮，如图2-88所示，在场景中绘制一个切角长方体模型。

**05** 在"修改"面板中设置切角长方体的参数，如图2-89所示。

图2-88　　图2-89

**06** 按快捷键F，在"前"视图中调整切角长方体至如图2-90所示位置。

**07** 按下Shift键，以拖曳的方式向上复制出一个切角长方体，在"修改"面板中，调整"长度"值为

80，"宽度"值为70，"高度"值为23，"圆角"值为3，并调整其位置至图2-91所示，制作出沙发的坐垫结构。

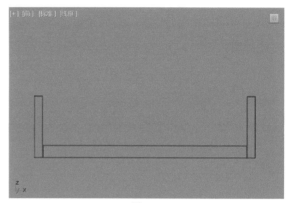

图2-90

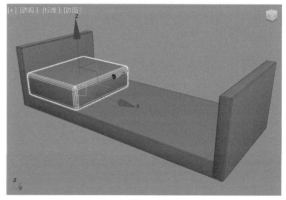

图2-91

**08** 在场景中再次复制出一个切角长方体，在"修改"面板中调整"长度"值为57，"宽度"值为70，"高度"值为9，"圆角"值为3，并调整其位置和旋转角度至图2-92所示，制作出沙发的靠背结构。

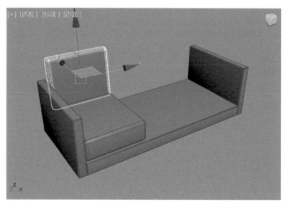

图2-92

**09** 选择场景中的沙发坐垫和沙发靠背模型，按住Shift键，复制出另外两组坐垫结构，如图2-93所示。

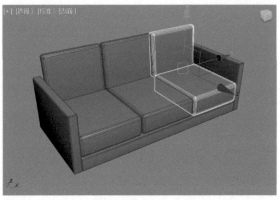

图2-93

10 再次复制一个切角长方体，并调整其参数，如图2-94所示。移动至如图2-95所示位置，制作出沙发的靠背结构。

图2-94

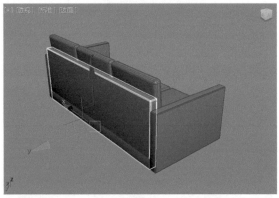

图2-95

11 在"顶"视图中，创建一个切角长方体，调整其参数，如图2-96所示，移动至如图2-97所示位置，制作出沙发的支撑结构。

图2-96

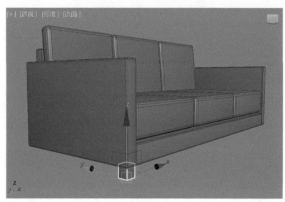

图2-97

12 按下Shift键，复制出其他三个切角长方体并调整其位置至如图2-98所示。

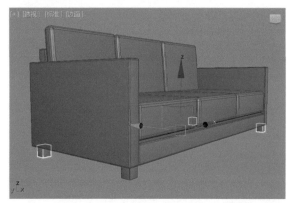

图2-98

13 沙发模型的最终完成效果如图2-99所示。

图2-99

## 2.4 门、窗和楼梯

3ds Max 2022除了提供一些简单的几何形体外，还提供一些用于工程建模的标准建筑模型，例如门、窗户、楼梯、栏杆、墙以及植物模型，设计师通过调节少量的参数即可快速制作出符合行业标准的建筑模型。

## 2.4.1 门

3ds Max 2022提供"枢轴门""推拉门"和"折叠门"3个按钮，如图2-100所示。

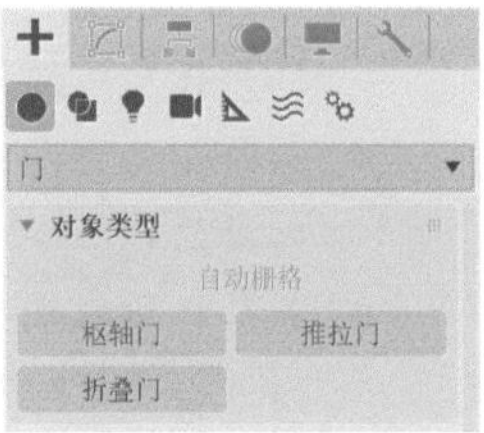

### 1.门对象公共参数

3ds Max 2022为用户提供的3种门模型位于"修改"面板内的参数基本相同，下面以"枢轴门"为例，讲解门对象的公共参数，如图2-101所示。

打开"参数"卷展栏，如图2-102所示。

图2-100

图2-101 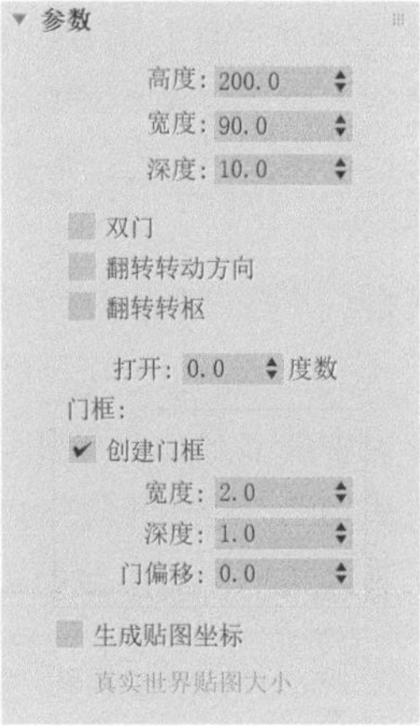　　　　图2-102

### 工具解析

- 高度：设置门装置的总体高度。
- 宽度：设置门装置的总体宽度。
- 深度：设置门装置的总体深度。
- 打开：设置门打开的程度。
- 创建门框：默认是启用状态，以显示门框。禁用此选项可以禁止门框的显示。
- 宽度：设置门框与墙平行的宽度。仅当启用了"创建门框"时可用。
- 深度：设置门框从墙投影的深度。仅当启用了"创建门框"时可用。
- 门偏移：设置门相对于门框的位置。
- 生成贴图坐标：为门指定贴图坐标。
- 真实世界贴图大小：控制应用于该对象的纹理贴图材质所使用的缩放方法。

"页扇参数"卷展栏展开后如图2-103所示。

图2-103

### 工具解析

- 厚度：设置门的厚度。
- 门挺/顶梁：设置顶部和两侧的面板框的宽度。仅当门是面板类型时，才会显示此设置。
- 底梁：设置门脚处的面板框的宽度。仅当门是面板类型时，才会显示此设置。
- 水平窗格数：设置面板沿水平轴划分的数量。
- 垂直窗格数：设置面板沿垂直轴划分的数量。
- 镶板间距：设置面板之间的间隔宽度。

"镶板"组选项如下。

- 无：门没有面板。
- 玻璃：创建不带倒角的玻璃面板。
- 厚度：设置玻璃面板的厚度。
- 有倒角：选择此选项可以具有倒角面板。
- 倒角角度：指定门的外部平面和面板平面之间的倒角角度。
- 厚度1：设置面板的外部厚度。
- 厚度2：设置倒角从该处开始的厚度。
- 中间厚度：设置面板内面部分的厚度。
- 宽度1：设置倒角从该处开始的宽度。
- 宽度2：设置面板内面部分的宽度。

### 2. 枢轴门

"枢轴门"非常适合用来模拟住宅里安装在卧室上的门，枢轴门在"修改"面板中提供3个特定的复选框参数，如图2-104所示。

图2-104

### 工具解析

- 双门：制作一个双门。
- 翻转转动方向：更改门转动的方向。
- 翻转转框：在与门面相对的位置上放置门转框。此选项不可用于双门。

#### 3. 推拉门

"推拉门"一般常见于厨房或者阳台上，门可以在固定的轨道上左右来回滑动。推拉门一般由两个或两个以上的门页扇组成，其中一个为保持固定的门页扇，另外的则为可以移动的门页扇。推拉门在"修改"面板中提供了两个特定的复选框参数，如图2-105所示。

图2-105

### 工具解析

- 前后翻转：将哪个元素放在前面，与默认设置相对而言。
- 侧翻：将当前滑动元素更改为固定元素，反之亦然。

#### 4. 折叠门

由于"折叠门"在开启时需要的空间较小，所以在家装设计中，"折叠门"适合作为在卫生间安装的门。该类型的门有两个门页扇，两个门页扇之间设有转框，用来控制门的折叠，并且可以通过"双门"参数调整"折叠门"为四个门页扇。折叠门在"修改"面板中提供3个特定的复选框参数，如图2-106所示。

图2-106

### 工具解析

- 双门：将该门制作成有四个门元素的双门，从而在中心处汇合。
- 翻转转动方向：默认情况下，以相反的方向转动门。
- 翻转转框：默认情况下，在相反的侧面转框门。当"双门"处于启用状态时，"翻转转框"不可用。

### 2.4.2 窗

使用"窗"系列工具可以快速地在场景中创建出具有大量细节的窗户模型，这些窗户模型的主要区别在于打开方式。窗的类型分为6种："遮篷式窗""平开窗""固定窗""旋开窗""伸出式窗"和"推拉窗"。这六种窗除了"固定窗"无法打开，其他五种类型的窗户均可设置为打开，如图2-107所示。

3ds Max 2022提供的6种窗户对象，其位于修改面板中的参数也大多相同，非常简单，下面以"遮篷式窗"为例讲解窗对象的参数。图2-108所示为"遮篷式窗"的参数面板设置。

图2-107

图2-108

### 工具解析

- 高度/宽度/深度：分别控制窗户的高度/宽度/深度。
- （1）"窗框"组。
- 水平宽度：设置窗口框架水平部分的宽度。该设置也会影响窗宽度的玻璃部分。

- 垂直宽度：设置窗口框架垂直部分的宽度。该设置也会影响窗高度的玻璃部分。
- 厚度：设置框架的厚度。该选项还可以控制窗框中遮棚或栏杆的厚度。

（2）"玻璃"组。

- 厚度：指定玻璃的厚度。

（3）"窗格"组。

- 宽度：设置窗格的宽度。
- 窗格数：设置窗格的数量。

（4）"开窗"组。

- 打开：设置窗户打开的百分比。
- 生成贴图坐标：使用已经应用的相应贴图坐标创建对象。
- 真实世界贴图大小：控制应用于该对象的纹理贴图材质所使用的缩放方法。

◎技巧与提示·◎

"平开窗"有一到两扇像门一样的窗框，可以向内或向外转动。与"遮篷式窗"只有一点不同，那就是"平开窗"可以设置为对开的两扇窗，如图2-109所示。

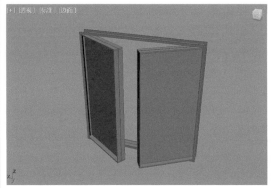

图2-109

"固定窗"无法打开。其特点为可以在水平和垂直两个方向上任意设置格数，如图2-110所示。

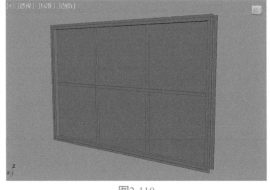

图2-110

◎技巧与提示·◎

"旋开窗"的轴垂直或水平位于其窗框的中心，其特点是无法设置窗格数量，只能设置窗格的宽度及轴的方向，如图2-111所示。

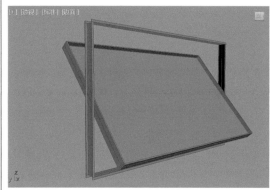

图2-111

"伸出式窗"有三扇窗框，其中两扇窗框打开时像反向的遮棚，其窗格数无法设置，如图2-112所示。

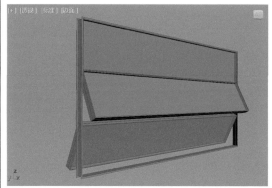

图2-112

"推拉窗"有两扇窗框，其中一扇窗框可以沿着垂直或水平方向滑动，类似于火车上的上下推动打开式窗户。其窗格数允许用户在水平和垂直两个方向上任意设置数量，如图2-113所示。

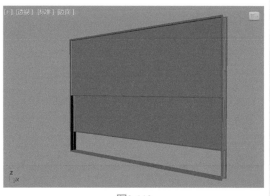

图2-113

### 2.4.3 楼梯

3ds Max 2022允许用户创建4种不同类型的楼梯。在"创建"面板的下拉列表中选择"楼梯"，即可看到楼梯所提供的"直线楼梯"按钮、"L型楼梯"按钮、"U型楼梯"按钮和"螺旋楼梯"按钮，如图2-114所示。

图2-114

3ds Max 2022提供的4种楼梯，其"修改"面板中的参数结构非常相似，并且比较简单。下面以最常用的"L型楼梯"为例详细讲解其参数设置及创建方法。其参数面板如图2-115所示，共有"参数""支撑梁""栏杆"和"侧弦"4个卷展栏。

"参数"卷展栏展开后如图2-116所示。

图2-115

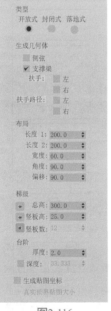

图2-116

#### 工具解析

（1）"类型"组。

- 开放式：设置当前楼梯为开放式踏步楼梯。
- 封闭式：设置当前楼梯为封闭式踏步楼梯。
- 落地式：设置当前楼梯为落地式踏步楼梯。

（2）"生成几何体"组。

- 侧弦：沿着楼梯的梯级的端点创建侧弦。
- 支撑梁：在梯级下创建一个倾斜的切口梁，该梁支撑台阶或添加楼梯侧弦之间的支撑。

- 扶手：为楼梯创建左扶手和右扶手。
- 扶手路径：创建楼梯上用于安装栏杆的左路径和右路径。

（3）"布局"组。

- 长度1：控制第一段楼梯的长度。
- 长度2：控制第二段楼梯的长度。
- 宽度：控制楼梯的宽度，包括台阶和平台。
- 角度：控制平台与第二段楼梯的角度。范围为−90°～90°。
- 偏移：控制平台与第二段楼梯的距离。相应调整平台的长度。

（4）"梯级"组。

- 总高：控制楼梯段的高度。
- 竖板高：控制梯级竖板的高度。
- 竖板数：控制梯级竖板数。

（5）"台阶"组。

- 厚度：控制台阶的厚度。
- 深度：控制台阶的深度。

"支撑梁"卷展栏展开后如图2-117所示。

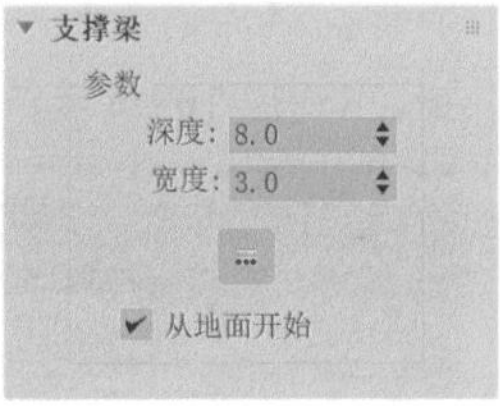

#### 工具解析

"参数"组中选项如下。

- 深度：控制支撑梁离地面的深度。
- 宽度：控制支撑梁的宽度。

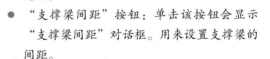

图2-117

- "支撑梁间距"按钮：单击该按钮会显示"支撑梁间距"对话框。用来设置支撑梁的间距。
- 从地面开始：控制支撑梁是否从地面开始。

"栏杆"卷展栏展开后如图2-118所示。

#### 工具解析

"参数"组中选项如下。

- 高度：控制栏杆离台阶的高度。

图2-118

- 偏移：控制栏杆离台阶端点的偏移。
- 分段：指定栏杆中的分段数目。值越高，栏杆显示得越平滑。
- 半径：控制栏杆的厚度。

"侧弦"卷展栏展
开后如图2-119所示。

图2-119

### 工具解析

"参数"组选项
如下。

● 深度：设置侧弦离地面的深度。

● 宽度：设置侧弦的宽度。

● 偏移：设置地面与侧弦的垂直距离。

● 从地面开始：设置侧弦是否从地面开始。

◎技巧与提示·◦

　　3ds Max 2022除了提供常用的"L型楼梯"
之外，还提供了"直线楼梯"、"U型楼梯"和
"螺旋楼梯"供用户选择使用，其他3种楼梯的
造型非常简单直观，参数与"L型楼梯"基本相
同，读者可以自行尝试创建并使用，如图2-120
所示。

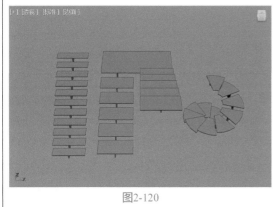

图2-120

**实例** **制作门模型**

　　在本实例中，为大家讲解如何使用"枢轴门"
按钮来快速地制作一个门模型，门模型的渲染效果
如图2-121所示。

图2-121

**01** 启动3ds Max 2022软件，单击"创建"面板中
的"枢轴门"按钮，如图2-122所示，在场景中创建
出一个门的模型。

**02** 在"修改"面板中，设置门的"高度"值为
200，"宽度"值为180，"深度"值为15，勾选
"双门"复选框，如图2-123所示。设置完成后，得
到的门模型结果如图2-124所示。

图2-122

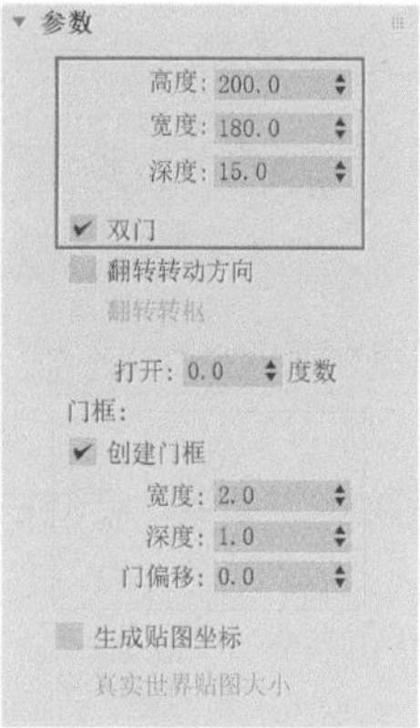

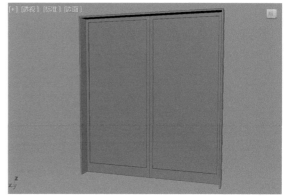

图2-123

图2-124

**03** 在"叶扇参数"卷展栏中，设置"水平窗格
数"值为2，"垂直窗格数"值为4。在"镶板"组内
选中"有倒角"选项后，设置"厚度2"值为3，"宽
度1"值为5，如图2-125所示。设置完成后，得到的
门模型结果如图2-126所示。

图2-125

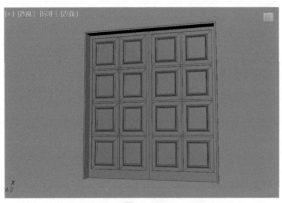

图2-126

**04** 在"参数"卷展栏内,设置门"打开"的"度数"为60°,如图2-127所示。

图2-127

**05** 至此就制作完成了一个门打开的模型,如图2-128所示。

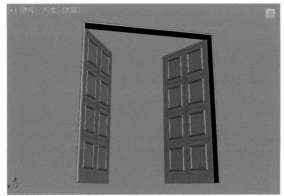

图2-128

**实例** 制作螺旋楼梯模型

在本实例中,为大家讲解如何使用"螺旋楼梯"按钮来快速制作一个螺旋楼梯模型,楼梯模型的渲染效果如图2-129所示。

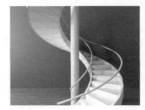 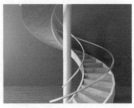

图2-129

**01** 启动3ds Max 2022软件,单击"创建"面板中的"螺旋楼梯"按钮,如图2-130所示,在场景中创建出一段螺旋楼梯的模型。

**02** 在"修改"面板中,展开"参数"卷展栏,在"类型"组中,设置楼梯的类型为"封闭式"。在"生成几何体"组中,勾选"侧弦"复选框、"中柱"复选框、"扶手"下的"内表面"复选框和"扶手"的"外表面"复选框。在"布局"组中,设置楼梯的"半径"值为200,"旋转"值为1,"宽度"值为120。在"梯级"组中,设置"竖板高"值为20,"竖版数"值为24,如图2-131所示。

图2-130　　　　　　　　图2-131

**03** 设置完成后,螺旋楼梯的形态如图2-132所示。

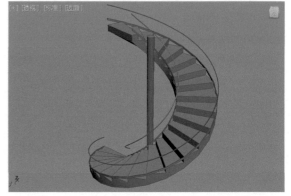

图2-132

**04** 展开"侧弦"卷展栏,设置侧弦的"深度"值

为40，"宽度"值为6，"偏移"值为0，调整侧弦
结构的细节，如图2-133所示。

图2-133

**05** 展开"中柱"卷展栏，设置中柱的"半径"值
为20，"分段"值为30，如图2-134所示。

图2-134

**06** 展开"栏杆"卷展栏，调整扶手"高度"值为
80，"偏移"值为0，"分段"值为8，"半径"值
为3，如图2-135所示。

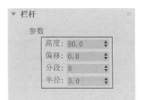

图2-135

**07** 螺旋楼梯的最终模型效果如图2-136所示。

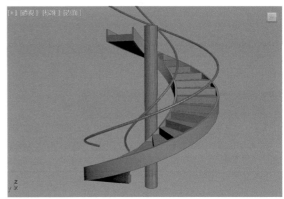

图2-136

# 第3章

# 修改器建模

## 3.1 修改器的基本知识

3ds Max 2022为用户提供了功能繁多的各种修改器，这些修改器有的可以为几何形体重新塑形，有的可以为几何体设置特殊的动画效果，还有的可以为当前选择对象添加力学绑定。修改器的应用有先后顺序之分，同样的一组修改器如果以不同的顺序添加在物体上，可能会得到不同的模型效果。修改器位于"命令"面板的"修改"面板中，也就是用户创建完物体后，修改其自身参数的地方。

在操作视口中选择的对象类型不同，修改器的命令也会有所不同，如有的修改器仅仅针对于图形起作用，如果在场景中选择了几何体，那么相应的修改器命令就无法在"修改器列表"中找到。再如当用户对图形应用了修改器后，图形就变成了几何体，此时即使仍然选择的是最初的图形对象，也无法再次添加仅对图形起作用的修改器了。

### 3.1.1 修改器堆栈

修改器堆栈是"修改"面板上各个修改命令叠加在一起的列表，在修改器堆栈中，可以查看选定的对象及应用于对象上的所有修改器，并包含累积的历史操作记录。用户可以向对象应用任意数目的修改器，包括重复应用同一个修改器。当向对象应用对象修改器时，修改器会以应用的顺序"入栈"。第一个修改器会出现在堆栈底部，紧接着对象类型出现在它上方。

使用修改器堆栈时，单击堆栈中的项目，可以返回到进行修改的那个点。然后可以重做决定，暂时禁用修改器，或者删除修改器，完全丢弃它。也可以在堆栈中的该点插入新的修改器。所做的更改沿着堆栈向上摆动，更改对象的当前状态。

当场景中的物体添加了多个修改器后，若希望更改特定修改器里的参数，就必须到修改器堆栈中查找。修改器堆栈里的修改器可以在不同的对象上应用复制、剪切和粘贴。修改器名称前面的眼睛图标还可以取消所添加修改器的效果，当电灯泡显示为白色时，修改器将应用于其下面的堆栈。当电灯泡显示为灰色时，将禁用修改器。单击即可切换修改器的启用/禁用状态。不想要的修改器也可以在堆栈中删除掉。如图3-1所示为一个应用了多个修改器的修改器堆栈例子。

在修改器堆栈的底部，第一个条目一直都是场景中选择物体的名字，并包含自身的属性参数。单击此条目可以修改原始对象的创建参数，如果没有加添新的修改器，那么这就是修改器堆栈中唯一的条目。

当所添加的修改器名称前有一个黑色的三角形符号时，说明此修改器内包含有子层级级别，子层级的数目最少为1个，最多不超过5个，如图3-2所示。

图3-1

图3-2

### 工具解析

● "锁定堆栈"按钮 ✦：用于将堆栈锁定到当前选定的对象，无论之后是否选择该物体对象或者其他对象，修改面板始终显示被锁定对象的修改命令。

● "显示最终结果"按钮 ⫿：当对象应用多个修改器时，激活显示最终结果后，即使选择的不是最上方的修改器，但是视口中的显示结果仍然为应用所有修改器的最终结果。

● "使唯一"按钮 ⫏：当此按钮为可激活时，说明场景中可能至少有一个对象与当前所选择对象为实例化关系，或者场景中至少有一个对象应用了与当前选择对象相同的修改器。

● "移除修改器"按钮 🗑：删除当前选择的修改器。

● "配置修改器集"按钮 ▣：单击弹出"修改器集"菜单。

## 3.1.2 修改器的顺序

3ds Max 2022中对象在"修改"面板中所添加的修改器按添加的顺序排列。这个顺序如果颠倒可能对当前对象产生新的结果或者是不正确的影响。图3-3和图3-4分别为同一对象使用两个相同的修改器命令，因为调整了修改器命令的上下位置而产生了不同的结果。

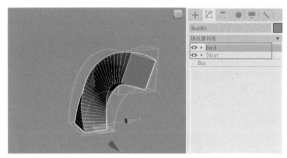

图3-3

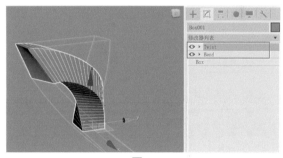

图3-4

在3ds Max 2022中，应用某些类型的修改器，会对当前对象产生"拓扑"行为。所谓"拓扑"，即指有的修改器命令对物体的每个顶点或者面指定一个编号，这个编号是当前修改器内部使用的，这种数值型的结构称作拓扑。当用户单击产生拓扑行为修改器下方的其他修改器时，如果可能对物体的顶点数或者面数产生影响，导致物体内部编号的混乱，则非常有可能在最终模型上出现错误的结果。因此，当用户试图执行类似的操作时，3ds Max 2022会出现"警告"对话框来提示用户，如图3-5所示。

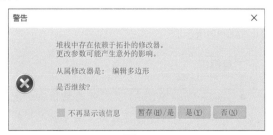

图3-5

### 3.1.3 修改器分类

修改器有很多种，在"修改"面板中的"修改器列表"里，3ds Max 2022将这些修改器默认分为"选择修改器""世界空间修改器"和"对象空间修改器"，如图3-6所示。

#### 1. 选择修改器

"选择修改器"集合中包含"网格选择""面片选择""多边形选择"和"体积选择"四种修改器。如图3-7所示。

图3-6

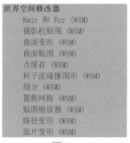

图3-7

**工具解析**

- 网格选择：选择网格物体的子层级对象。
- 面片选择：选择面片子对象。
- 多边形选择：选择多边形物体的子层级对象。
- 体积选择：选择一个对象或多个对象选定体积内的所有子对象。

#### 2. 世界空间修改器

"世界空间修改器"集合中的命令，其行为与特定对象空间扭曲一样。它们携带对象，但像空间扭曲一样对其效果使用世界空间而不使用对象空间。世界空间修改器不需要绑定到单独的空间扭曲Gizmo范围，使它们便于修改单个对象或选择集，如图3-8所示。

| 世界空间修改器 |
| --- |
| Hair 和 Fur（WSM） |
| 摄影机贴图（WSM） |
| 曲面变形（WSM） |
| 曲面贴图（WSM） |
| 点缓存（WSM） |
| 粒子流碰撞图形（WSM） |
| 细分（WSM） |
| 置换网格（WSM） |
| 贴图缩放器（WSM） |
| 路径变形（WSM） |
| 面片变形（WSM） |

图3-8

**工具解析**

- Hair和Fur（WSM）：用于为物体添加毛发并编辑。该修改器可应用于要生长毛发的任何对象，既可以应用于网格对象，也可以应

用于样条线对象。

- 摄影机贴图（WSM）：使摄影机将UVW贴图坐标应用于对象。
- 曲面变形（WSM）：该修改器的工作方式与路径变形（WSM）相似。
- 曲面贴图（WSM）：将贴图指定给NURBS曲面，并将其投影到修改的对象上。将单个贴图无缝地应用到同一NURBS模型内的曲面子对象组时，曲面贴图显得尤其有用。它也可以用于其他类型的几何体。
- 点缓存（WSM）：该修改器可以将修改器动画存储到硬盘文件中，然后再次从硬盘读取播放动画。
- 粒子流碰撞图形（WSM）：用于标准网格对象作为粒子导向器来参与动力学计算模拟。
- 细分（WSM）：提供用于光能传递处理创建网格的一种算法。
- 置换网格（WSM）：用于查看置换贴图的效果。
- 贴图缩放器（WSM）：用于调整贴图的大小，并保持贴图的比例不变。
- 路径变形（WSM）：以图形为路径，将几何形体沿所选择的路径产生形变。
- 面片变形（WSM）：可以根据面片将对象变形。

#### 3. 对象空间修改器

对象空间修改器直接影响对象空间中对象的几何体，如图3-9所示。这个集合中的修改器主要应用于单独的对象，使用的是对象的局部坐标系，因此移动对象的时候，修改器也会跟着移动。

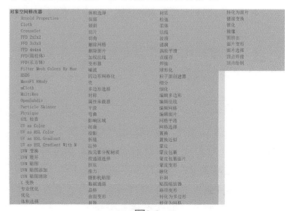

图3-9

**基础讲解** 修改器的基本使用方法

**01** 启动3ds Max 2022软件，单击"创建"面板中的"长方体"按钮，如图3-10所示。在场景中任意位置创建一个长方体模型。

**02** 在"修改"面板中，设置长方体模型的"长度"值为20，"宽度"值为20，"高度"值为60，"长度分段"值为2，"宽度分段"值为2，"高度分段"值为10，如图3-11所示。

图3-10       图3-11

**03** 设置完成后，长方体模型在"透视"视图中的显示效果如图3-12所示。

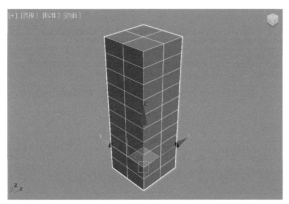

图3-12

**04** 选择长方体模型，按下Shift键，以拖曳的方式复制出另一个长方体模型，如图3-13所示。

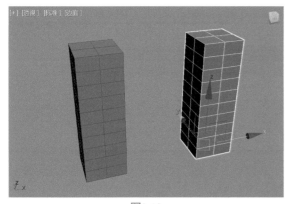

图3-13

**05** 在"修改"面板中，为其添加"晶格"修改器，如图3-14所示。

**06** 在"参数"卷展栏中，设置"支柱"组的"半径"值为1，设置"节点"组的"半径"值为3，如图3-15所示。即可得到图3-16所示的模型结果。

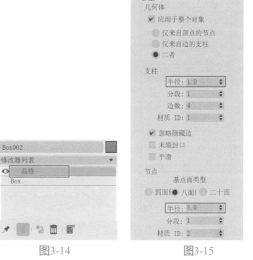

图3-14       图3-15

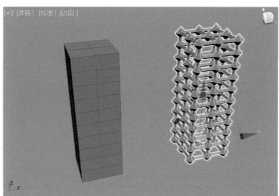

图3-16

**07** 在"修改"面板中，在修改器名称上右击并执行"复制"命令，如图3-17所示。

**08** 然后在场景中选择另一个长方体模型，在"修改"面板上右击执行"粘贴"命令，如图3-18所示。即可将设置好参数的修改器应用到另一个模型上，如图3-19所示。

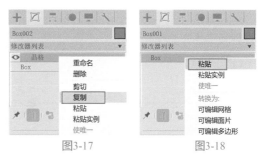

图3-17       图3-18

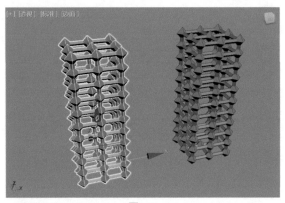

图3-19

**09** 在"修改"面板中，选择刚粘贴过来的"晶格"修改器，单击"从堆栈中移除修改器"按钮，如图3-20所示。可以将该修改器去除。

**10** 选择删除了"晶格"修改器的长方体模型，在"修改"面板上右击执行"粘贴实例"命令，如图3-21所示。

**11** 观察"修改"面板，这一次粘贴过来的"晶格"修改器的名称为斜体字状态显示，如图3-22所示。

图3-20

图3-21　　　　图3-22

**12** 在"参数"卷展栏中，设置"支柱"组中的"半径"值为0.5，设置"节点"组中"基点面类型"的选项为"二十面体"，如图3-23所示。

**13** 设置完成后，观察场景，可以看到场景中的两个长方体模型均发生了相应的改变，如图3-24所示。

图2-23

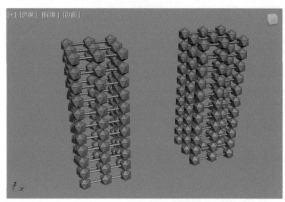

图3-24

**14** 将光标放置在"晶格"修改器的名称上右击，在弹出的菜单中执行"塌陷全部"命令，如图3-25所示。

**15** 这时，系统自动弹出"警告：塌陷全部"对话框，如图3-26所示。

图3-25

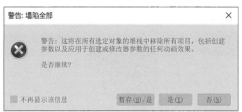

图3-26

**16** 单击"是"按钮后，关闭该对话框。再次观察"修改"面板，可以看到使用"塌陷全部"命令可以将对象上的所有修改器进行去除，如图3-27所示，并保留对象塌陷修改器之前的模型结果。

图3-27

## 3.2　常用修改器

### 3.2.1　弯曲

　　"弯曲"修改器，顾名思义，即用来对模型产生弯曲变形效果的修改器。"弯曲"修改器参数设置如图3-28所示。

**工具解析**

（1）"弯曲"组

- 角度：设置弯曲
  的角度值。
- 方向：设置弯曲
  的方向。

（2）"弯曲轴"组

- X/Y/Z：指定要弯
  曲的轴。

（3）"限制"组

- 限制效果：将限制约束应用于弯曲效果。
- 上限：以世界单位设置上部边界，此边界位
  于弯曲中心点上方，超出此边界弯曲不再影
  响几何体。
- 下限：以世界单位设置下部边界，此边界位
  于弯曲中心点下方，超出此边界弯曲不再影
  响几何体。

图3-28

**基础讲解**　"弯曲"修改器的使用方法

**01** 启动3ds Max 2022软
件。单击"创建"面板中的
"圆柱体"按钮，如图3-29
所示。在场景中任意位置创
建一个圆柱体模型，如图3-30
所示。

图3-29

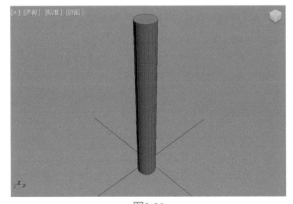

图3-30

**02** 在"修改"面板中，设置圆柱体的"半径"值
为5，"高度"值为100，"高度分段"值为50，如
图3-31所示。

**03** 为圆柱体模型添加"弯曲"修改器，如图3-32
所示。

图3-31　　　　　　　　　　图3-32

**04** 在"参数"卷展栏中，设置"弯曲"组内
的"角度"值为90，如图3-33所示。可以得到如
图3-34所示的模型结果。

图3-33

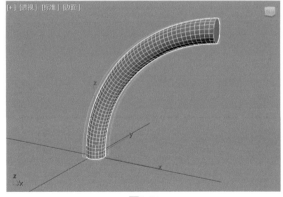

图3-34

**05** 勾选"限制效果"选项，并设置"上限"的值
为30，如图3-35所示。可以得到图3-36所示的模型
结果。

图3-35

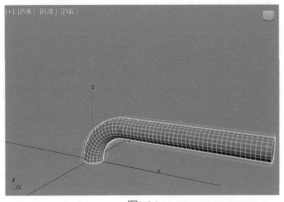

图3-36

图3-37

**06** 在"修改"面板中进入"中心"子层级，如图3-37所示。

**07** 在透视视图中调整"弯曲"修改器中心的位置至图3-38所示，则可以控制圆柱体弯曲的位置。

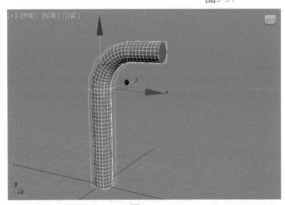

图3-38

**08** 现在将"角度"值设置为180，将"上限"值提高到40，如图3-39所示。即可得到一个拐杖形状的圆柱体模型，如图3-40所示。

图3-39

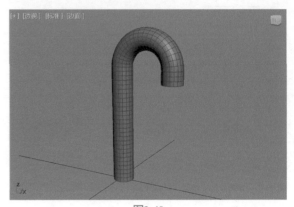

图3-40

### 3.2.2　拉伸

使用"拉伸"修改器对模型产生拉伸效果的同时还产生对模型挤压的效果。"拉伸"修改器参数设置如图3-41所示。

图3-41

#### 工具解析

（1）"拉伸"组

● 拉伸：设置拉伸的强度。

● 放大：设置放大的程度。

（2）"拉伸轴"组

● X/Y/Z：用来设置使用对象的哪个轴作为"拉伸轴"。默认为Z轴。

（3）"限制"组

● 限制效果：限制拉伸效果。

● 上限：沿着"拉伸轴"的正向限制拉伸效果的边界。

● 下限：沿着"拉伸轴"的负向限制拉伸效果的边界。

◉技巧与提示·◉

从修改器的参数设置上来看，"拉伸"修改器和"弯曲"修改器内的参数基本上非常相似，与这两个修改器参数相似的修改器还有"锥化"修改器、"扭曲"修改器和"倾斜"修改器。读者们可以自行尝试并学习这几个修改器的使用方法。

## 3.2.3 切片

使用"切片"修改器可以对模型产生剪切效果，常用于制作表现工业产品的剖面结构。"切片"修改器参数设置如图3-42所示。

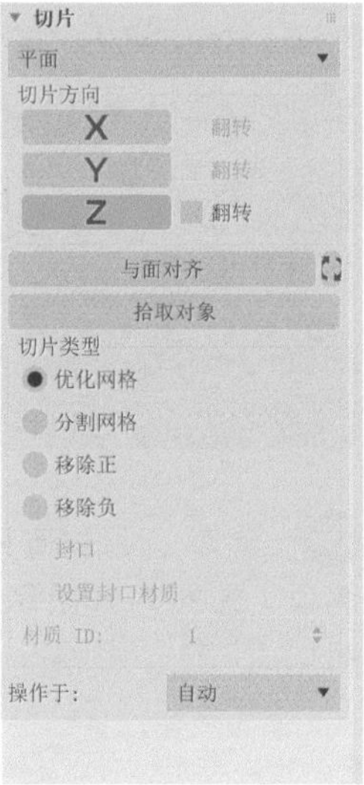

### 工具解析

- 下拉列表：用于设置"切片平面"计算的方式，有"平面"和"径向"这2种方式可选。

（1）"切片方向"组。

- X/Y/Z：用于设置切片的方向。
- "与面对齐"按钮：用于设置"切片平面"的方向与所选对象面的方向相一致。
- "拾取对象"按钮：用于设置"切片平面"的方向与场景中其他对象的方向相一致。

（2）"切片类型"组。

- 优化网格：沿着几何体相交处，使用切片平面添加新的顶点和边。平面切割的面可细分为新的面。
- 分割网格：沿着平面边界添加双组顶点和边，产生两个分离的网格，这样可以根据需要进行不同的修改。使用此选项将网格分为两个元素。
- 移除正：删除"切片平面"正方向上所有的面和顶点。
- 移除负：删除"切片平面"负方向上所有的面和顶点。
- 封口：勾选该选项可以对对象进行封口处理。
- 设置封口材质：勾选选项可以激活下方的"材质ID"功能，用户可以对封口的面设置材质ID号。

"切片"修改器的使用方法

**01** 启动3ds Max 2022软件。单击"创建"面板中的

图3-42

"茶壶"按钮，如图3-43所示。在场景中任意位置创建一个茶壶模型，如图3-44所示。

图3-43

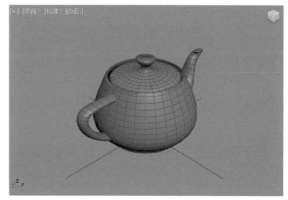

图3-44

**02** 在"修改"面板中，为茶壶模型添加"切片"修改器。如图3-45所示。

**03** 在"切片"卷展栏中，单击"切片方向"组内的X按钮，设置"切片类型"的选项为"移除正"，如图3-46所示，则得到图3-47所示的茶壶切片效果。

图3-45　　　　　　图3-46

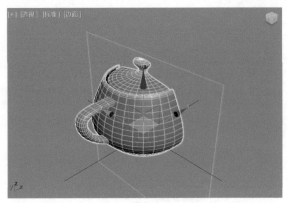

图3-47

**04** 单击"切片方向"组内的Y按钮,如图3-48所示。则可以得到图3-49所示的茶壶切片效果。

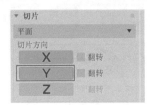

图3-48

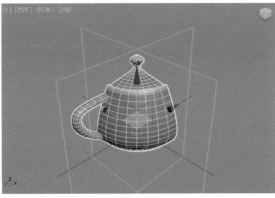

图3-49

**05** 在"修改"面板中设置切片的方式为"径向",并设置"径向切片"组中的"角度1"值为60,"角度2"值为120,设置"切片类型"的选项为"移除负",如图3-50所示。可以得到图3-51所示的茶壶切片效果。

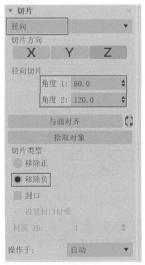

图3-50

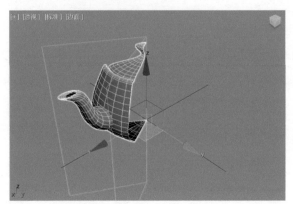

图3-51

**06** 设置"切片方向"为X,并勾选"封口"选项,如图3-52所示。则得到的茶壶切片效果如图3-53所示。

图3-52

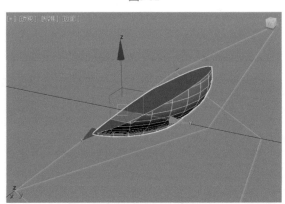

图3-53

**07** 在"修改"面板中进入"切片平面"子层级,如图3-54所示。

**08** 还可以通过调整"切片平面"的位置来微调茶壶模型上需要保留的部分,如图3-55所示。

图3-54

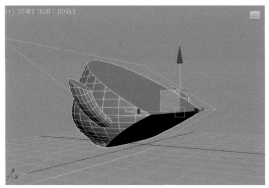

图3-55

## 3.2.4 噪波

使用"噪波"修改器可以对对象从三个不同的轴向来施加强度,使物体对象产生随机性较强的噪波起伏效果。使用这一修改器,常用来制作起伏的水面、高山或飘扬的小旗等效果。"噪波"修改器参数设置如图3-56所示。

图3-56

### 工具解析

(1)"噪波"组。

● 种子:用来控制噪波的随机形态。

● 比例:设置噪波的比例大小。

● 分形:勾选该选项产生分形效果。

● 粗糙度:决定分形变化的程度。

● 迭代次数:控制分形功能使用的迭代次数。

(2)"强度"组。

● 强度:控制噪波效果的大小。

● X/Y/Z:沿着三条轴的每一个设置噪波效果的强度。

(3)"动画"组。

● 动画噪波:勾选该选项进行噪波的动画设置。

● 频率:设置正弦波的周期,影响噪波效果的速度。

● 相位:设置基本波形的起始点。

**基础讲解** **"噪波"修改器的使用方法**

**01** 启动3ds Max 2022软件,单击"创建"面板中的"平面"按钮,如图3-57所示,在场景中创建一个

平面模型。

**02** 在"修改"面板中,设置"长度"值为100,"宽度"值为100,"长度分段"值为200,"宽度分段"值为200,如图3-58所示。

图3-57

图3-58

**03** 为平面模型添加"噪波"修改器,如图3-59所示。

**04** 在"参数"卷展栏中,设置"噪波"组中的"比例"值为20,"强度"组中的Z值为5,如图3-60所示。可以得到图3-61所示的模型结果。

图3-60

图3-59

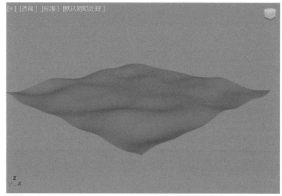

图3-61

**05** 勾选"分形"复选框，如图3-62所示。可以得到细节更丰富的起伏效果，用来模拟山地丘陵的形态，如图3-63所示。

图3-62

图3-63

**06** 取消勾选"分形"复选框后，勾选"动画噪波"复选框，如图3-64所示。

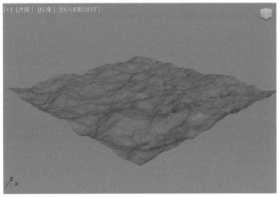

图3-64

**07** 播放场景动画，可以看到平面产生像水面流动一样的效果，如图3-65所示。

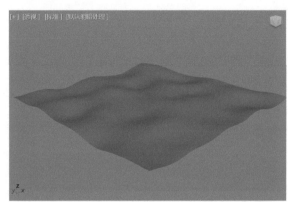

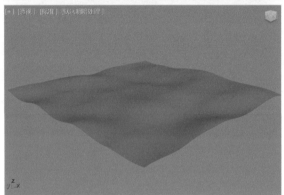

图3-65

### 3.2.5 晶格

使用"晶格"修改器可以将模型的边转化为圆柱形结构，并在顶点上产生可选的关节多面体。使用它可基于网格拓扑创建可渲染的几何体结构，或作为获得线框渲染效果的一种方法，"晶格"修改器参数设置如图3-66所示。

图3-66

**工具解析**

（1）"几何体"组。

● 应用于整个对象：勾选该复选框，则"晶格"修改器会作用于整个对象。

● 仅来自顶点的节点：仅生成节点网格。

● 仅来自边的支柱：仅生成支柱网格。

● 二者：生成节点和支柱网格。

（2）"支柱"组。

● 半径：指定支柱的半径。

● 分段：指定支柱的分段数目。

● 边数：指定支柱的边数目。

● 材质ID：指定支柱的材质ID。

● 忽略隐藏边：仅生成可视边的结构。

● 末端封口：将末端封口应用于支柱。

● 平滑：将平滑应用于支柱。

（3）"节点"组。

● 基点面类型：指定用于关节的多面体类型，有四面体、八面体和二十面体3个选项可用。

● 半径：设置节点的半径。

● 分段：指定节点的分段数目。

● 材质ID：指定用于节点的材质ID。

● 平滑：将平滑应用于节点。

**基础讲解**　"晶格"修改器的使用方法

**01**　启动3ds Max 2022软件。单击"创建"面板中的"茶壶"按钮，如图3-67所示。在场景中任意位置创建一个"半径"值为80的茶壶模型，如图3-68所示。

图3-67

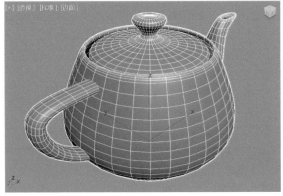

图3-68

**02**　在"修改"面板中，为茶壶模型添加"晶格"修改器，如图3-69所示。

**03**　添加完成后，茶壶模型的视图显示效果如图3-70所示。

图3-69

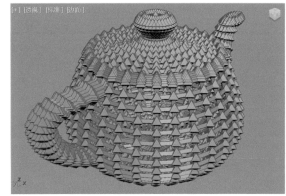

图3-70

**04**　在"参数"卷展栏中，设置"支柱"组内的"半径"值为1，"边数"值为6，如图3-71所示。可以得到如图3-72所示的模型结果。

图3-71

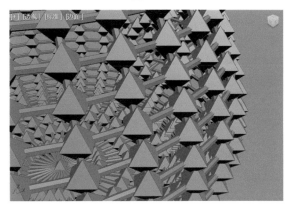

图3-72

**05**　设置"节点"组内的"半径"值为2，"分段"值为4，如图3-73所示。可以得到如图3-74所示的模型结果。

图3-73

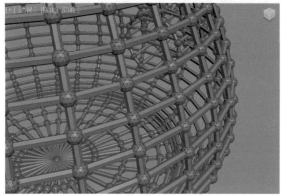

图3-74

**06** 选择茶壶模型，在"晶格"修改器的下方添加一个"网格选择"修改器，如图3-75所示。

**07** 随意选择图3-76中的一些面后，在"晶格"修改器中，取消勾选"应用于整个对象"复选框，如图3-77所示。

图3-75

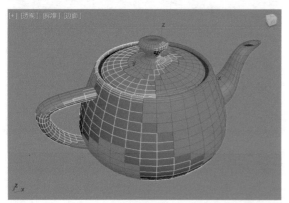

图3-76

图3-77

**08** 得到的茶壶模型视图显示结果如图3-78所示。

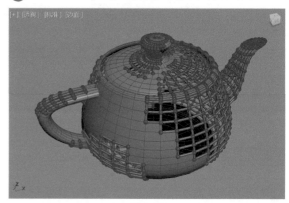

图3-78

### 3.2.6 对称

"对称"修改器用来进行构建模型的另一半，其参数面板如图3-79所示。

图3-79

**工具解析**

- 下拉列表：用于设置"镜像"计算的方式，有"平面"和"径向"2种方式可选。

（1）"镜像轴"组。

- X/Y/Z：指定执行对称所围绕的轴。
- 翻转：如果想要翻转对称效果的方向可以勾选该选项。
- "与面对齐"按钮：用于设置"镜像"的方向与所选对象面的方向相一致。
- "拾取对象"按钮：用于设置"镜像"的方向与场景中其他对象的方向相一致。

（2）"对称选项"组。

- 沿镜像轴切片：启用该选项使"镜像"在

定位于网格边界内部时作为一个切片平面。

● 焊接缝：启用该选项确保沿镜像轴的顶点会自动焊接。

### 3.2.7　涡轮平滑

"涡轮平滑"修改器允许模型在边角交错时将几何体细分，以添加面数的方式来得到较为光滑的模型效果。其参数面板如图3-80所示。

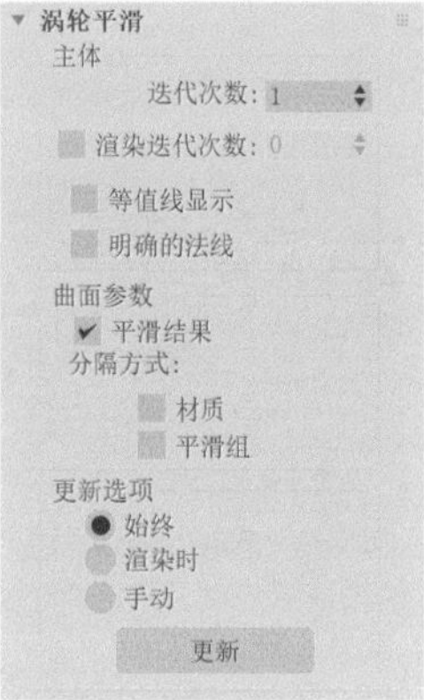

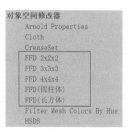

图3-80

#### 工具解析

（1）"主体"组。

● 迭代次数：设置网格细分的次数。

● 渲染迭代次数：允许在渲染时选择一个不同数量的平滑迭代次数应用于对象。

● 等值线显示：启用该选项后，3ds Max 仅显示等值线，即对象在进行光滑处理之前的原始边缘。使用此项的好处是减少混乱的显示。

● 明确的法线：允许涡轮平滑修改器为输出计算法线。

（2）"曲面参数"组。

● 平滑结果：对所有曲面应用相同的平滑组。

● 材质：防止在不共享材质 ID 的曲面之间的边创建新曲面。

● 平滑组：防止在不共享至少一个平滑组的曲面之间的边上创建新曲面。

（3）"更新选项"组。

● 始终：更改任意"涡轮平滑"设置时自动更新对象。

● 渲染时：只在渲染时更新对象的视口显示。

● 手动：仅在单击"更新"后更新对象。

● "更新"按钮：更新视口中的对象。

### 3.2.8　FFD

FFD修改器可以对模型进行变形修改，以较少的控制点来调整复杂的模型。在3ds Max 2022中，FFD修改器包含5种类型，分别为FFD2x2x2修改器、FFD3x3x3修改器、FFD4x4x4修改器、FFD（长方体）修改器和FFD（圆柱体）修改器，如图3-81所示。

这5个FFD修改器的基本参数几乎相同，因此在这里选择FFD（长方体）修改器中的参数进行讲解，其参数面板如图3-82所示。

图3-81

图3-82

#### 工具解析

（1）"尺寸"组。

● "设置点数"按钮：单击该按钮弹出"设置FFD尺寸"对话框，其中包含 3 个标为"长度""宽度"和"高度"的微调器、"确定"按钮和"取消"按钮，如图3-83所示。指定晶格中所需控制点数目，然后单击"确定"按钮进行更改。

图3-83

（2）"显示"组。

● 晶格：绘制连接控制点的线条形成栅格。

● 源体积：控制点和晶格以未修改的状态显示。

（3）"变形"组。

● 仅在体内：只变形位于源体积内的顶点。

● 所有顶点：变形所有顶点，不管它们位于原体积的内部还是外部。

● 衰减：决定着 FFD 效果减为零时离晶格的距离。

● 张力/连续性：调整变形样条线的张力和连续性。

（4）"选择"组。

● "全部X"按钮/"全部Y"按钮/"全部Z"按钮：选中沿着由该按钮指定的局部维度的所有控制点。

（5）"控制点"组。

● "重置"按钮：所有控制点返回它们的原始位置。

● "全部动画"按钮：默认情况下，FFD晶格控制点将不在"轨迹视图"中显示出来，因为没有给它们指定控制器。但是在设置控制点动画时，给它指定了控制器，则它在"轨迹视图"中可见。

● "与图形一致"按钮：在对象中心控制点位置之间沿直线延长线，将每一个FFD控制点移到修改对象的交叉点上，这将增加一个由"补偿"微调器指定的偏移距离。

● 内部点：仅控制受"与图形一致"影响的对象内部点。

● 外部点：仅控制受"与图形一致"影响的对象外部点。

● 偏移：受"与图形一致"影响的控制点偏移对象曲面的距离。

● "关于"按钮：单击此按钮弹出显示版权和许可信息的About FFD对话框，如图3-84所示。

图3-84

**实例** 制作图书模型

本例中使用多种修改器来制作一本书的模型，图3-85所示为本实例的最终渲染效果。

图3-85

**01** 启动3ds Max 2022软件，在"创建"面板中，将下拉列表切换至"扩展基本体"，单击C-Ext按钮，如图3-86所示，在场景中创建一个C形对象。

**02** 在"修改"面板中，设置C形对象的参数值如图3-87所示。设置完成后，C形对象的视图显示结果如图3-88所示。

图3-86　　　　图3-87

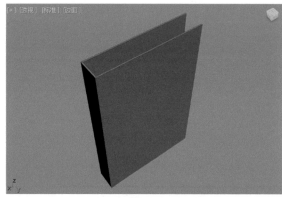

图3-88

**03** 单击"创建"面板中的"长方体"按钮，如图3-89所示，绘制一个长方体作为书的内页。

**04** 在"修改"面板中，设置长方体的参数值如图3-90所示。并移动其位置至图3-91所示位置。

图3-89　　　　图3-90

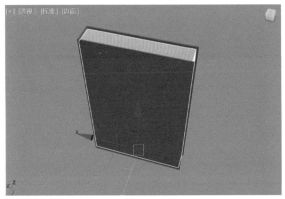

图3-91

**05** 在"修改"面板中，为长方体添加一个"网格选择"修改器，如图3-92所示。

图3-92

**06** 进入到"网格选择"修改器的"多边形"子层级，选择如图3-93所示的面，为其添加"弯曲"修改器，如图3-94所示。

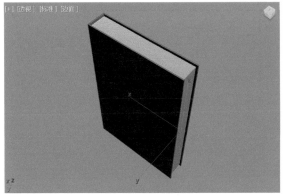

图3-93

图3-94

**07** 在"修改"面板中，设置"弯曲"修改器的"角度"值为-35，"弯曲轴"为Y轴，如图3-95所示为制作的书籍内页的细节效果。

图3-95

**08** 制作完成的图书模型显示效果如图3-96所示。

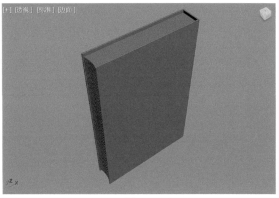

图3-96

**实例** **制作排球模型**

在本实例中，讲解如何使用多种修改器混合操作制作一个排球的三维模型。排球模型的渲染效果如图3-97所示。

图3-97

**01** 启动3ds Max 2022软件，单击"长方体"按钮，在"创建方法"卷展栏中选中"立方体"选项，如图3-98所示，在场景中创建一个立方体对象。

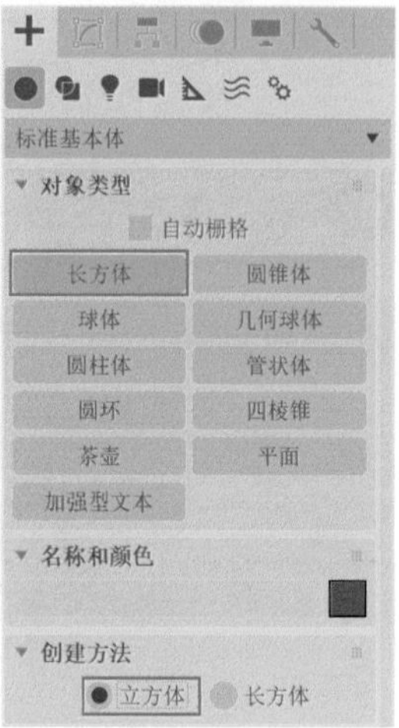

**02** 在"修改"面板中，将立方体模型的"长度""宽度"和"高度"值设置为20，"长度分段""宽度分段"和"高度分段"的值设置为3，

图3-98

如图3-99所示。设置完成后，立方体的视图显示结果如图3-100所示。

图3-99

图3-100

**03** 右击立方体模型，在弹出的快捷菜单中执行"转换为"|"转换为可编辑网格"命令，如图3-101所示。

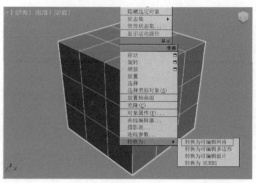

图3-101

**04** 在"修改"面板中，进入"多边形"子层级，选择如图3-102所示的面。右击并执行"分离"命令，在系统自动弹出的"分离"对话框中单击"确定"按钮，将选择的3个面单独分离出来，如图3-103所示。

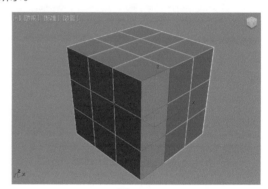

图3-102

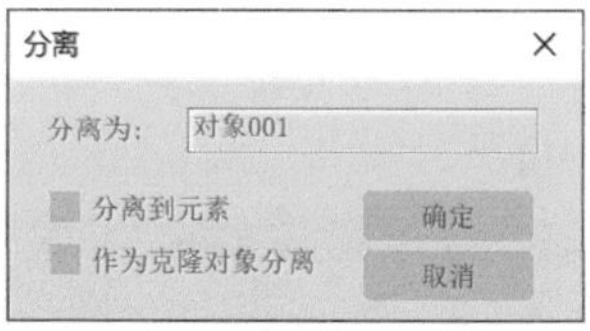

图3-103

**05** 重复以上步骤，将立方体模型相同朝向的另外两行平面也分离出来。为了方便区别分离出的面模型，将刚刚分离出来的对象更改为另外的颜色，如图3-104所示。

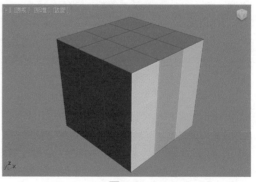

图3-104

**06** 重新选择立方体模型，进入"多边形"子层级，选择与刚分离出的平面模型相垂直的3个面，将其"分离"出来，如图3-105所示。

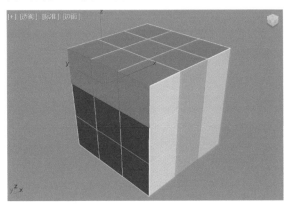

图3-105

**07** 重复以上操作，最终将立方体模型6个方向的面"分离"为18个平面对象。

**08** 退出"多边形"子层级，选择场景中的所有平面模型，添加"涡轮平滑"修改器，并设置"主体"的"迭代次数"值为2，如图3-106所示。

**09** 设置完成后，得到的模型结果如图3-107所示。

图3-106

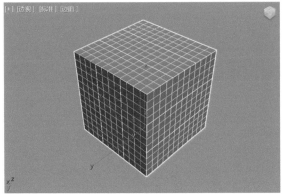

图3-107

**10** 在"修改"面板中，为所有选择的对象添加"球形化"修改器，如图3-108所示。这时，模型看起来像球体一样光滑，如图3-109所示。

图3-108

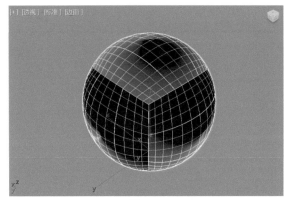

图3-109

**11** 在"修改"面板中，为所有选择的对象添加"网格选择"修改器，如图3-110所示。

图3-110

**12** 进入"网格选择"修改器的"多边形"子层级，按快捷键Ctrl+A，选择所有面，如图3-111所示。

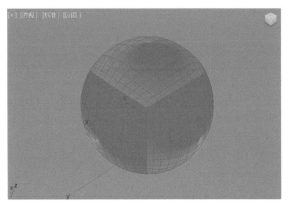

图3-111

**13** 在"修改"面板中，为所有选择的对象添加"面挤出"修改器，并调整"数量"的值为0.2，

"比例"的值为97，如图3-112所示。得到如图3-113所示的模型结果。

图3-112

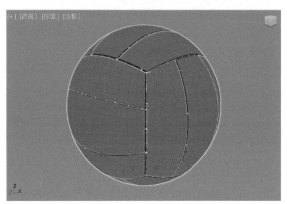

图3-113

**14** 在"修改"面板中，为所有选择的对象添加"网格平滑"修改器，如图3-114所示。

**15** 在"细分方法"卷展栏中，设置"细分方法"的选项为"四边形输出"；在"细分量"卷展栏中，设置"迭代次数"的值为2，如图3-115所示。使得排球模型看起来更加光滑一些。

图3-114　　　　　　　图3-115

**16** 本实例的最终模型制作结果如图3-116所示。

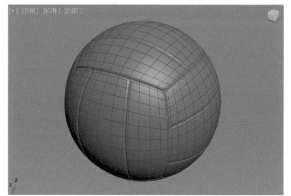

图3-116

# 第4章
# 复合对象建模

## 4.1　复合对象概述

在3ds Max 2022软件中，有一种建模方式是通过将两个或两个以上的现有对象进行组合计算从而生成一个单独的模型。这种创建模型的方式就是复合对象建模。在"创建"面板中，将下拉列表的命令切换至"复合对象"，即可看到"复合对象"分类中共有10个命令按钮，分别是"变形"按钮、"散布"按钮、"一致"按钮、"连接"按钮、"水滴网格"按钮、"图形合并"按钮、"地形"按钮、"放样"按钮、"网格化"按钮、ProBoolean按钮、ProCutter按钮和"布尔"按钮，如图4-1所示。接下来，本章主要讲解常用的复合对象按钮。

图4-1

## 4.2　变形

"变形"按钮需要用户先选择场景中的一个几何体对象才能激活使用，主要用来制作一个对象从一种形态向另外一种形态产生形变的过渡动画。"变形"的"参数"面板如图4-2所示，分为"拾取目标"卷展栏和"当前对象"卷展栏2个部分。

### 4.2.1　"拾取目标"卷展栏

"拾取目标"卷展栏展开如图4-3所示。

图4-3

图4-2

**工具解析：**

- "拾取目标"按钮：通过该按钮可以将场景中的其他对象设置为指定目标对象。
- 参考/复制/移动/实例：用于指定目标对象传输至复合对象的方式。

69

## 4.2.2 "当前对象"卷展栏

"当前对象"卷展栏展开如图4-4所示。

图4-4

**工具解析:**

● 变形目标:通过下方的文本框显示当前的变形目标。

● 变形目标名称:通过在下方的文本框内输入文字来更改在"变形目标"列表中选定变形目标的名称。

● "创建变形关键点"按钮:在当前帧处添加选定目标的变形关键点。

● "删除变形目标"按钮:删除当前高亮显示的变形目标。如果变形关键点参考的是删除的目标,也会删除这些关键点。

**基础讲解** 使用"变形"制作物体形变动画

**01** 启动3ds Max 2022软件,在"创建"面板中,单击"长方体"按钮,如图4-5所示,在场景中创建一个长方体模型。

**02** 选择长方体模型,右击并执行"转换"|"转换为可编辑多边形"命令,如图4-6所示。

图4-5

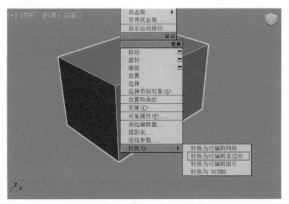

图4-6

**03** 按住快捷键Shift,以拖曳的方式复制一个长方体模型,如图4-7所示。在系统自动弹出"克隆选项"对话框中,选择"复制",如图4-8所示。

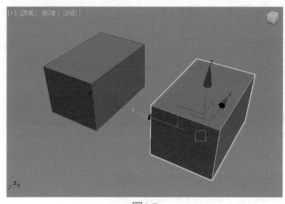

图4-7

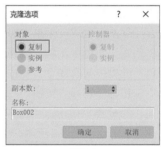

图4-8

**04** 选择新复制出来的长方体模型,调整其顶点位置至如图4-9所示。

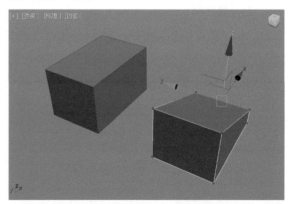

图4-9

**05** 选择保持原始形状的长方体模型,单击"创建"面板中的"变形"按钮,如图4-10所示。

**06** 在"拾取目标"卷展栏中单击"拾取目标"按钮,如图4-11所示。再单击场景中已发生形变的长方体模型,可以看到长方体的形

图4-10

态已经变成拾取目标的形态，如图4-12所示。

图4-11

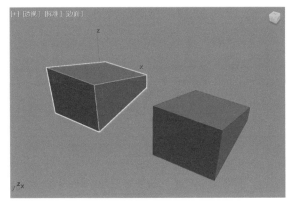

图4-12

**07** 在"修改"面板中，展开"当前对象"卷展栏。选中"变形目标"文本框内的M_Box001，并单击"创建变形关键点"按钮，如图4-13所示。即可在第0帧位置处，创建出长方体最初形态的关键帧，如图4-14所示。

图4-13

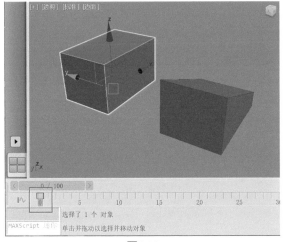

图4-14

**08** 将"时间滑块"拖动至第10帧位置处，在"修改"面板中，展开"当前对象"卷展栏。选中"变形目标"文本框内的M_Box002，并单击"创建变形关键点"按钮，如图4-15所示。即可在第10帧位置处，自动创建出长方体发生形态变化后的关键帧，如图4-16所示。

图4-15

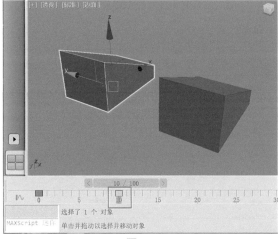

图4-16

**09** 再次拖动"时间滑块"按钮，即可看到在第0帧到第10帧之间，系统会自动生成长方体的形变动画，如图4-17所示。

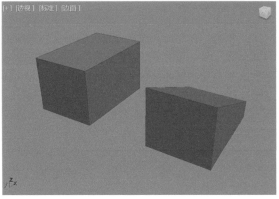

图4-17

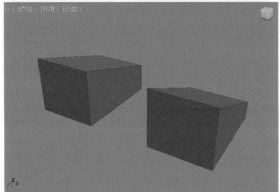

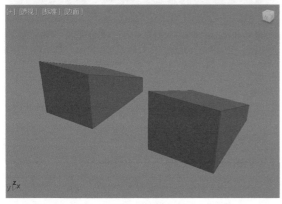

图4-17（续）

## 4.3 散布

　　"散布"按钮允许用户将选择的对象以随机的
方式散布于另一个对象的表面，例如可以用来快速
地在一片起伏不平的区域上随机放置树木、石头或
小草等模型对象。"散布"的"参数"面板如图4-18
所示，分为"拾取分布对象"卷展栏、"散布对
象"卷展栏、"变换"卷展栏、"显示"卷展栏和
"加载/保存预设"卷展栏5个部分。

图4-18

### 4.3.1 "拾取分布对象"卷展栏

　　"拾取分布对象"卷展栏展开如图4-19所示。

图4-19

**工具解析：**

- "拾取分布对象"按钮：通过该按钮可以将
场景中的其他对象设置为分布对象。
- 参考/复制/移动/实例：用于指定目标对象传
输至复合对象的方式。

### 4.3.2 "散布对象"卷展栏

　　"散布对象"卷展栏展开如图4-20所示。

图4-20

**工具解析：**

"分布"组。

● 使用分布对象：根据分布对象的几何体散布源对象。

● 仅使用变换：此选项无须分布对象。而是使用"变换"卷展栏上的偏移值来定位源对象的重复项。

"对象"组。

● 源名：用于重命名散布复合对象中的源对象。

● 分布名：用于重命名分布对象。

● "提取运算对象"按钮：提取所选操作对象的副本或实例。

● 实例/复制：用于指定提取操作对象的方式。

"源对象参数"组。

● 重复数：指定散布的源对象的重复项数目。

● 基础比例：改变源对象的比例，同样也影响每个重复项。

● 顶点混乱度：对源对象的顶点应用随机扰动。

● 动画偏移：用于指定每个源对象重复项的动画随机偏移原点的帧数。

"分布对象参数"组。

● 垂直：如果启用，则每个重复对象垂直于分布对象中的关联面、顶点或边。

● 仅使用选定面：如果启用，则将分布限制在所选的面内。

● 分布方式：这些选项用于指定分布对象几何体确定源对象分布的方式，有"区域""偶校验""跳过N个""随机面"等9个选项。如果不使用分布对象，则这些选项将被忽略。

"显示"组。

● 结果/运算对象：选择是否显示散布操作的结果或散布之前的运算操作对象。

### 4.3.3 "变换"卷展栏

"变换"卷展栏展开如图4-21所示。

**工具解析：**

"旋转"组。

● X/Y/Z：输入希望围绕每个重复项的局部 X、Y 或 Z 轴旋转的最大随机旋转偏移。

● 使用最大范围：如果启用，则强制所有三个设置匹配最大值。

"局部平移"组。

● X/Y/Z：输入希望沿每个重复项的 X、Y 或 Z 轴平移的最大随机移动量。

图4-21

● 使用最大范围：如果启用，则强制所有三个设置匹配最大值。其他两个设置被禁用，只启用包含最大值的设置。

"在面上平移"组。

● A/B/N：A/B设置指定面的表面上的重心坐标，N 设置指定沿面法线的偏移。

● 使用最大范围：如果启用，则强制所有三个设置匹配最大值。

"比例"组。

● X/Y/Z：指定沿每个重复项的 X、Y 或 Z 轴的随机缩放百分比。

● 使用最大范围：如果启用，则强制所有三个设置匹配最大值。

### 4.3.4 "显示"卷展栏

"显示"卷展栏展开如图4-22所示。

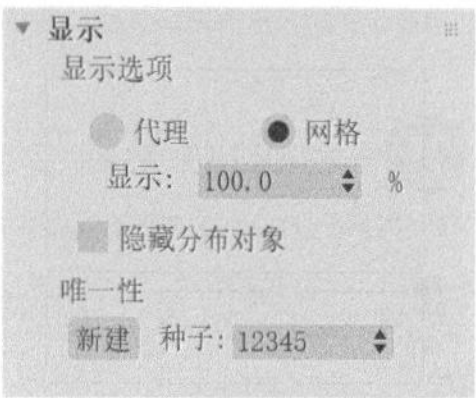

**工具解析：**

"显示选项"组。

● 代理：将散布对象显示为简单的楔子图形，在处理复杂的散布对象时可加速视口的显示。

图4-22

● 网格：将散布对象显示为完整几何体。

● 显示：指定视口中所显示的所有重复对象的

百分比。

● 隐藏分布对象：勾选该复选框可以隐藏分布对象。

"唯一性"组。

● "新建"按钮：单击该按钮可以生成新的随机种子数值。

● 种子：可使用该微调器设置种子数值。

## 4.3.5 "加载/保存预设"卷展栏

"加载/保存预设"卷展栏展开如图4-23所示。

**工具解析：**

● 预设名：用于定义设置的名称。

● "加载"按钮：加载"保存预设"列表中当前高亮显示的预设。

● "保存"按钮：保存"预设名"字段中的当前名称并放入"保存预设"窗。

● "删除"按钮：删除"保存预设"窗中的选定项。

图4-23

---

**实例** 制作成片石头模型

在本实例中，为读者讲解如何使用"散布"命令制作成片石头的效果，如图4-24所示。

图4-24

**01** 启动3ds Max 2022软件，在场景中创建一个球体模型和一个平面模型，如图4-25所示。

**02** 在"修改"面板中，设置球体模型的参数如图4-26所示。

**03** 将球体模型重新命名为"石头"，为球体模型添加"噪波"修改器，设置"比例"值为5，"强度"组中的X/Y/Z值均为20，如图4-27所示。设置完成后，球体模型的视图显示结果如图4-28所示。

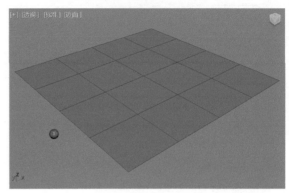

图4-25

图4-26 图4-27

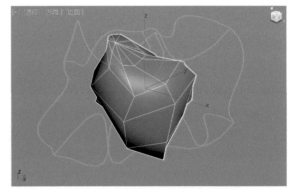

图4-28

**04** 在"修改"面板中，设置平面模型的参数如图4-29所示。

**05** 将平面模型重新命名为"地面"，为其添加"噪波"修改器，设置"比例"值为22，勾选"分形"复选框，设置"强度"组中的Z值均为5，如图4-30所

图4-29

示。设置完成后，平面模型的视图显示结果如图4-31
所示。

图4-30

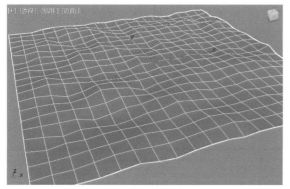

图4-31

**06** 选择场景中的石头模型，单击"创建"面板中
的"散布"按钮，如图4-32所示。

图4-32

**07** 在"拾取分布对象"卷展栏中，单击"拾取分
布对象"按钮，如图4-33所示。单击场景中的地面模
型，可以看到现在石头模型的位置现在已经移动至场
景中的地面模型上，如图4-34所示。

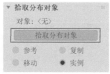

图4-33

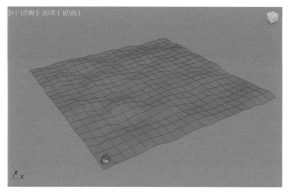

图4-34

**08** 在"修改"面板中，展开"散布对象"卷展
栏，设置"重复数"的值为50，如图4-35所示。
可以看到地面模型上的石头数量也随之增多，如
图4-36所示。

图4-35

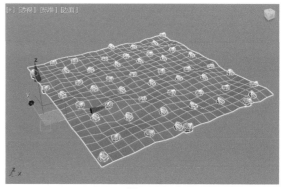

图4-36

**09** 设置"分布对象参
数"的选项为"随机面"，
如图4-37所示。这样地面
上石头模型的位置看起来
会更加随机自然一些，如
图4-38所示。

图4-37

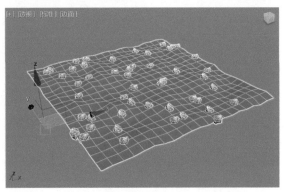

图4-38

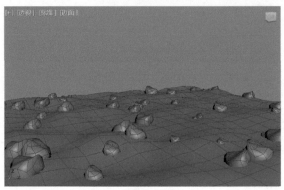

图4-42

**10** 在"变换"卷展栏中，设置"比例"的X值为60，并勾选"使用最大范围"和"锁定纵横比"复选框，如图4-39所示。可以得到形态大小更随机的石头效果，如图4-40所示。

图4-39

## 4.4 放样

"放样"按钮位于"创建"面板中下拉列表的"复合对象"里。默认状态下，按钮的颜色呈灰色，不可使用。只有当用户选择了场景中的样条线对象时，才可以激活该按钮。"放样"命令起源于古代的造船技术，以船的龙骨为路径，在不同的位置放入大小形状不同的木板来制作船体。如今，三维软件借鉴了类似的原理，以一条线当作路径，通过在路径的不同位置上添加其他作为横截面的曲线来生成模型。"放样"的"参数"面板如图4-43所示，分为"创建方法"卷展栏、"曲面参数"卷展栏、"路径参数"卷展栏、"蒙皮参数"卷展栏和"变形"卷展栏5个部分。

图4-43

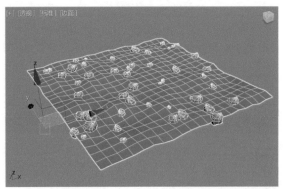

图4-40

**11** 展开"显示"卷展栏，勾选"隐藏分布对象"复选框，如图4-41所示。

**12** 本实例的最终完成效果如图4-42所示。

图4-41

### 4.4.1 "创建方法"卷展栏

"创建方法"卷展栏展开如图4-44所示。

图4-44

**工具解析**

- "获取路径"按钮：将路径指定给选定图形或更改当前指定的路径。
- "获取图形"按钮：将图形指定给选定路径或更改当前指定的图形。
- 移动/复制/实例：用于指定路径或图形转换为放样对象的方式。

### 4.4.2 "变形"卷展栏

"变形"卷展栏展开如图4-45所示。

图4-45

**工具解析**

- "缩放"按钮：可以从单个图形中放样对象，该图形在沿着路径移动时只改变缩放。
- "扭曲"按钮：使用变形扭曲可以沿着对象的长度创建盘旋或扭曲的对象，"扭曲"将沿着路径指定旋转量。
- "倾斜"按钮："倾斜"变形围绕局部X轴和Y轴旋转图形。
- "倒角"按钮：可以制作具有倒角效果的对象。
- "拟合"按钮：使用拟合变形可以使用两条"拟合"曲线来定义对象的顶部和侧剖面。

### 4.4.3 "曲面参数"卷展栏

"曲面参数"卷展栏展开如图4-46所示。

**工具解析：**

图4-46

"平滑"组。

- 平滑长度：沿着路径的长度提供平滑曲面。
- 平滑宽度：围绕横截面图形的周界提供平滑曲面。

"贴图"组。

- 应用贴图：启用和禁用放样贴图坐标，必须启用"应用贴图"才能访问其余的项目。
- 真实世界贴图大小：控制应用于该对象的纹理贴图材质所使用的缩放方法。

- 长度重复：设置沿着路径的长度重复贴图的次数，贴图的底部放置在路径的第1个顶点处。
- 宽度重复：设置围绕横截面图形的周界重复贴图的次数，贴图的左边缘与每个图形的第1个顶点对齐。
- 规格化：决定沿着路径长度和图形宽度路径顶点间距如何影响贴图。

"材质"组。

- 生成材质ID：在放样期间生成材质ID。
- 使用图形ID：提供使用样条线材质ID来定义材质ID的选择。

### 4.4.4 "路径参数"卷展栏

"路径参数"卷展栏展开如图4-47所示。

**工具解析：**

图4-47

- 路径：通过输入值或拖曳微调器来设置路径的级别。
- 捕捉：用于设置沿着路径图形之间的恒定距离。
- 启用：勾选"启用"复选框后，"捕捉"处于活动状态，默认设置为禁用状态。
- 百分比：将路径级别表示为路径总长度的百分比。
- 距离：将路径级别表示为路径第一个顶点的绝对距离。
- 路径步数：将图形置于路径步数和顶点上，而不是作为沿着路径的一个百分比或距离。
- "拾取图形"按钮：将路径上的所有图形设置为当前级别。
- "上一个图形"按钮：从路径级别的当前位置沿路径跳至上一个图形。
- "下一个图形"按钮：从路径层级的当前位置沿路径跳至下一个图形。

### 4.4.5 "蒙皮参数"卷展栏

"蒙皮参数"卷展栏展开如图4-48所示。

**工具解析：**

"封口"组。

图4-48

- 封口始端：如果启用，则路径第一个顶点处的放样端被封口。如果禁用，则放样端为打开或不封口状态。默认设置为启用。
- 封口末端：如果启用，则路径最后一个顶点处的放样端被封口。如果禁用，则放样端为打开或不封口状态。默认设置为启用。
- 变形：按照创建变形目标所需的可预见且可重复的模式排列封口面。变形封口能产生细长的面，与那些采用栅格封口创建的面一样，这些面也不进行渲染或变形。
- 栅格：在图形边界处修剪的矩形栅格中排列封口面。

"选项"组。

- 图形步数：设置横截面图形中每个顶点之间的步数，该值会影响围绕放样周界的边的数目。
- 路径步数：设置路径的每个主分段之间的步数，该值会影响沿放样长度方向的分段的数目。
- 自适应路径步数：如果启用，则自动调整路径上的分段数目，以生成最佳蒙皮。主分段将沿路径出现在路径顶点、图形位置和变形曲线顶点处。如果禁用，则主分段将沿路径只出现在路径顶点处。默认设置为启用。
- 轮廓：如果启用，则每个图形都将遵循路径的曲率。
- 倾斜：如果启用，则只要路径弯曲并改变其局部Z轴的高度，图形便围绕路径旋转。
- 恒定横截面：如果启用，则在路径中的角处缩放横截面，以保持路径宽度一致。
- 线性插值：如果启用，则使用每个图形之间的直边生成放样蒙皮；如果禁用，则使用每个图形之间的平滑曲线生成放样蒙皮。
- 翻转法线：如果启用该选项，则可以将法线翻转180°，可使用此选项来修正内部外翻

的对象。

- 四边形的边：如果启用该选项，且放样对象的两部分具有相同数目的边，则将两部分缝合到一起的面将显示为四方形。具有不同边数的两部分之间的边将不受影响，仍与三角形连接。
- 变换降级：使放样蒙皮在子对象图形/路径变换过程中消失。

**实例 制作酒瓶模型**

在本实例中，讲解如何使用"放样"命令来制作一个酒瓶模型，酒瓶模型的渲染效果如图4-49所示。

图4-49

01 启动3ds Max 2022软件，在"创建"面板中，单击"椭圆"按钮，如图4-50所示，在场景中创建一个"椭圆"图形。

02 在"修改"面板中，设置椭圆图形的"长度"值为20，设置"宽度"值为45，如图4-51所示。

03 在场景中复制一个椭圆图形，并在"修改"面板中设置"长度"的值为18，"宽度"的值为43，如图4-52所示。

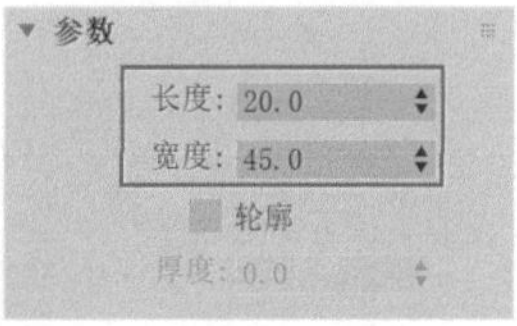

图4-50

图4-51

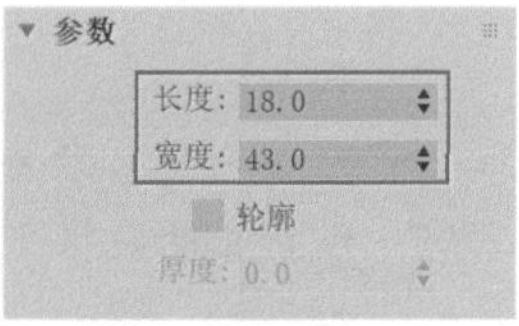

图4-52

04 在"创建"面板中单击"圆"按钮，如图4-53所示，在场景中创建一个"圆"图形。

05 在"修改"面板中，设置"半径"值为7，如图4-54所示。

06 在场景中复制一个圆形，并设置其"半径"值为6，如图4-55所示。

图4-53

图4-54 图4-55

**07** 在"创建"面板中单击"线"按钮,如图4-56所示,在前视图中创建一条直线。

图4-56

**08** 创建完成后,场景中的5个图形如图4-57所示。

图4-57

**09** 选择场景中的直线,单击"放样"按钮,拾取

场景中如图4-58所示名称为Circle002的圆形。

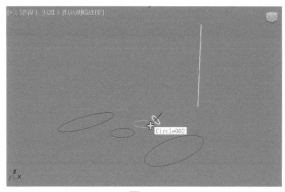

图4-58

**10** 在"路径参数"卷展栏中,将"路径"的值设置为1,单击"获取图形"按钮,拾取场景中如图4-59所示名称为Circle001的圆形。

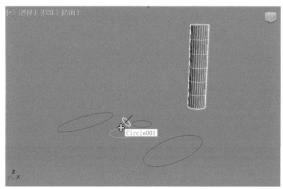

图4-59

**11** 在"路径参数"卷展栏中,将"路径"的值设置为29,单击"获取图形"按钮,拾取场景中如图4-60所示名称为Circle001的圆形。

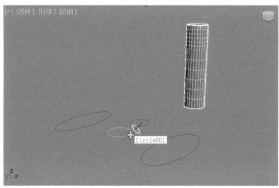

图4-60

**12** 在"路径参数"卷展栏中,将"路径"的值设置为30,单击"获取图形"按钮,拾取场景中如图4-61所示名称为Circle002的圆形。

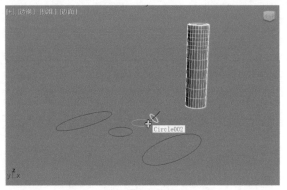

图4-61

13 在"路径参数"卷展栏中，将"路径"的值设置为35，单击"获取图形"按钮，拾取场景中如图4-62所示名称为Circle002的圆形。

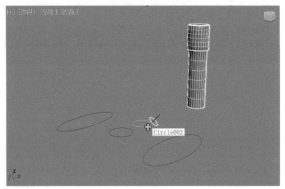

图4-62

14 在"路径参数"卷展栏中，将"路径"的值设置为36，单击"获取图形"按钮，拾取场景中如图4-63所示名称为Ellipse002的椭圆图形。

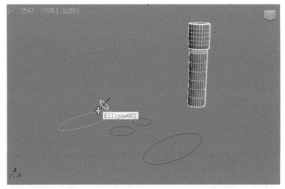

图4-63

15 在"路径参数"卷展栏中，将"路径"的值设置为37，单击"获取图形"按钮，拾取场景中如图4-64所示名称为Ellipse001的椭圆图形。

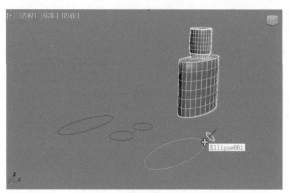

图4-64

16 在"路径参数"卷展栏中，将"路径"的值设置为99，单击"获取图形"按钮，拾取场景中如图4-65所示名称为Ellipse001的椭圆图形。

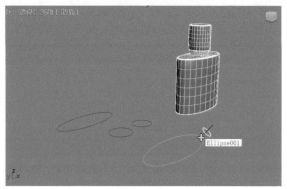

图4-65

17 在"路径参数"卷展栏中，将"路径"的值设置为100，单击"获取图形"按钮，拾取场景中如图4-66所示名称为Ellipse002的椭圆图形。

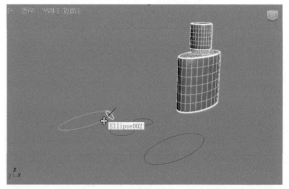

图4-66

18 在"修改"面板中，展开"蒙皮参数"卷展栏，并设置"图形步数"的值为6，"路径步数"的值为2，如图4-67所示。模型结果如图4-68所示。

图4-67

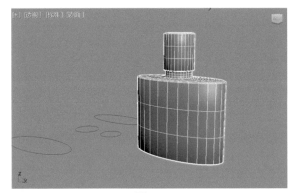

图4-68

**19** 在"修改"面板中,为酒瓶模型添加一个"网格平滑"修改器,然后在"细分量"卷展栏中设置"迭代次数"的值为2,如图4-69所示。

图4-69

**20** 本实例的最终模型效果如图4-70所示。

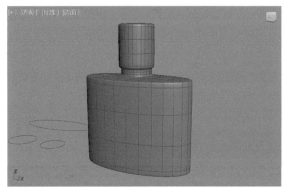

图4-70

第 5 章

# 图形建模

## 5.1 图形概述

　　3ds Max 2022为用户提供了使用图形建模的方式，在制作某些特殊造型的模型时，使用图形建模技术会使建模的过程非常简便，而且模型的完成效果也理想。在3ds Max 2022中，有多种预先设计好的二维图形按钮，包含了所有常用的图形类型。如果用户觉得在3ds Max 2022软件中绘制曲线比较麻烦，还可以选择使用其他绘图软件，如Illustrator、CorelDraw、AutoCAD等进行图形创作，这些图形作品都可以直接导入3ds Max 2022中进行建模操作。

## 5.2 样条线

　　"创建"面板中下设的第2个分类是"图形"。单击"创建"命令面板中的"图形"命令按钮，即可打开图形的创建命令面板，如图5-1所示。

　　在"图形"面板内"样条线"类型下，3ds Max 2022为用户提供13种命令按钮，分别为"线"按钮、"矩形"按钮、"圆"按钮、"椭圆"按钮、"弧"按钮、"圆环"按钮、"多边形"按钮、"星形"按钮、"文本"按钮、"螺旋线"按钮、"卵形"按钮、"截面"按钮和"徒手"按钮。单击按钮后，即可在场景中绘制相应的图形。

图5-1

### 5.2.1 线

　　用户可以使用"线"按钮进行任意造型的图形绘制，例如制作Logo、电线、灯丝等，"线"按钮是使用频率最高的二维图形绘制工具。在"创建"面板中单击"线"按钮，即可在场景中以绘制方式创建出线对象，创建结果如图5-2所示。

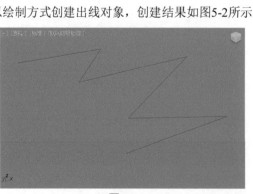

图5-2

绘制线时，在"创建方法"卷展栏中可以看到线具有两种创建类型，分别为"初始类型"和"拖动类型"，其中"初始类型"中包括"角点"和"平滑"，"拖动类型"中包括"角点""平滑"和"Bezier"，如图5-3所示。

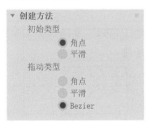

图5-3

### 工具解析

（1）"初始类型"组。

● 角点：使用该选项创建的线将产生一个尖端，且样条线在顶点的任意一边都是线性的。

● 平滑：使用该选项创建的线，其顶点产生一条平滑、不可调整的曲线，由顶点的间距设置曲率的数量。

（2）"拖动类型"组。

● 角点：使用该选项创建的线将产生一个尖端，且样条线在顶点的任意一边都是线性的。

● 平滑：使用该选项创建的线，其顶点产生一条平滑、不可调整的曲线，由顶点的间距设置曲率的数量。

● Bezier：通过顶点产生一条平滑、可调整的曲线。通过在每个顶点拖动鼠标来设置曲率的值和曲线的方向。

◎技巧与提示·◎

由于"线"工具属于非参数化类型的图形，所以其"修改"面板中的参数设置在本章"编辑样条线"中讲解。

## 5.2.2 矩形

在"创建"面板中单击"矩形"按钮，即可在场景中以绘制方式创建矩形样条线对象，创建结果如图5-4所示。

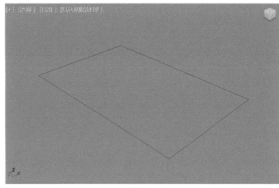

图5-4

矩形的参数命令如图5-5所示。

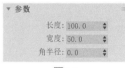

图5-5

### 工具解析

● 长度/宽度：设置矩形对象的长度和宽度。
● 角半径：设置矩形对象的圆角效果。

## 5.2.3 文本

在"创建"面板中单击"文本"按钮，即可在场景中以绘制方式创建文字效果的样条线对象，创建结果如图5-6所示。

图5-6

文本的参数命令如图5-7所示。

### 工具解析

● 字体列表：可以从所有可用字体的列表中进行选择。

● "斜体样式"按钮：切换斜体文本，图5-8所示分别

图5-7

为单击该按钮前后的字体效果对比。

图5-8

● "下画线样式"按钮：切换下画线文本，图5-9
所示分别为单击该按钮前后的字体效果对比。

图5-9

● "左侧对齐"按钮：将文本与边界框左侧
对齐。
● "居中"按钮：将文本与边界框的中心
对齐。
● "右侧对齐"按钮：将文本与边界框右侧
对齐。
● "对正"按钮：分隔所有文本行以填充边界
框的范围。
● 大小：设置文本高度，其中测量高度的方法
由活动字体定义。
● 字间距：调整字间距（字母间的距离）。
● 行间距：调整行间距（行间的距离）。只有
图形中包含多行文本时才起作用。
● 文本编辑框：可以输入多行文本。在一行文
本后按Enter键可以开始下一行。
● "更新"按钮：更新视口中的文本来匹配编
辑框中的当前设置。
● 手动更新：启用此选项后，输入编辑框中的
文本未在视口中显示，直到单击"更新"按
钮时才会显示。

---

**基础讲解** "文本"工具的使用方法

**01** 启动3ds Max 2022软件，单击"文本"按钮，
如图5-10所示，在"前"视图中创建一个文本图形。

**02** 在"修改"面板中，展开"参数"卷展栏，在
"文本"文本框内输入"文字"，如图5-11所示。

图5-10

图5-11

**03** 设置完成后，文本图形的视图显示结果如
图5-12所示。

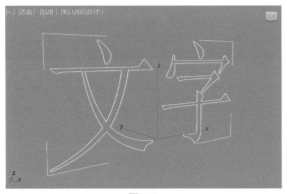

图5-12

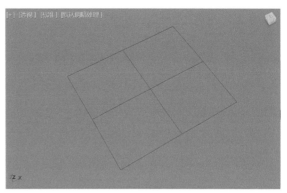

图5-16

**04** 选择文本图形，为其添加"倒角"修改器，如图5-13所示。

**05** 在"修改"面板中，展开"倒角值"卷展栏，设置"倒角"修改器的参数如图5-14所示，即可得到一个边缘带有倒角效果的立体文字模型。

截面的参数命令如图5-17所示。

### 工具解析

图5-17

- "创建图形"按钮：基于当前显示的相交线创建图形。
- （1）"更新"组。
- 移动截面时：在移动或调整截面图形时更新相交线。

图5-13　　　　图5-14

**06** 本实例的最终模型效果如图5-15所示。

图5-15

## 5.2.4 截面

　　在"创建"面板中单击"截面"按钮，即可在场景中以绘制方式创建截面对象，创建结果如图5-16所示。需要特别注意的是，截面工具需要配合几何体对象才能产生截面图形。

- 选择截面时：在选择截面图形但未移动时，更新相交线。
- 手动：仅在单击"更新截面"按钮时更新相交线。
- "更新截面"按钮：单击该按钮更新相交点，以便与截面对象的当前位置匹配。
- （2）"截面范围"组。
- 无限：截面平面在所有方向上都是无限的，从而使横截面位于其平面中的任意网格几何体上。
- 截面边界：仅在截面图形边界内或与其接触的对象中生成横截面。
- 禁用：不显示或生成横截面。

**基础讲解**　"截面"工具的使用方法

**01** 启动3ds Max 2022软件，单击"创建"面板中的"茶壶"按钮，如图5-18所示，在场景中任意位置创建一个茶壶模型。

**02** 在"修改"面板中，设置茶壶的"半径"值为30，"分段"值为20，如图5-19所示。设置完成后，茶壶模型的视图显示结果如图5-20所示。

图5-18

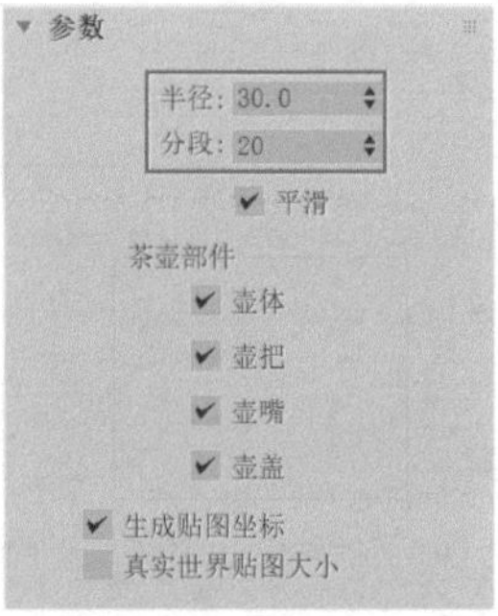

图5-19

图5-20

**03** 单击"创建"面板中的"截面"按钮,在场景中创建一个截面对象,如图5-21所示。

**04** 在"透视"视图中调整截面对象的位置和旋转方向,如图5-22所示。可以看到茶壶模型上对应位置处会显示出一条黄色的曲线。

图5-21

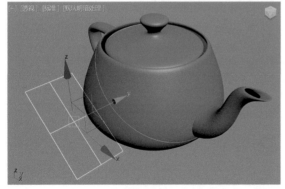

图5-22

**05** 在"修改"面板中单击"创建图形"按钮,如图5-23所示,即可根据显示的曲线生成一个新的图形。

图5-23

**06** 重复以上操作步骤,连续创建茶壶对象的截面曲线,结果如图5-24所示。

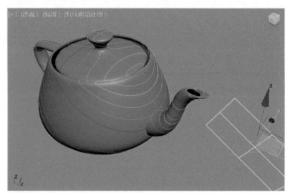

图5-24

**07** 删除场景中的截面对象和茶壶模型。并将所有截面曲线合并为一个图形,如图5-25所示。

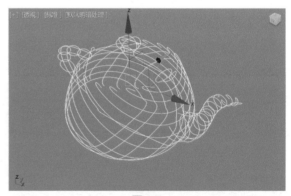

图5-25

**08** 在"修改"面板中展开"渲染"卷展栏,勾选"在渲染中启用"选项和"在视口中启用"选项,如图5-26所示。

**09** 一个由线构成的茶壶模型就制作完成了,如图5-27所示。

图5-26

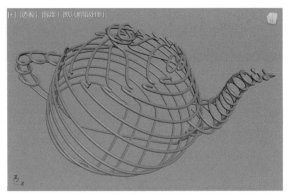

图5-27

## 5.2.5　徒手

"徒手"按钮为手绘能力较强的用户提供一种在3ds Max 2022软件中使用手绘板或鼠标直接绘图的曲线绘制方式，如图5-28所示。

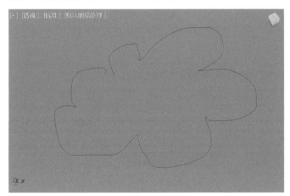

图5-28

徒手的参数命令如图5-29所示。

**工具解析**

● 显示结：显示样条线上的结。

"创建"组。

● 粒度：创建结之前获取的光标位置采样数。

● 阈值：设置创建新结之前光标必须移动的距离。值越大，距离越远。

● 约束：将样条线约束到场景中的选定对象，图5-30所示为启用了约束功能后在茶壶模型上绘制的曲线效果。

图5-29

图5-30

● "拾取对象"按钮：启用对象选择模式用于约束对象。完成对象拾取时，再次单击完成操作。

● "清除"按钮：清除选定对象列表。

● 释放按钮时结束创建：选中时，在释放鼠标按钮时创建徒手样条线。未选中时，再次按下鼠标按钮时继续绘制图形，并自动连接样条线的开口端；要完成绘制，必须按 Esc 键或在视口中右击。

"选项"组。

● 弯曲/变直：设置结之间的线段是弯曲的还是直的。

● 闭合：在样条线的起点和终点之间绘制一条线以将其闭合。

● 法线：在视口中显示受约束样条线的结果法线。

● 偏移：使手绘样条线的位置向远离约束对象曲面的方向偏移。

"统计信息"组。

● 样条线数：显示图形中样条线的数量。

● 原始结数：显示绘制样条线时自动创建的结数。

● 新结数：显示新结数。

## 5.2.6　其他样条线

在"样条线"的创建命令中，3ds Max 2022除了上述所讲解的5种按钮外，还有"圆"按钮、"椭圆"按钮、"弧"按钮、"圆环"按钮、"多边形"按钮、"星形"按钮、"螺旋线"按钮和"卵形"按钮8个按钮。这些按钮所创建对象的方法及参数设置与前面所讲述的内容基本相同，故不在此重复讲解，这8个按钮所对应的图形形态如图5-31所示。

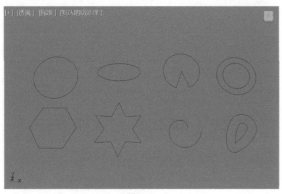

图5-31

## 5.3 编辑样条线

3ds Max 2022提供的样条线对象，不管是规则图形还是不规则图形，都可以被塌陷成一个可编辑样条线对象。在执行了塌陷操作后，参数化的图形将不能再访问之前的创建参数，其属性名称在堆栈中会变为"可编辑样条线"，并拥有3个子对象层级，分别是"顶点""线段"和"样条线"，如图5-32所示。另外，在使用"线"按钮创建线后，在"修改"面板中可以直接查看这3个层级的命令。

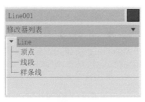

图5-32

### 5.3.1 转换可编辑样条线

将一个图形转换为可编辑的样条线主要有以下3种方法。

第1种方法：选择图形，然后右击，在弹出的快捷菜单上选择并执行"转换为"|"转换为可编辑样条线"命令，如图5-33所示。

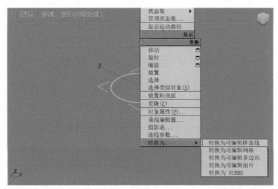

图5-33

第2种方法：选择图形，然后添加"编辑样条线"修改器来编辑曲线，如图5-34所示。

第3种方法：选择图形，在"修改"面板中的对象名称上右击，在弹出的菜单中选择并执行"可编辑样条线"命令即可，如图5-35所示。

图5-34

可编辑样条线共有5个卷展栏，分别是"渲染"卷展栏、"插值"卷展栏、"选择"卷展栏、"软选择"卷展栏和"几何体"卷展栏，如图5-36所示。下面讲解其中较为常用的工具。

图5-35

图5-36

### 5.3.2 "渲染"卷展栏

"渲染"卷展栏展开后如图5-37所示。

**工具解析**

● 在渲染中启用：启用该选项后，可以渲染曲线。

● 在视图中启用：启用该选项后，可以在视图中看到曲线的网格形态。

● 使用视图设置：用于设置不同的渲染参数，并显示"视图"设置生成的网格。

图5-37

● 生成贴图坐标：启用此项可应用贴图坐标。

● 真实世界贴图大小：控制应用于该对象的纹理贴图材质所使用的缩放方法。

● 视口：启用该选项为该图形指定径向或矩形
参数，当启用"在视图中启用"选项时，将
显示在视图中。

● 渲染：启用该选项为该图形指定径向或矩形
参数，当启用"在视图中启用"选项时，渲
染或查看后将显示在视图中。

● 径向：将3D网格显示为圆柱形对象。

● 厚度：指定曲线的直径。默认设置为1.0，
图5-38所示分别为"厚度"值是0.5和3的图
形显示结果对比。

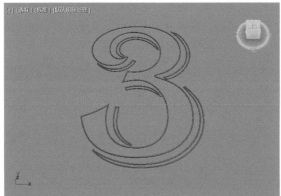

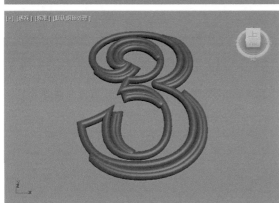

图5-38

● 边：设置样条线网格在视图或渲染器中的边
（面）数，图5-39所示分别为"边"值是3
和8的图形显示结果对比。

● 角度：调整视图或渲染器中横截面的旋转
位置。

● 矩形：将样条线网格图形显示为矩形。

● 长度：指定沿着局部y轴的横截面大小。

● 宽度：指定沿着x轴横截面的大小。

● 角度：调整视图或渲染器中横截面的旋转
位置。

● 纵横比：长度与宽度的比率。

● "锁定"按钮：可以锁定纵横比。

● 自动平滑：勾选"自动平滑"复选框后，则
可使用"阈值"设置指定的阈值自动平滑样
条线。

● 阈值：以度数为单位指定阈值角度，如果相
邻线段之间的角度小于阈值角度，则可以将
任何两个相接的样条线分段放到相同的平滑
组中。

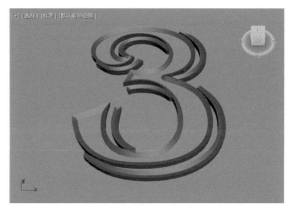

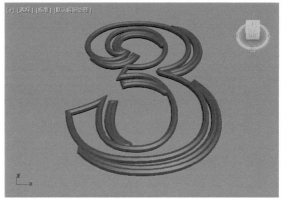

图5-39

### 5.3.3 "插值"卷展栏

"插值"卷展栏展开后如图5-40所示。

图5-40

**工具解析**

● 步数：用来设置程序在每个顶点之间使用的
划分的数量，图5-41所示分别为"步数"值
是1和6的图形显示结果对比。

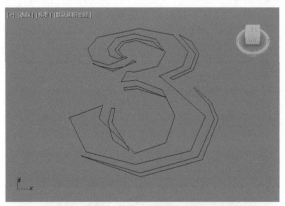

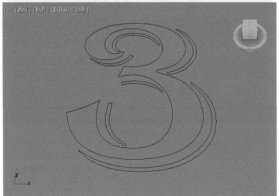

图5-41

● 优化：启用此选项后，可以从样条线的直线线段中删除不需要的步数。

● 自适应：可以自动设置每个样条线的步长数，以生成平滑曲线。

### 5.3.4 "选择"卷展栏

"选择"卷展栏展开后如图5-42所示。

**工具解析**

图5-42

● "顶点"按钮：进入"顶点"子层级。

● "线段"按钮：进入"线段"子层级。

● "样条线"按钮：进入"样条线"子层级。

"命名选择"组。

● "复制"按钮：将命名选择放置到复制缓冲区。

● "粘贴"按钮：从复制缓冲区中粘贴命名选择。

● 锁定控制柄：通常每次只能变换一个顶点的切线控制柄，使用"锁定控制柄"控件可以同时变换多个Bezier和Bezier角点控制柄。

● 区域选择：允许用户自动选择单击顶点的特定半径中的所有顶点。

● 线段端点：通过单击线段选择顶点。

● "选择方式"按钮：选择所选样条线或线段上的顶点。

"显示"组。

● 显示顶点编号：启用后，程序将在任何子对象层级的所选样条线的顶点旁边显示顶点编号，如图5-43所示。

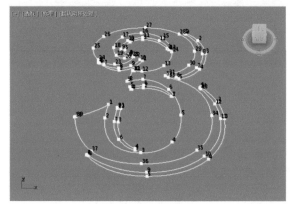

图5-43

● 仅限所选：启用后，仅在所选顶点旁边显示顶点编号，如图5-44所示。

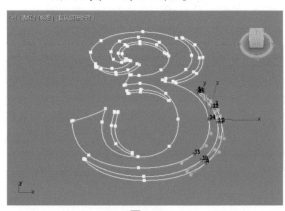

图5-44

### 5.3.5 "软选择"卷展栏

"软选择"卷展栏展开后如图5-45所示。

**工具解析**

● 使用软选择：勾选该选项可开启软选择功能。

● 边距离：启用该选
　项后，将软选择限
　制到指定距离。
● 衰减：用以定义影
　响区域的距离。
● 收缩：沿着垂直
　轴收缩曲线。
● 膨胀：沿着垂直
　轴膨胀曲线。

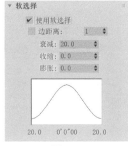

图5-45

### 5.3.6 "几何体"卷展栏

"几何体"卷展栏展开后如图5-46所示。

图5-46

#### 工具解析

"新顶点类型"组。

● 线性：新顶点将具有线性切线。
● 平滑：新顶点将具有平滑切线。
● Bezier：新顶点将具有Bezier切线。
● Bezier角点：新顶点将具有Bezier角点切线。
● "创建线"按钮：将更多样条线添加到所选样条线。
● "断开"按钮：在选定的一个或多个顶点拆分样条线。
● "附加"按钮：允许用户将场景中的另一个样条线附加到所选样条线。
● "附加多个"按钮：单击此按钮可以显示"附加多个"对话框，其中包含场景中所有其他图形的列表，选择要附加到当前可编辑样条线的

形状，然后单击"确定"按钮即可完成操作。
● "横截面"按钮：在横截面形状外面创建样条线框架。

"端点自动焊接"组。

● 自动焊接：启用"自动焊接"后，会自动焊接在与同一样条线的另一个端点的阈值距离内放置和移动的端点顶点，此功能可以在对象层级和所有子对象层级使用。
● 阈值：阈值距离微调器是一个近似设置，用于控制在自动焊接顶点之前，顶点可以与另一个顶点接近的程度，默认设置为6.0。
● "焊接"按钮：将两个端点顶点或同一样条线中的两个相邻顶点转化为一个顶点。
● "连接"按钮：连接两个端点顶点，以生成一个线性线段，无论端点顶点的切线值是多少。
● "插入"按钮：插入一个或多个顶点，以创建其他线段。
● "设为首顶点"按钮：指定所选形状中的哪个顶点是第一个顶点。
● "熔合"按钮：将所有选定顶点移至它们的平均中心位置，如图5-47所示。

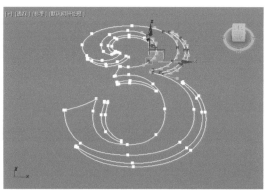

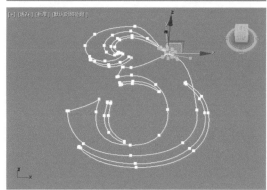

图5-47

● "反转"按钮：反转所选样条线的方向，如图5-48所示，可以看到反转曲线后，每个点的ID发生了变化。

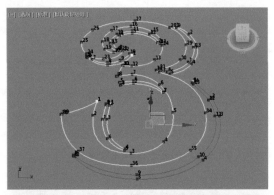

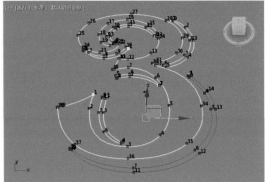

图5-48

● "圆角"按钮：在线段会合的地方设置圆角
并添加新的控制点，如图5-49所示。

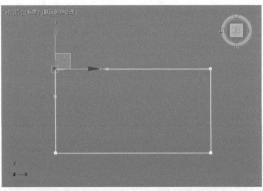

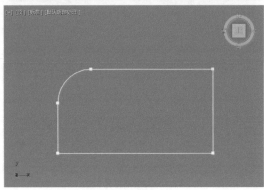

图5-49

● "切角"按钮：在线段会合的地方设置直
角，添加新的控制点，如图5-50所示。

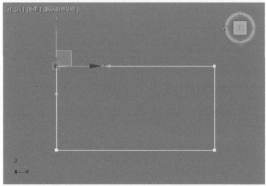

图5-50

● "轮廓"按钮：制作样条线的副本，所有侧
边上的距离偏移量由"轮廓宽度"微调器指
定，如图5-51所示。

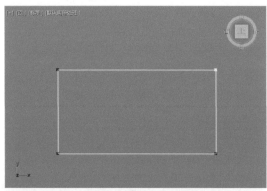

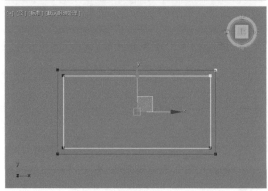

图5-51

- “布尔”按钮：通过执行更改用户选择的第1个样条线并删除第2个样条线的2D布尔操作，将两个闭合多边形组合在一起。有“并集”按钮、“交集”按钮和“差集”按钮3种可选。
- “镜像”按钮：沿长、宽或对角方向镜像样条线。有“水平镜像”按钮、“垂直镜像”按钮和“双向镜像”按钮3种可选。
- “修剪”按钮：清理形状中的重叠部分，使端点接合在一个点上。
- “延伸”按钮：清理形状中的开口部分，使端点接合在一个点上。
- 无限边界：为了计算相交，启用此选项将开口样条线视为无穷长。
- “隐藏”按钮：隐藏选定的样条线。
- “全部取消隐藏”按钮：显示所有隐藏的子对象。
- “删除”按钮：删除选定的样条线。
- “关闭”按钮：通过将所选样条线的端点顶点与新线段相连来闭合该样条线。
- “拆分”按钮：通过添加由微调器指定的顶点数来拆分所选线段。
- “分离”按钮：将所选样条线复制到新的样条线对象，并从当前所选样条线中删除复制的样条线。
- “炸开”按钮：通过将每个线段转化为一个独立的样条线或对象，来分裂任何所选样条线。

**实例** 制作饮料瓶子模型

在本实例中，为大家讲解如何使用图形建模来制作一个饮料瓶子的三维模型，本实例的渲染效果如图5-52所示。

图5-52

**01** 启动3ds Max 2022软件，单击“创建”面板中的“线”按钮，如图5-53所示。

图5-53

**02** 在“前”视图中绘制出饮料瓶子的大概轮廓，如图5-54所示。

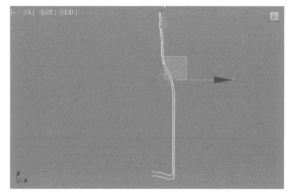

图5-54

**03** 在“修改”面板中，进入“顶点”子层级，选择线上的所有顶点，右击，在弹出的四元菜单上选择并执行“平滑”命令，将所选择的点由默认的“角点”转换为“平滑”，如图5-55所示。

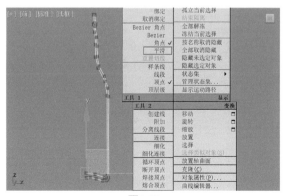

图5-55

**04** 转换完成后，调整曲线的形态至图5-56所示。

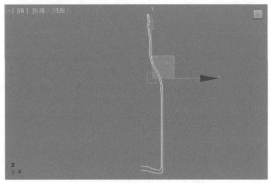

图5-56

**05** 选择绘制完成后的曲线，在"修改"面板中，为其添加"车削"修改器，如图5-57所示。

**06** 在"修改"面板中，展开"参数"卷展栏，勾选"翻转法线"选项，设置"分段"值为32，将"对齐"的方式设置为"最小"，如图5-58所示。

图5-57          图5-58

**07** 设置完成后，饮料瓶子的完成效果如图5-59所示。

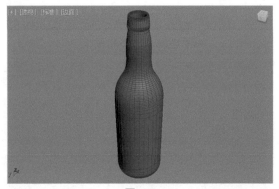

图5-59

**08** 选择瓶子模型，右击并执行"克隆"命令，如图5-60所示，这样可以在同样的位置复制出一个瓶子模型。

**09** 在"修改"面板中，进入曲线的"顶点"子对象层级。选择如图5-61所示的顶点，单击"断开"按钮，将其打断后，删除多余的线段，并调整曲线的形态至图5-62所示。

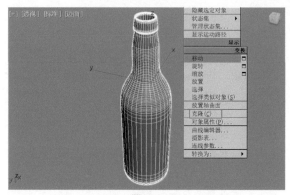

图5-60

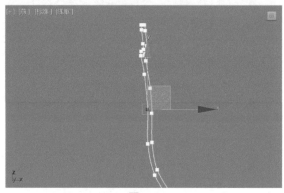

图5-61

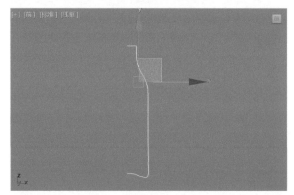

图5-62

**10** 退出曲线的"顶点"子对象层级后，可以看到瓶子中的饮料模型就制作完成了，如图5-63所示。

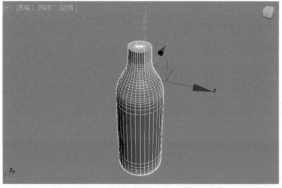

图5-63

**11** 本实例最终制作完成后的模型效果如图5-64所示。

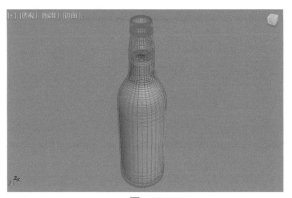

图5-64

　　使用"车削"修改器还可以制作出碗、酒杯等横截面为圆形的模型。

**实例** 制作碗模型

　　在本实例中，为大家讲解如何使用图形建模制作一个碗的模型，本实例的渲染效果如图5-65所示。

图5-65

**01** 启动3ds Max 2022软件，单击"星形"按钮，如图5-66所示，在场景中绘制一个星形图形。

**02** 在"修改"面板中，展开"参数"卷展栏，设置其中的参数数值，如图5-67所示。

图5-66　　　　图5-67

**03** 设置完成后，星形图形的视图显示结果如图5-68所示。

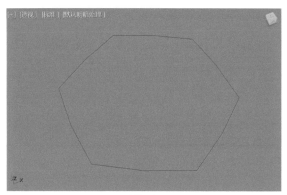

图5-68

**04** 单击"线"按钮，如图5-69所示。在"前"视图中绘制如图5-70所示的一条曲线。

图5-69

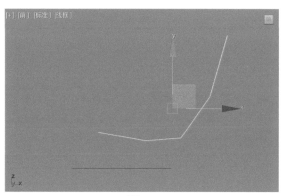

图5-70

**05** 在"修改"面板中，进入"样条线"子层级，并选择该曲线，使用"轮廓"工具，以拖曳的方式调整曲线至图5-71所示。

**06** 在"顶点"子层级中，选择曲线上的所有顶点，将其类型转换为"平滑"后，调整曲线的形态至图5-72所示。

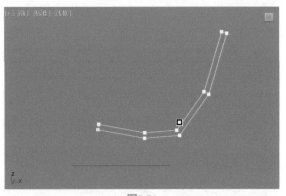

图5-71

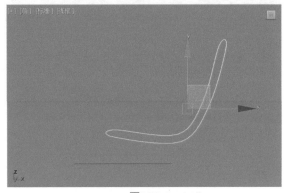

图5-72

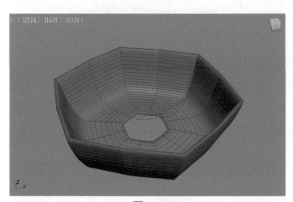

图5-75

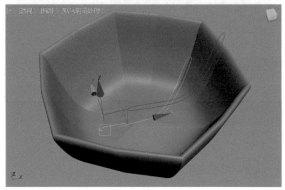

图5-76

**07** 在场景中选择之前绘制的星形图形，为其添加"倒角剖面"修改器，如图5-73所示。

**08** 展开"参数"卷展栏，设置"倒角剖面"为"经典"选项。在"经典"卷展栏中，单击"拾取剖面"按钮，拾取场景中后绘制的曲线，如图5-74所示，即可得到如图5-75所示的模型结果。

**10** 为碗模型添加"网格平滑"修改器，并设置"迭代次数"的值为2，如图5-77所示。

图5-77

**11** 本实例的最终模型效果如图5-78所示。

图5-73            图5-74

**09** 在"剖面Gizmo"子层级中，选择黄色的剖面线，调整其位置至图5-76所示，即可修复碗中间的空洞部分。

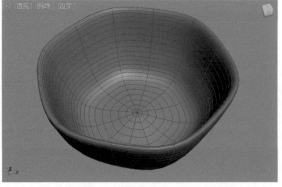

图5-78

**实例** 制作台灯模型

在本实例中，为大家讲解如何使用图形建模制作一个台灯的三维模型，本实例的渲染效果如图5-79所示。

图5-79

**01** 启动3ds Max 2022软件，在"创建"面板中单击"线"按钮，如图5-80所示。

**02** 在"前"视图中绘制出台灯形体的大概轮廓，如图5-81所示。

图5-80

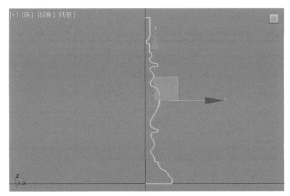

图5-81

**03** 在"修改"面板中，进入"顶点"子对象层级，对于个别顶点，如图5-82所示，进行"平滑"处理，得到如图5-83所示的曲线效果。

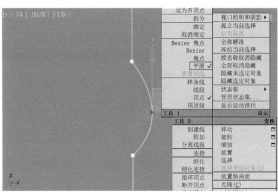

图5-83

**04** 最终调整出来的曲线形态如图5-84所示。

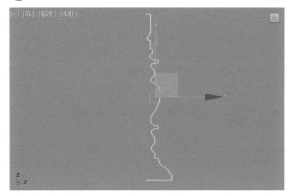

图5-84

**05** 为曲线添加"车削"修改器，如图5-85所示。

**06** 在"参数"卷展栏中，勾选"焊接内核"和"翻转法线"复选框，设置"分段"值为64，设置"对齐"的方式为"最小"，如图5-86所示。

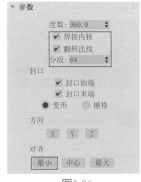

图5-85　　　　　　　　图5-86

**07** 设置完成后，得到的台灯灯架模型效果如图5-87所示。

**08** 单击"创建"面板中的"螺旋线"按钮，如图5-88所示，在场景中任意位置处创建一条螺旋线。

**09** 在"修改"面板中，调整螺旋线的参数至图5-89所示，得到如图5-90所示的图形结果。

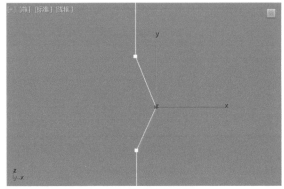

图5-82

图5-87

图5-88

图5-89

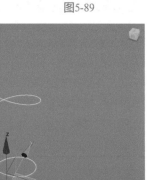

图5-90

**10** 在场景中复制一条螺旋线,并调整其旋转角度至图5-91所示。

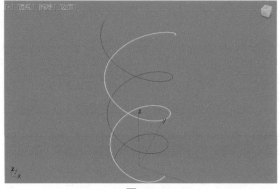

图5-91

**11** 将场景中的两条螺旋线合并为一条曲线后,使用"创建线"工具将两条螺旋线连接在一起,如图5-92所示。

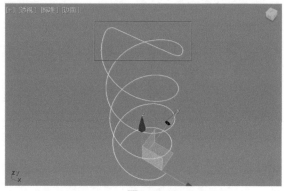

图5-92

**12** 在"修改"面板中,展开"渲染"卷展栏,勾选"在渲染中启用"和"在视口中启用"复选框,设置"厚度"值为0.7,如图5-93所示。设置完成后,调整螺旋线的位置,即可

图5-93

得到一个灯管的模型效果,如图5-94所示。

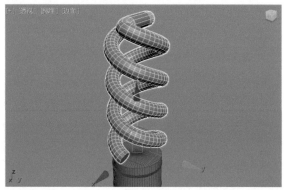

图5-94

**13** 单击"创建"面板中的"切角圆柱体"按钮,如图5-95所示。

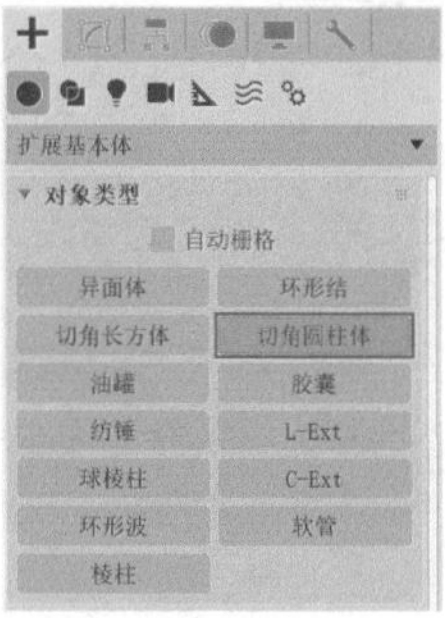

图5-95

**14** 在"修改"面板中，调整切角圆柱体的参数至图5-96所示。

图5-96

**15** 在"透视"视图中调整圆柱体的位置至图5-97所示，制作灯管的底座部分。

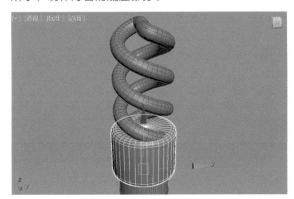

图5-97

**16** 单击"创建"面板中的"线"按钮，在"前"视图中创建一条线，如图5-98所示。

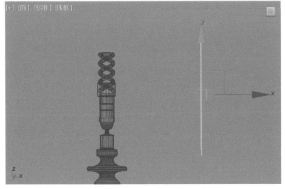

图5-98

**17** 在"修改"面板中，为其添加"车削"修改器，使用相同的操作步骤制作台灯的灯罩模型，如图5-99所示。

**18** 为灯罩模型添加"壳"修改器，并设置"外部量"值为0.1，如图5-100所示。制作出灯罩模型的厚度，如图5-101所示。

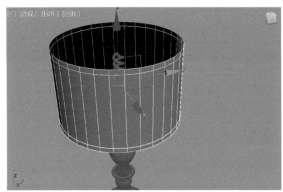

图5-99

图5-100

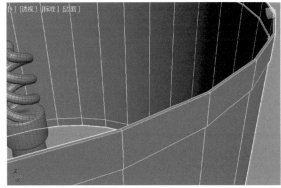

图5-101

**19** 单击"创建"面板中的"线"按钮，在"前"视图中创建一条线，如图5-102所示。

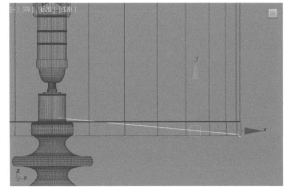

图5-102

**20** 在"修改"面板中，展开"渲染"卷展栏，勾选"在渲染中启用"和"在视口中启用"复选框，设置"厚度"值为0.08，如图5-103所示。制作出灯罩模型的支撑结构，如图5-104所示。

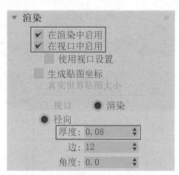

图5-103

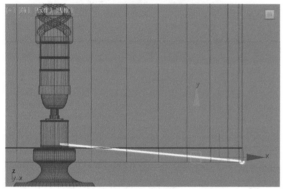

图5-104

**21** 将该曲线进行复制，并调整旋转角度，制作出整个灯罩模型的支撑结构，如图5-105所示。

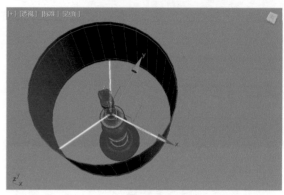

图5-105

**22** 本实例的最终模型完成效果如图5-106所示。

图5-106

# 第6章
# 多边形建模

## 6.1 多边形概述

多边形建模是目前流行的三维建模方式，无论制作复杂的工业产品、造型古朴的建筑，还是动人的人物角色，都需要用户深入学习并熟练掌握该技术，图6-1、图6-2为使用多边形建模技术制作出来的模型。

图6-1                    图6-2

"编辑多边形"修改器的子层级包含"顶点""边""边界""多边形"和"元素"5个层级，如图6-3所示。并且在每个子层级中又分别包含不同的针对多边形及子层级的建模修改命令。

图6-3

## 6.2 多边形对象的创建

多边形对象的创建方法主要有两种，一种是将要修改的对象直接塌陷转换为"可编辑的多边形"，另一种是在"修改"面板的下拉列表中为对象添加"编辑多边形"修改器命令，此种方式又可以用2种方法实现。下面讲解创建多边形对象的具体操作。

第1种方式：在视图中选择要塌陷的对象，右击并执行"转换为"|"转换为可编辑多边形"命令，该物体则被快速塌陷为多边形对象，如图6-4所示。

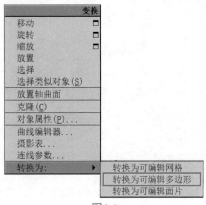

图6-4

第2种方式方法一：选择视图中的物体，打开"修改"面板，将光标移动至修改堆栈的命令上，右击，在弹出的命令列表中执行"可编辑多边形"命令，完成塌陷，如图6-5所示。

第2种方式方法二：单击选择视图中的模型，在"修改器列表"中找到并添加"编辑多边形"修改器，如图6-6所示。需要注意的是该方式只是在对象的修改器堆栈内添加一个修改器，与直接将对象转换为可编辑的多边形相比较而言，仍存在少许不同。

图6-5

图6-6

## 6.3 多边形的子对象层级

可编辑多边形为用户提供使用子对象的功能，通过使用不同的子对象，配合子对象内不同的命令可以更方便、直观地进行模型的修改工作。因此在对模型进行修改之前，一定要先单击以选定这些独立的子对象。只有处于一种特定的子对象模式时，才能选择视口中模型的对应子对象。例如，要选择模型上的点进行操作，就一定要先进入"顶点"子对象层级。下面详细讲解多边形的5个子对象层级。

### 6.3.1 "顶点"子对象层级

"顶点"是位于相应位置的点，用来定义构成多边形对象的其他子对象的结构。当移动或编辑顶点时，它们形成的几何体也会受影响。顶点可以独立存在，这些孤立顶点可以用来构建其他几何体，但在渲染时，它们是不可见的，如图6-7所示。

进入"可编辑多边形"的"顶点"子层级后，在"修改"面板中会出现"编辑顶点"卷展栏，如图6-8所示。

图6-7

图6-8

**工具解析**

● 移除：删除选中的顶点以及与该顶点相连的边线，快捷键是Backspace，如图6-9所示。

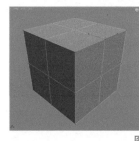 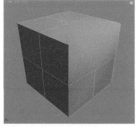

图6-9

● 断开：在与选定顶点相连的每个多边形上都创建一个新顶点，这样可以使多边形的转角相互分开，使它们不再相连于原来的顶点上。

● 挤出：可以手动挤出所选择的顶点，如图6-10所示。

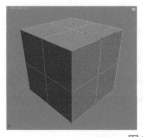 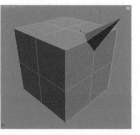

图6-10

- 焊接：将指定的阈值范围内的选定顶点进行合并，如图6-11所示。

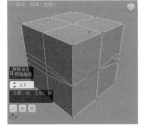

图6-11

- 切角：单击此按钮后在活动对象中拖动顶点来得到切角效果，如图6-12所示。

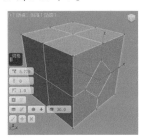

图6-12

- 目标焊接：可以选择一个顶点，并将它焊接到相邻目标顶点。
- 连接：在选中的顶点对之间创建新的边。
- 移除孤立顶点：将不属于任何多边形的顶点删除。
- 移除未使用的贴图顶点：某些建模操作会留下未使用的（孤立）贴图顶点，它们会显示在"展开UVW"编辑器中，但是不能用于贴图，可以使用此按钮自动删除这些贴图顶点。

## 6.3.2　"边"子对象层级

"边"是连接两个顶点的直线，它可以形成多边形的边，如图6-13所示。

图6-13

进入"可编辑多边形"的"边"子层级后，在"修改"面板中会出现"编辑边"卷展栏，如图6-14所示。

### 工具解析

- 插入顶点：用于手动细分可视边。
- 移除：删除选定边。
- 分割：沿着选定边分割网格。
- 挤出：直接在视图中操作时，可以手动挤出边。

图6-14

- 焊接：将指定的阈值范围内的选定边进行合并。
- 切角：为选定的边创建两个或更多新边，如图6-15所示。

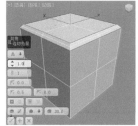

图6-15

- 目标焊接：选择边并将其焊接到目标边，如图6-16所示。

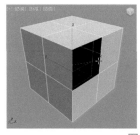

图6-16

- 桥：在选择的边之间建立新面，如图6-17所示。

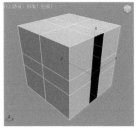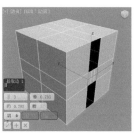

图6-17

- 连接：在选择的边之间创建新的边线，如图6-18所示。

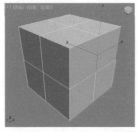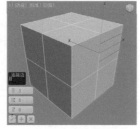

图6-18

- 利用所选内容创建图形：根据选择的一条或多条边创建一个新的样条线。
- 编辑三角形：将多边形面显示为三角形，并允许用户对其进行编辑。
- 旋转：通过单击对角线，将多边形修改成三角形。

## 6.3.3 "边界"子对象层级

"边界"是网格的线性部分，通常可以描述为孔洞的边缘。它通常是多边形仅位于一面时的边序列，简单来说边界是指一个完整闭合的模型上因缺失了部分的面而产生了开口的地方，所以我们常常使用边界来检查模型是否有破面。进入编辑多边形的边界子层级，在模型上框选一下，如果可以选中则代表模型有破面。例如，长方体没有边界，但茶壶对象有若干边界，即壶盖、壶身和壶嘴上有边界，还有两个在壶把上，如果创建角色模型，那么眼睛的部位就会形成一个边界，如图6-19所示。

进入"可编辑多边形"的"边界"子层级后，在修改器面板中会出现"编辑边界"卷展栏，如图6-20所示。

图6-19

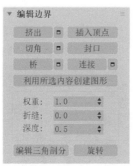

图6-20

### 工具解析

- 挤出：在视图中对选择的边界进行手动挤出，如图6-21所示。

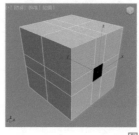

图6-21

- 插入顶点：用于手动细分边界边。
- 切角：单击该按钮，然后拖动活动对象中的边界进行切角处理。
- 封口：在所选对象上缺面的地方创建一个面，如图6-22所示。

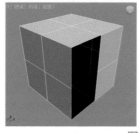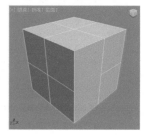

图6-22

- 桥：在选择的边界位置处创建面来进行连接，如图6-23所示。

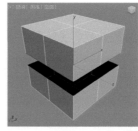

图6-23

- 连接：在选定的边界边对之间创建新边，这些边可以通过其中的点相连。
- 利用所选内容创建图形：根据选定的边界边创建一个或多个样条线图形。

## 6.3.4 "多边形"子对象层级

"多边形"指模型上由3条或3条以上边所构成的面，如图6-24所示。

进入"可编辑多边形"的"多边形"子层级后，在"修改"器面板中会出现"编辑多边形"卷展栏，如图6-25所示。

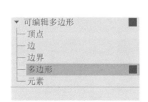

图6-24

图6-25

**工具解析**

- 插入顶点：用于手动细分多边形。
- 挤出：对所选择的面进行手动挤出操作。
- 轮廓：用于增加或减少每组连续的、选定的、多边形外边。
- 倒角：通过直接在视图中操作，执行手动倒角操作。
- 插入：执行没有高度的倒角操作，如图6-26所示。

图6-26

- 桥：对所选择的面进行桥接。
- 翻转：翻转选定多边形的法线方向。
- 从边旋转：通过在视图中直接操纵执行手动旋转操作。
- 沿样条线挤出：沿样条线挤出所选择的面，如图6-27所示。

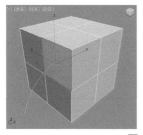
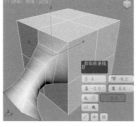

图6-27

- 编辑三角剖分：通过绘制内边，将多边形修改为三角形的方式。
- 重复三角算法：允许3ds Max对当前选定的多边形自动执行最佳的三角剖分操作。
- 旋转：通过单击对角线，将多边形修改为三角形的方式。

### 6.3.5 "元素"子对象层级

"可编辑多边形"中的"元素"子层级，可以选中多边形内部整个的几何体，如图6-28所示。

进入"可编辑多边形"的"元素"子层级后，在修改器面板中会出现"编辑元素"卷展栏，如图6-29所示。

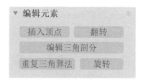

图6-28

图6-29

**工具解析**

- 插入顶点：用于手动细分多边形。
- 翻转：翻转选定多边形的法线方向。
- 编辑三角剖分：通过绘制内边，将多边形修改为三角形的方式。
- 重复三角算法：允许3ds Max对当前选定的多边形自动执行最佳的三角剖分操作。
- 旋转：通过单击对角线，将多边形修改为三角形的方式。

⊙技巧与提示·◦

使用多边形建模技术可以制作出大部分模型，读者在学习本章节的实例时，应注意举一反三，多思考用所学的命令还能制作出其他什么类似的模型。

**基础讲解** 多边形子对象层级简介

**01** 启动3ds Max 2022软件，在场景中创建一个球体模型，如图6-30所示。

**02** 选择球体模型，右击并执行"转换为"|"转换为可编辑多边形"命令，如图6-31所示。

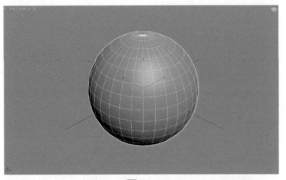

图6-30

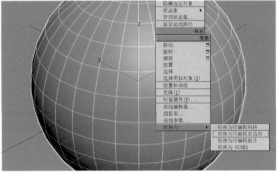

图6-31

**03** 在"修改"面板中，展开"选择"卷展栏，单击"顶点"按钮，即可进入球体的"顶点"子对象层级，如图6-32所示。

**04** 在多边形对象中，每一个顶点均有自己ID号。单击模型上的任意点，在"修改"面板中的"选择"卷展栏下方可以看到所选择顶点的ID号，如图6-33所示。

图6-32

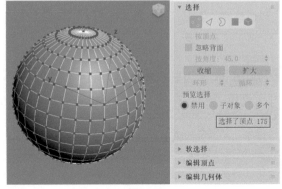

图6-33

**05** 如果用户选择了多个顶点，在"选择"卷展栏的下方会提示具体选择了多少个顶点，如图6-34所示。

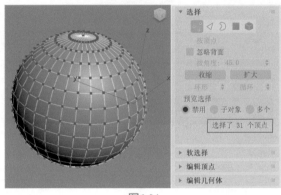

图6-34

**06** 同样，当用户在"边"子对象层级和"多边形"子对象层级中进行边或面的选择时，也会出现相应的提示，如图6-35、图6-36所示。

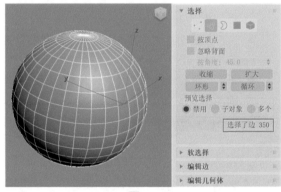

图6-35

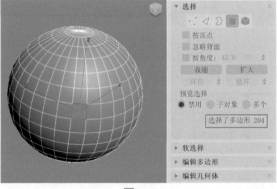

图6-36

**07** 现在随意选择一个面并将其删除，如图6-37所示。

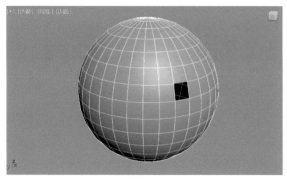

图6-37

**08** 在"修改"面板中进入"边界"子对象层级,如图6-38所示。

**09** 框选球体模型,球体模型缺面位置处的边线会被选中,如图6-39所示。也就是说,用户可以通过"边界"检查模型是否有缺面的地方。

图6-38

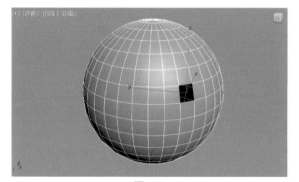

图6-39

**10** 单击"编辑边界"卷展栏内的"封口"按钮,如图6-40所示,即可将球体模型缺失的面补好。

图6-40

**11** 补好后的球体模型如图6-41所示。

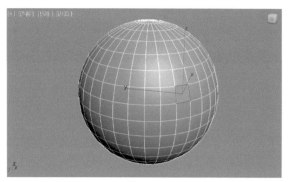

图6-41

**实例** **制作烟灰缸模型**

在本实例中,讲解如何使用多边形建模技术制作一个烟灰缸的三维模型,本实例的渲染效果如图6-42所示。

图6-42

**01** 启动3ds Max 2022软件,单击"创建"面板中的"圆柱体"按钮,如图6-43所示。在场景中绘制一个圆柱体模型,如图6-44所示。

图6-43

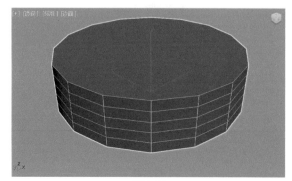

图6-44

**02** 在"修改"面板中，设置圆柱体的"半径"值为50，"高度"值为25，"高度分段"的值为1，"端面分段"值为1，"边数"值为24，如图6-45所示。设置完成后，得到如图6-46所示的模型效果。

图6-45

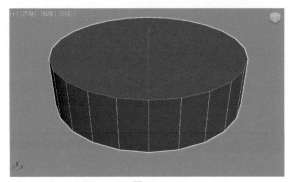

图6-46

**03** 选择圆柱体模型，右击并执行"转换为"|"转换为可编辑多边形"命令，将其转换成可编辑状态，如图6-47所示。

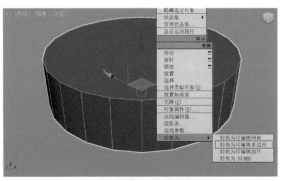

图6-47

**04** 选择如图6-48所示的面，使用"插入"工具，制作出如图6-49所示的模型。

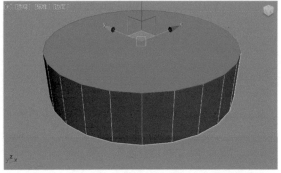

图6-48

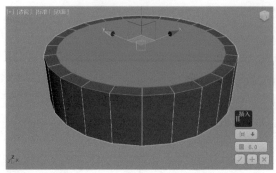

图6-49

**05** 按住Shift键，沿Z轴向下方移动选择的面，对模型进行"智能挤出"操作，制作出如图6-50所示的模型。

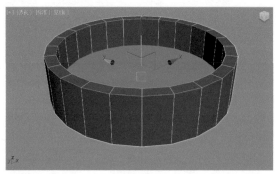

图6-50

**06** 选择如图6-51所示的面，按住Shift键，沿Z轴向下方移动选择的面，继续对模型进行"智能挤出"操作，制作出如图6-52所示的模型结果。

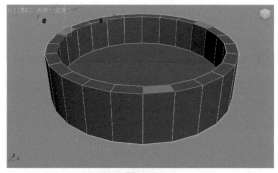

图6-51

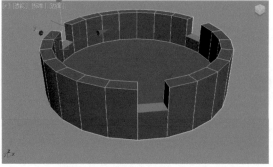

图6-52

07 选择如图6-53所示的边线，使用"切角"工具，制作出如图6-54所示的模型。

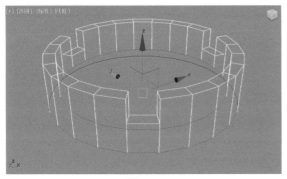

图6-53

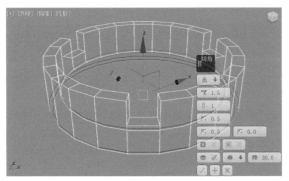

图6-54

08 选择如图6-55所示的边线，使用"切角"工具，制作出如图6-56所示的模型。

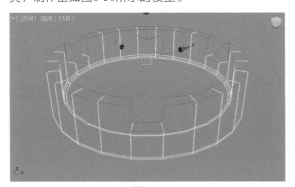

图6-55

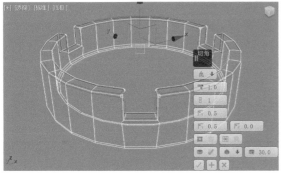

图6-56

09 在"修改"面板中，为模型添加"涡轮平滑"修改器，如图6-57所示。得到如图6-58所示的模型结果。

图6-57

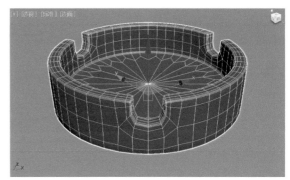

图6-58

10 在"涡轮平滑"卷展栏中，设置"迭代次数"的值为2，勾选"等值线显示"复选框，如图6-59所示。

图6-59

11 本实例的最终模型完成效果如图6-60所示。

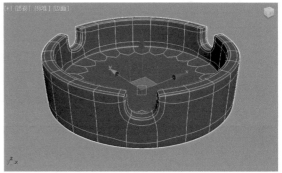

图6-60

### 实例 制作方桌模型

在本实例中，讲解如何使用多边形建模技术制作一个方桌的三维模型，本实例的渲染效果如图6-61所示。

图6-61

**01** 启动3ds Max 2022软件，单击"创建"面板中的"长方体"按钮，如图6-62所示。在场景中绘制一个长方体模型。

**02** 在"修改"面板中，设置长方体的"长度"值为30，"宽度"值为50，"高度"值为2，如图6-63所示。设置完成后，长方体模型的显示结果如图6-64所示。

图6-63

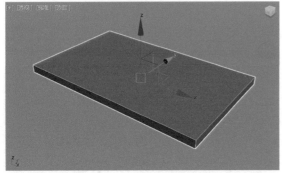

图6-64

**03** 选择长方体模型，右击并执行"转换为"|"转换为可编辑多边形"命令，将其转换成可编辑状态，如图6-65所示。

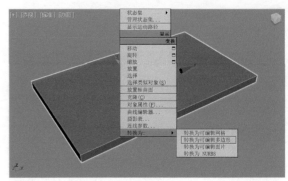

图6-65

**04** 按快捷键F3，将模型设置为"线框"显示，并选择如图6-66所示的边线，使用"连接"工具，制作出如图6-67所示的模型。

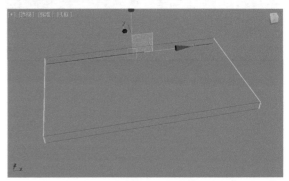

图6-66

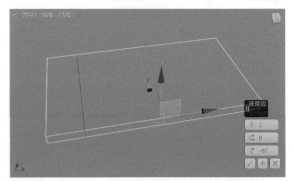

图6-67

**05** 选择如图6-68所示的边线，再次使用"连接"工具，制作出如图6-69所示的模型。

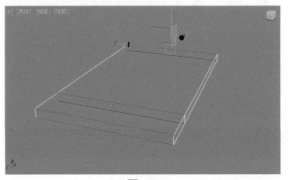

图6-68

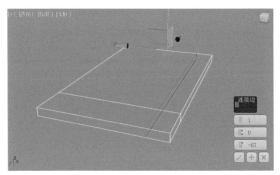

图6-69

**06** 选择如图6-70所示的边线，使用"切角"工具，制作出如图6-71所示的模型。

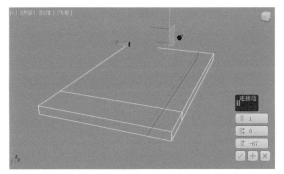

图6-70

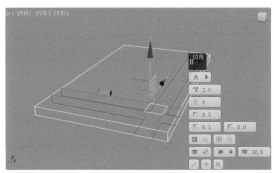

图6-71

**07** 在"顶"视图中，调整长方体的顶点位置至图6-72所示。

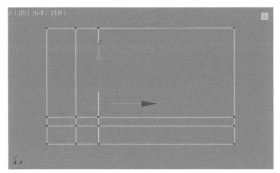

图6-72

**08** 在"透视"视图中，选择如图6-73所示的面，按住Shift键，沿Z轴向下方移动所选择的面，对模型进行"智能挤出"操作，制作出如图6-74所示的模型。

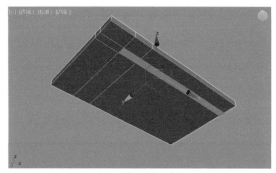

图6-73

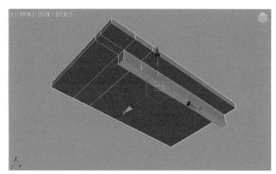

图6-74

**09** 在"透视"视图中，选择如图6-75所示的面，按住Shift键，沿Z轴向下方移动所选择的面，对模型进行"智能挤出"操作，制作出如图6-76所示的模型。

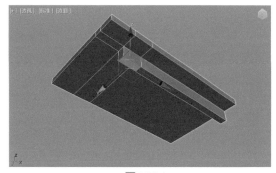

图6-75

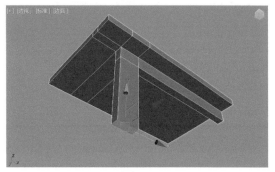

图6-76

**10** 在前视图中，选择如图6-77所示的顶点，调整其位置至图6-78所示。

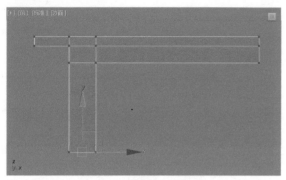

图6-77

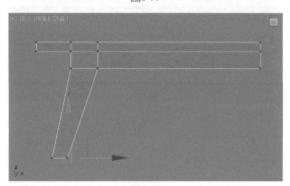

图6-78

**11** 选择如图6-79所示的边线，使用"切角"工具，制作出如图6-80所示的模型。

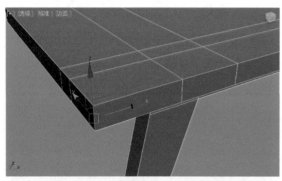

图6-79

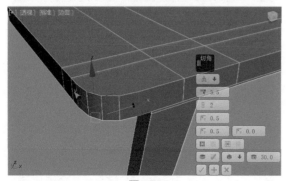

图6-80

**12** 选择如图6-81所示的边线，使用"切角"工具，制作出如图6-82所示的模型，使得桌面的边缘处平滑一些。

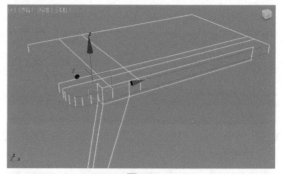

图6-81

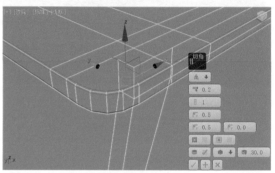

图6-82

**13** 选择如图6-83所示的边线，使用"切角"工具，制作出如图6-84所示的模型，使得桌腿的边缘处平滑一些。

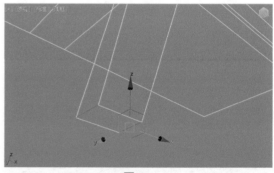

图6-83

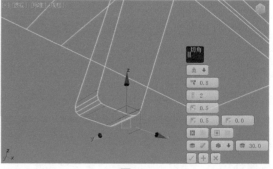

图6-84

14 在"修改"面板中，为模型添加"对称"修改器，如图6-85所示。

15 在"对称"卷展栏中，单击X按钮，并勾选"翻转"复选框，如图6-86所示。可以得到如图6-87所示的模型。

图6-85　　　　图6-86

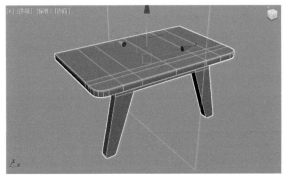

图6-87

16 在"对称"卷展栏中，单击Y按钮，并勾选"翻转"复选框，如图6-88所示。可以得到如图6-89所示的模型。

图6-88

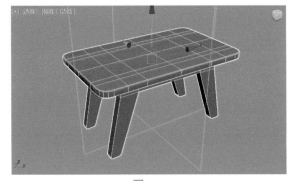

图6-89

17 本实例的最终模型如图6-90所示。

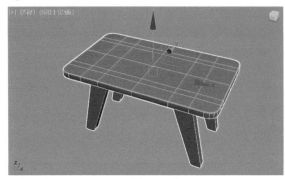

图6-90

**实例** 制作哑铃模型

在本实例中，讲解如何使用多边形建模技术制作一个哑铃的三维模型，本实例的渲染效果如图6-91所示。

图6-91

01 启动3ds Max 2022软件，单击"创建"面板中的"圆柱体"按钮，如图6-92所示。在前视图中创建一个圆柱体模型，如图6-93所示。

图6-92

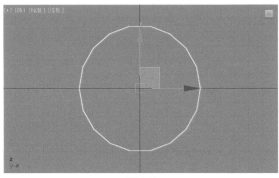

图6-93

**02** 在"修改"面板中，设置圆柱体的"半径"值为40，"高度"值为35，"高度分段"值为1，"端面分段"的值为2，"边数"的值为6，如图6-94所示。设置完成后的圆柱体模型如图6-95所示。

图6-94

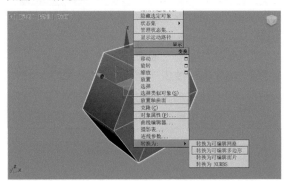

图6-95

**03** 选择长方体模型，右击并执行"转换为"|"转换为可编辑多边形"命令，将其转换成可编辑状态，如图6-96所示。

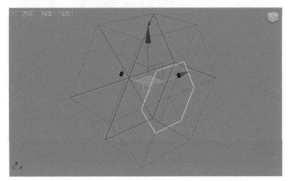

图6-96

**04** 选择如图6-97所示的边线，使用"切角"工具，制作出如图6-98所示的模型。

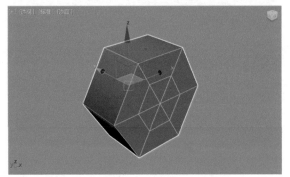

图6-97

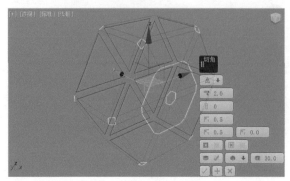

图6-98

**05** 单击"创建"面板中的"圆柱体"按钮，在前视图中再次创建一个圆柱体模型，在"修改"面板中，设置"半径"值为12，"高度"值为100，"高度分段"值为3，"端面分段"值为1，"边数"值为12，如图6-99所示。设置完成后，调整其位置至图6-100所示。

图6-99

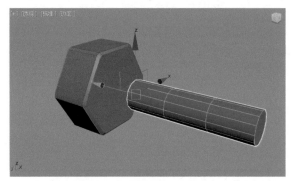

图6-100

**06** 选择先创建出来的圆柱体模型，使用"附加"工具，将后创建出来的圆柱体模型合并为一个模型，如图6-101所示。

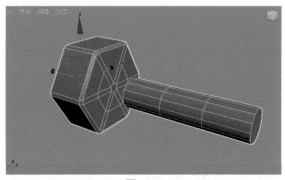

图6-101

**07** 选择如图6-102所示的面，按住Shift键，沿Y轴进行移动，对模型进行"智能挤出"操作，制作出如图6-103所示的模型结果。

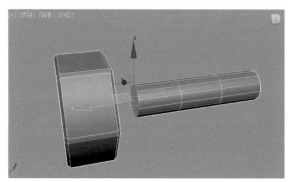

图6-102

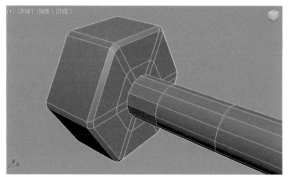

图6-103

**08** 选择如图6-104所示的顶点，调整其位置至图6-105所示。

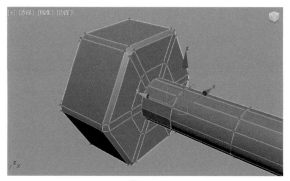

图6-104

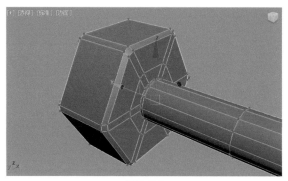

图6-105

**09** 在"修改"面板中，为模型添加"对称"修改器，如图6-106所示。

**10** 在"对称"卷展栏中，单击Z按钮，并勾选"翻转"复选框，如图6-107所示。可以得到如图6-108所示的模型结果。

图6-106　　　　　　　　　　图6-107

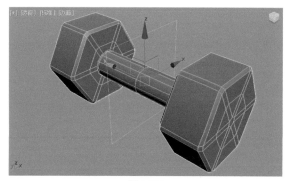

图6-108

**11** 在"修改"面板中，为模型添加"涡轮平滑"修改器，如图6-109所示。得到如图6-110所示的模型。

图6-109

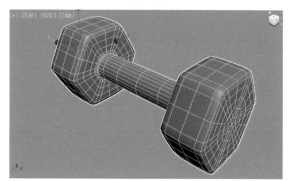

图6-110

**12** 在"涡轮平滑"卷展栏中，设置"迭代次数"的值为2，勾选"等值线显示"复选框，如图6-111所示。

图6-111

**13** 本实例的最终模型如图6-112所示。

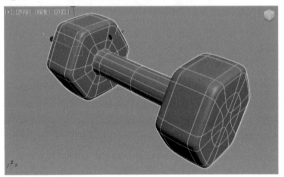

图6-112

**实例** 制作单人沙发模型

在本实例中，讲解如何使用多边形建模技术制作一个单人沙发的三维模型，本实例的渲染效果如图6-113所示。

图6-113

**01** 启动3ds Max 2022软件，单击"创建"面板中的"长方体"按钮，如图6-114所示。在"透视"视图中创建一个长方体模型。

**02** 在"修改"面板中，设置长方体的"长度"值为3，"宽度"值为52，"高度"值为33，"宽度分段"值为3，如图6-115所示。

图6-114

图6-115

**03** 选择长方体模型，右击并执行"转换为"|"转换为可编辑多边形"命令，将其转换成可编辑状态，如图6-116所示。

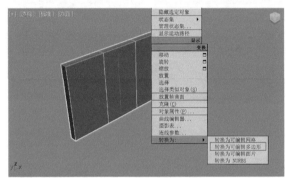

图6-116

**04** 在"边"子对象层级中，选择如图6-117所示的边，使用"切角"工具，制作出如图6-118所示的模型。

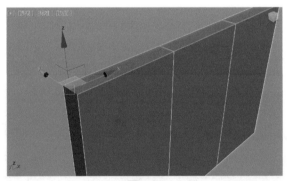

图6-117

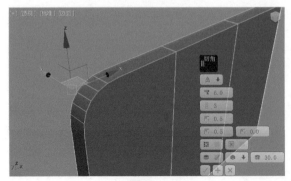

图6-118

05 选择如图6-119所示的面，按住Shift键，沿Z轴向下方移动所选择的面，对模型进行"智能挤出"操作，制作出如图6-120所示的模型结果。

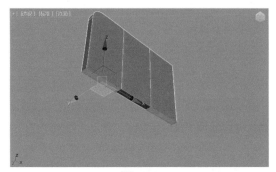

图6-119

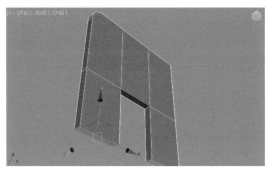

图6-120

06 在"顶点"子对象层级，通过对模型的顶点进行位移操作，调整模型的形态至图6-121所示。

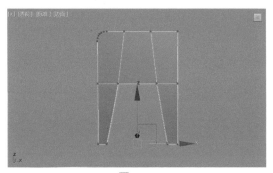

图6-121

07 选择如图6-122所示的边线，使用"切角"工具，制作出如图6-123所示的模型结果。

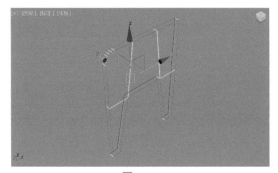

图6-122

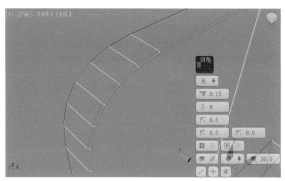

图6-123

08 按住Shift键，以拖曳的方式复制一个沙发扶手模型，并调整其位置至图6-124所示。

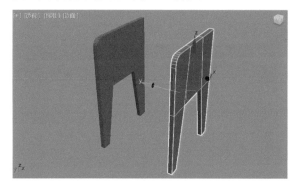

图6-124

09 在"创建"面板中，单击"长方体"按钮，在"透视"视图中创建一个长方体模型，如图6-125所示。

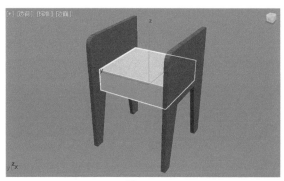

图6-125

10 在"修改"面板中，调整长方体模型的参数至图6-126所示。

11 在前视图中，调整长方体的位置至图6-127所示位置后，右击并执行"转换为"|"转换为可编辑多边形"命令。

图6-126

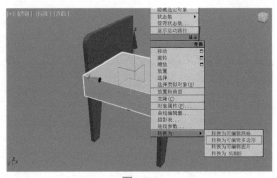

图6-127

**12** 将之前做好的沙发扶手模型隐藏起来。选择长方体模型，在"边"子对象层级中，选择如图6-128所示的边线，使用"连接"工具在选择的边线中心位置处连接一条新的边线，如图6-129所示。

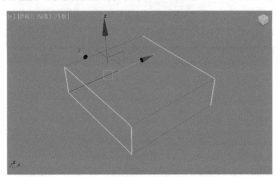

图6-128

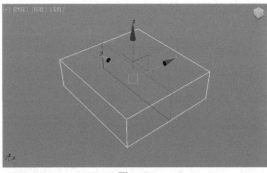

图6-129

**13** 在前视图中，调整模型的顶点至图6-130所示。

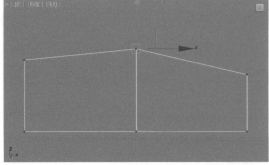

图6-130

**14** 选择如图6-131所示的边，使用"切角"工具，

制作出如图6-132所示的模型。

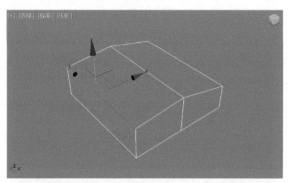

图6-131

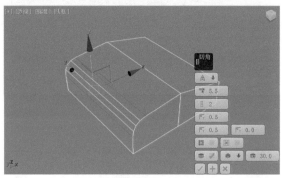

图6-132

**15** 选择如图6-133所示的边，使用"切角"工具，制作出如图6-134所示的模型。

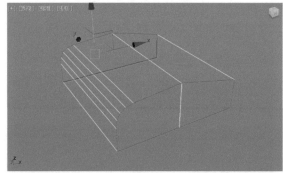

图6-133

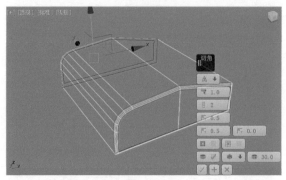

图6-134

**16** 以同样的操作步骤，制作出如图6-135所示的模型结果。

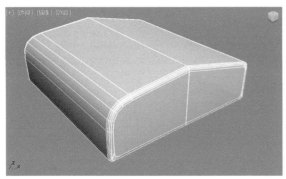

图6-135

**17** 为沙发坐垫模型添加"涡轮平滑"修改器，并调整"迭代次数"的值为2，丰富沙发坐垫模型的细节，如图6-136所示。

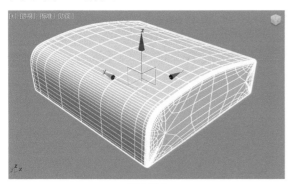

图6-136

**18** 在前视图中，复制一个沙发坐垫模型，并调整其旋转角度至图6-137所示，用来制作沙发的靠背结构。

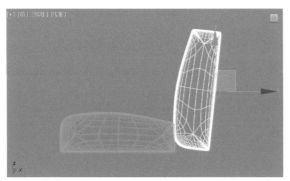

图6-137

**19** 在"修改器列表"中，为沙发靠背模型添加FFD3×3×3修改器，如图6-138所示。

图6-138

**20** 进入"控制点"子层级，调整沙发靠背模型上FFD3×3×3修改器的各个控制点的位置至图6-139所示，调整沙发靠背模型的形态。

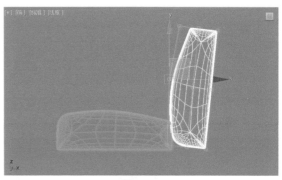

图6-139

**21** 调整完成后，显示出之前制作完成的沙发扶手模型，本实例的最终模型效果如图6-140所示。

图6-140

**实例** **制作躺椅模型**

在本实例中，讲解如何使用多边形建模技术制作一个躺椅的三维模型，本实例的渲染效果如图6-141所示。

图6-141

**01** 在"创建"面板中，单击"长方体"按钮，如图6-142所示，在"透视"视图中绘制一个长方体模型。

**02** 在"修改"面板中，设置长方体模型的"长度"为70，"宽度"为90，"高度"为40，如图6-143所示。设置完成后，可以得到如图6-144所示的模型结果。

图6-142　　　　　　　图6-143

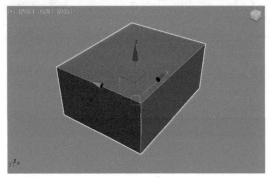

图6-144

**03** 选择长方体模型，右击并执行"转换为"|"转换为可编辑多边形"命令，将其转换成可编辑状态，如图6-145所示。

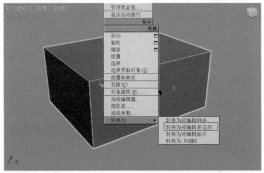

图6-145

**04** 在前视图中，选择如图6-146所示的顶点，调整其位置至图6-147所示。

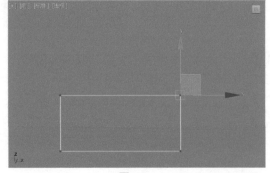

图6-146

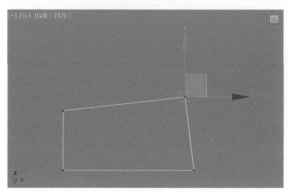

图6-147

**05** 选择如图6-148所示的边线，单击"修改"面板中的"利用所选内容创建图形"按钮，如图6-149所示。

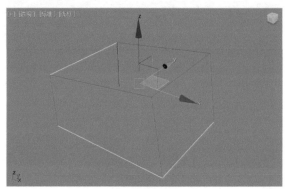

图6-148

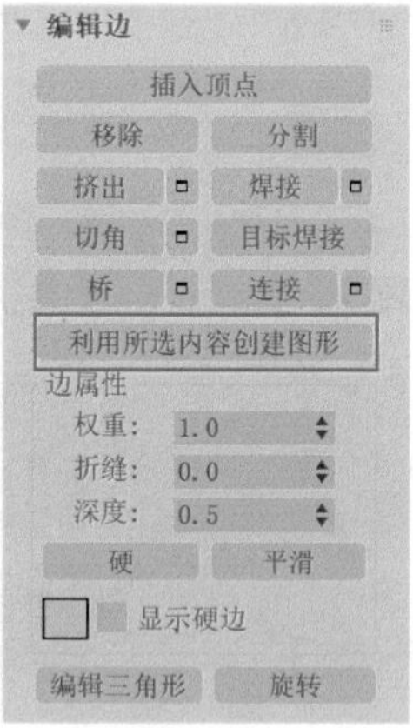

图6-149

**06** 在系统自动弹出的"创建图形"对话框中选中"线性"单选按钮，并单击"确定"按钮创建图形，如图6-150所示。

图6-150

**07** 选择上一步操作生成的图形，在"修改"面板中展开"渲染"卷展栏，勾选"在渲染中启用"和"在视口中启用"复选框，选中"矩形"单选按钮，并设置"长度"值为6，"宽度"值为6，如图6-151所示。设置完成后，即可得到如图6-152所示的模型。

图6-151

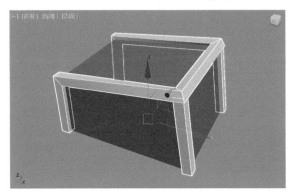

图6-152

**08** 选择躺椅腿模型，右击并选择菜单命令将其转换为可编辑的多边形，如图6-153所示。

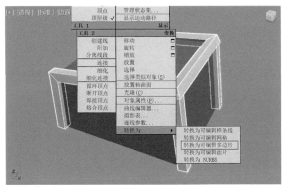

图6-153

**09** 在"多边形"子对象层级，选择如图6-154所示的面，使用"挤出"工具，得到如图6-155所示的模型。

**10** 选择如图6-156所示的边线，使用"连接"工具，制作出如图6-157所示的模型结果。

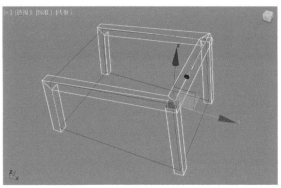

图6-154

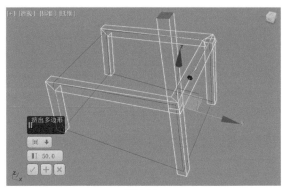

图6-155

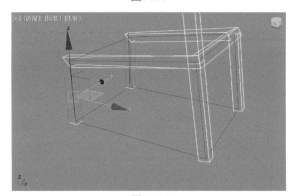

图6-156

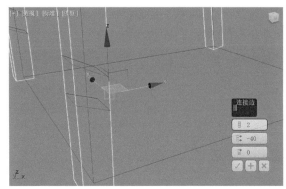

图6-157

**11** 选择如图6-158所示的面，按住Shift键，沿X轴向移动所选择的面，对模型进行"智能挤出"操作，制作出如图6-159所示的模型。

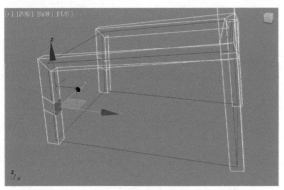

图6-158

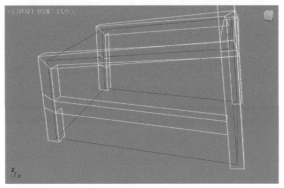

图6-159

12 在前视图中，选择如图6-160所示的顶点，调整其位置至图6-161所示。

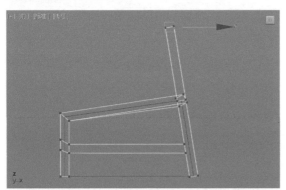

图6-160

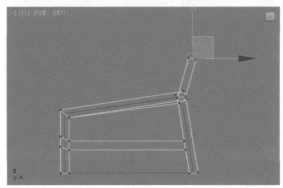

图6-161

13 选择如图6-162所示的面，对其进行多次"智能

挤出"操作，制作出如图6-163所示的模型。

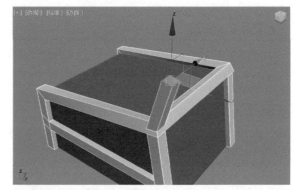

图6-162

图6-163

14 选择躺椅腿所有的边线，如图6-164所示。使用"切角"工具，制作出如图6-165所示的模型。

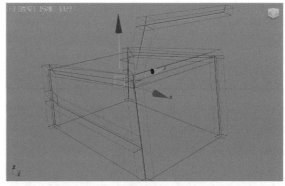

图6-164

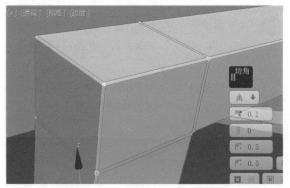

图6-165

**15** 在"修改"面板中，为模型添加"对称"修改器，在"对称"卷展栏中，单击Y按钮，并勾选"翻转"复选框，如图6-166所示。得到的躺椅腿模型效果如图6-167所示。

图6-166

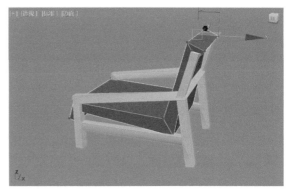

图6-169

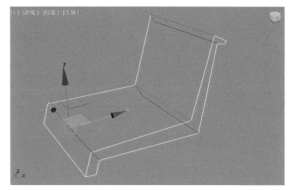

图6-170

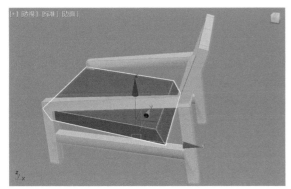

图6-167

**16** 调整场景中长方体模型的顶点，制作出如图6-168所示的模型。

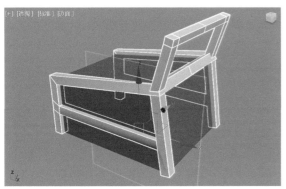

图6-168

**17** 使用"智能挤出"工具，对长方体模型进行多次挤出，制作出躺椅垫子的形态，如图6-169所示。

**18** 将场景中的躺椅腿模型隐藏起来。选择如图6-170所示的边线，使用"切角"工具，制作出如图6-171所示的模型。

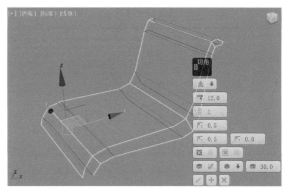

图6-171

**19** 选择所有边线，如图6-172所示。再次使用"切角"工具，制作出如图6-173所示的模型结果。

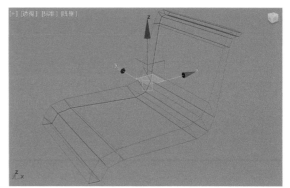

图6-172

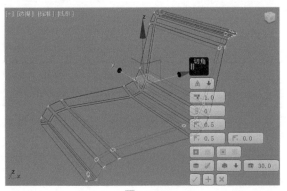

图6-173

**20** 在"修改"面板中，为躺椅垫子模型添加"涡轮平滑"修改器，并设置"迭代次数"的值为2，如图6-174所示，得到如图6-175所示的模型。

图6-174

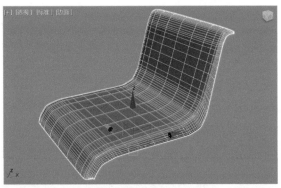

图6-175

**21** 最后将隐藏的躺椅腿模型显示出来，本实例的最终模型完成效果如图6-176所示。

图6-176

**实例** 制作柜子模型

在本实例中，讲解如何使用多边形建模技术制作一个柜子的三维模型，本实例的渲染效果如图6-177所示。

图6-177

**01** 启动3ds Max 2022软件，单击"创建"面板中的"长方体"按钮，如图6-178所示。在场景中绘制一个长方体模型。

**02** 在"修改"面板中，设置长方体模型的"长度"值为77，"宽度"值为35，"高度"值为75，"高度分段"值为4，如图6-179所示。设置完成后，可以得到如图6-180所示的模型结果。

图6-178　　　　　　　　　图6-179

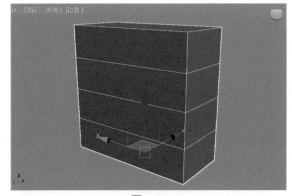

图6-180

**03** 选择长方体模型，右击并执行"转换为"|"转换为可编辑多边形"命令，将其转换为可编辑状态，如图6-181所示。

**04** 选择如图6-182所示的面，使用"智能挤出"工具制作出如图6-183所示的模型。

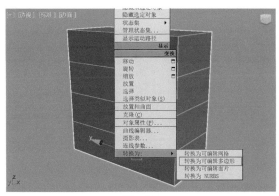

图6-181

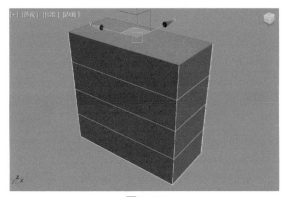

图6-182

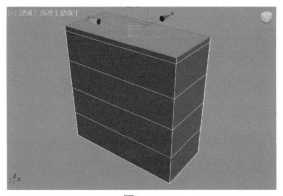

图6-183

**05** 选择如图6-184所示的面，这一次使用"挤出"工具，制作出如图6-185所示的模型。

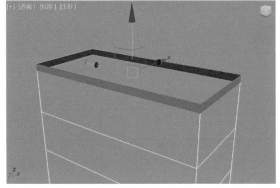

图6-184

图6-185

**06** 选择如图6-186所示的面，使用"插入"工具，制作如图6-187所示的模型。

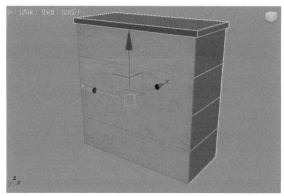

图6-186

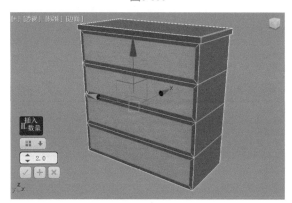

图6-187

**07** 继续使用"智能挤出"，将所选择的面沿X轴方向移动，得到如图6-188所示的模型结果。

**08** 使用"插入"工具和"挤出"工具，制作出柜子的抽屉模型部分，如图6-189、图6-190所示。

**09** 继续使用"插入"工具和"挤出"工具，制作出柜子的抽屉模型部分，如图6-191所示。

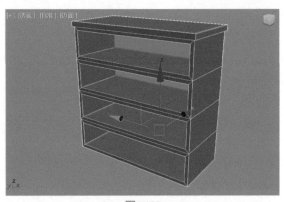

图6-188

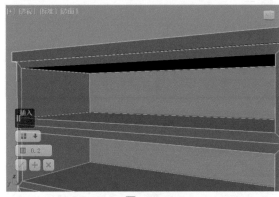

图6-189

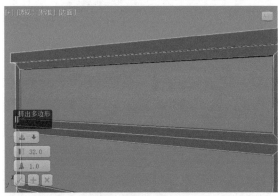

图6-190

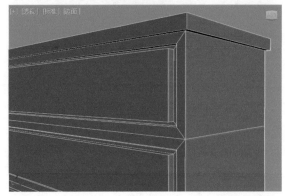

图6-191

⑩ 选择如图6-192所示的边线，使用"切角"工具

制作出如图6-193所示的模型。

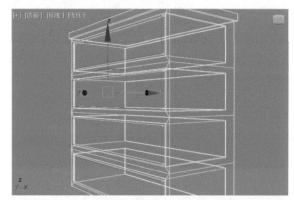

图6-192

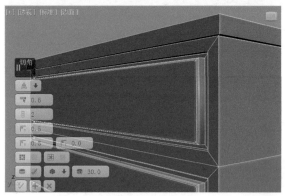

图6-193

⑪ 为柜子模型添加"对称"修改器，制作出如图6-194所示的模型。

图6-194

⑫ 单击"创建"面板中的"球体"按钮，如图6-195所示。在左视图中创建一个球体模型，如图6-196所示。

图6-195

图6-196

**13** 在"修改"面板中,调整球体模型的"半径"值为2.5,"分段"值为24,如图6-197所示。

**14** 在"透视"视图中,调整球体模型的位置至图6-198所示位置处。

图6-197

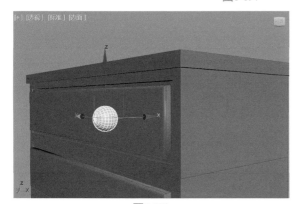

图6-198

**15** 选择球体模型,将其转换为可编辑多边形后,选择如图6-199所示的面,对其进行多次"智能挤出"操作,制作出如图6-200所示的模型。

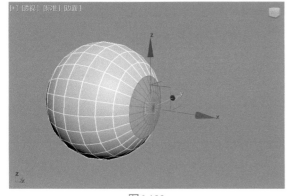

图6-199

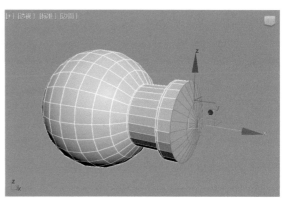

图6-200

**16** 选择如图6-201所示的顶点。

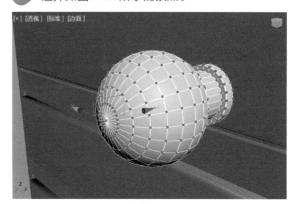

图6-201

**17** 在"修改"面板中,勾选"使用软选择"复选框,并设置"衰减"的值为5,如图6-202所示。

**18** 沿X轴方向调整其位置,制作出如图6-203所示的模型。

图6-202

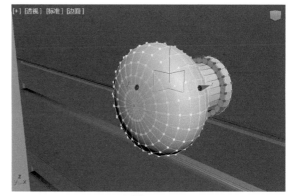

图6-203

**19** 对制作好的抽屉把手进行多次复制,并调整位置至图6-204所示。

图6-204

**20** 在场景中创建一个长方体模型，并在"修改"面板中，调整其参数至图6-205所示，得到如图6-206所示的模型。

图6-205

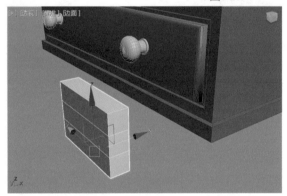

图6-206

**21** 将其转换为可编辑的多边形后，选择如图6-207所示的面，使用"智能挤出"工具制作出如图6-208所示的模型。

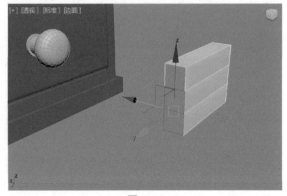

图6-207

**22** 选择如图6-209所示的边线，使用"切角"工具，制作出如图6-210所示的模型。

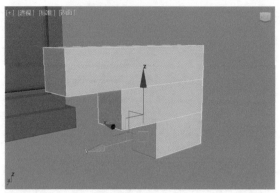

图6-208

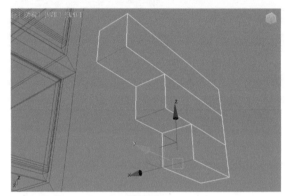

图6-209

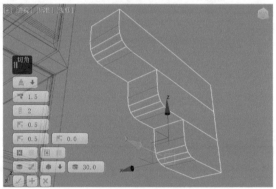

图6-210

**23** 在"修改"面板中，对模型添加"对称"修改器，制作出如图6-211所示的模型。

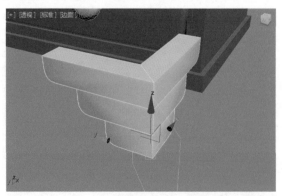

图6-211

**24** 在"修改"面板中，为模型添加"平滑"修改器，可以去除模型上的黑面效果，制作出如图6-212所示的模型。

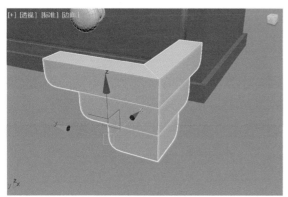

图6-212

**25** 将制作完成后的柜子脚模型摆好位置后，添加"对称"修改器，制作出如图6-213所示的模型。

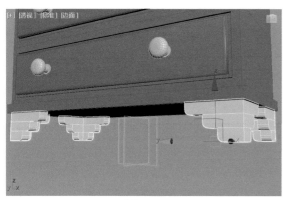

图6-213

**26** 本实例的最终模型完成效果如图6-214所示。

图6-214

# 第7章

# 灯光技术

## 7.1　灯光概述

3ds Max 2022 为广大三维设计师提供的灯光工具可以轻松地为制作完成的场景添加照明效果。灯光工具的命令虽然不多，但是要想随心所欲地使用灯光也并非易事。设置灯光前，应该充分考虑作品中的预期照明效果，最好参考大量的真实照片。只有认真并有计划地布置照明，才能渲染出令人满意的灯光效果。

设置灯光是三维制作中的点睛之笔。灯光不仅可以照亮物体，还可以在表现场景气氛、天气效果等方面起到至关重要的作用，给人以身临其境般的视觉感受。在设置灯光时，如果场景中灯光过于明亮，渲染出来的画面则处于一种曝光状态；如果场景中的灯光过于暗淡，则渲染出来的画面可能显得比较平淡，毫无吸引力可言，甚至导致画面中的很多细节无法体现。所以，要制作出理想的光照效果需要不断实践，最终将作品渲染得尽可能真实。

设置灯光时，灯光的种类、颜色及位置应来源于生活。用户不可能轻松地制作出一个从未见过的光照环境，所以学习灯光时需要对现实中的不同光照环境处处留意，图7-1和图7-2分别为设置了灯光后渲染出来的三维图像作品。

图7-1

图7-2

灯光是3ds Max中的一种特殊对象。使用灯光不仅可以影响周围物体表面的光泽和颜色，还可以控制物体表面的高光点和阴影的位置。灯光通常需要和环境、模型以及模型的材质共同作用，才能得到丰富的色彩和明暗对比效果，从而使三维图像达到犹如照片的真实感。

灯光是画面中的重要构成要素之一，其主要功能如下。

（1）为画面提供足够的亮度。

（2）通过光与影的关系表达画面的空间感。

（3）为场景添加环境气氛，塑造画面所表达的意境。

3ds Max 2022提供多种不同类型的灯光，分别是"光度学"灯光、"标准"灯光和新增的Arnold灯光。将"命令"面板切换至创建"灯光"面板，在下拉列表中即可选择灯光的类型。图7-3为"光度学"灯光类型中包含的灯光按钮；图7-4为"标准"灯光类型中包含的灯光按钮；图7-5为Arnold灯光类型提供的灯光按钮。

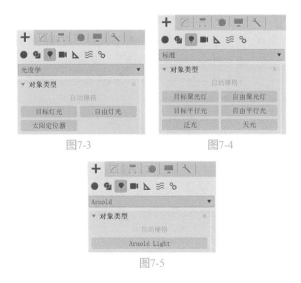

图7-3　　　　　　　　　　图7-4

图7-7

## 7.2　"光度学"灯光

打开创建"灯光"面板，可以看到系统默认的灯光类型为"光度学"。其"对象类型"卷展栏内包含"目标灯光"按钮、"自由灯光"按钮和"太阳定位器"按钮。

### 7.2.1　目标灯光

"目标灯光"带有一个目标点，用来指明灯光的照射方向。通常可以用"目标灯光"来模拟灯泡、射灯、壁灯及台灯等灯具的照明效果。当用户首次在场景中创建该灯光时，系统自动弹出"创建光度学灯光"对话框，询问用户是否使用对数曝光控制，如图7-6所示。

图7-6

在"修改"面板中，"目标灯光"有"模板""常规参数""强度/颜色/衰减""图形/区域阴影""光线跟踪阴影参数""大气和效果"和"高级效果"7个卷展栏，如图7-7所示。下面，讲解其中较为常用的参数。

**1."模板"卷展栏**

3ds Max 2022为用户提供多种"模板"以供选择使用。展开"模板"卷展栏，可以看到"选择模板"的命令提示，如图7-8所示。

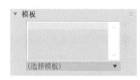

图7-8

单击"选择模板"旁边的黑色箭头图标，可以看到3ds Max 2022的目标灯光"模板"库，如图7-9所示。

当选择列表中的不同灯光模板时，场景中的灯光图标以及"修改"面板中的卷展栏分布都会发生相应的变化，同时，模板的文本框内会出现该模板的简

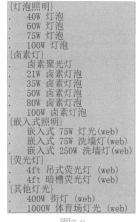

图7-9

单使用提示，图7-10为目标灯光"模板"选择为"40W灯泡"选项后，模板文本框所出现的对应提示。

图7-10

**2."常规参数"卷展栏**

展开"常规参数"卷展栏后，其参数如图7-11所示。

图7-11

### 工具解析

"灯光属性"组。

- 启用：用于控制选择的灯光是否开启照明。
- 目标：控制选择的灯光是否具有可控的目标点。
- 目标距离：显示灯光与目标点之间的距离。

"阴影"组。

- 启用：决定当前灯光是否投射阴影。
- 使用全局设置：启用此选项以使用该灯光投射阴影的全局设置。禁用此选项以启用阴影的单个控件。如果未选择使用全局设置，则必须选择渲染器使用哪种方法来生成特定灯光的阴影。
- 阴影方法下拉列表：决定渲染器是否使用"高级光线跟踪"阴影、"区域阴影""阴影贴图"或"光线跟踪阴影"生成该灯光的阴影，如图7-12所示。

图7-12

- "排除"按钮：将选定对象排除于灯光效果之外。单击可以显示"排除/包含"对话框，如图7-13所示。

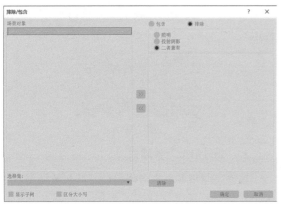

图7-13

"灯光分布（类型）"组。

- 灯光分布类型列表中可以设置灯光的分布类型，包含"光度学Web""聚光灯""统一漫反射"和"统一球形"4种类型，如图7-14所示。

图7-14

### 3. "强度/颜色/衰减"卷展栏

展开"强度/颜色/衰减"卷展栏后，其参数如图7-15所示。

图7-15

### 工具解析

"颜色"组。

- "预设"列表：3ds Max 2022提供多种预先设置的选项供用户选择使用，如图7-16所示。
- 开尔文：通过调整色温值设置灯光的颜色，色温以开尔文度数显示，相应的颜色在温度微调器旁边的色样中可见。当色温值为6500K时，是国际照明委员会（CIE）所认定的白色，当色温值小于6500K时会偏向于红色，当色温值大于6500K时则会偏向于蓝色，图7-17为当该属性设置为不同数值的渲染测试结果。

图7-16

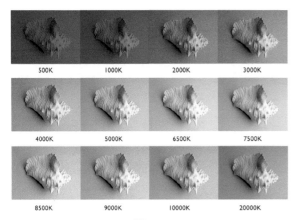

图7-17

- 过滤颜色：使用颜色过滤器模拟置于光源上的过滤色的效果。

"强度"组。

- lm/cd/lx：用于设置不同的灯光强度单位。

"暗淡"组

- 结果强度：用于显示灯光的结果强度，并使用与"强度"组相同的单位。
- 百分比：启用该选项降低灯光的强度。如果值为100%，则灯光具有最大强度。百分比较低时，灯光较暗。
- 光线暗淡时白炽灯颜色会切换：启用此选项，灯光可在暗淡时通过产生更多黄色来模拟白炽灯。

"远距衰减"组。

- 使用：启用灯光的远距衰减。
- 显示：在视口中显示远距衰减范围设置。对于聚光灯分布，衰减范围类似圆锥体的镜头形部分。这些范围在其他的分布中呈球体状。默认情况下，"远距开始"为浅棕色并且"远距结束"为深棕色。
- 开始：设置灯光开始淡出的距离。
- 结果：设置灯光衰减为0的距离。

### 4. "图形/区域阴影"卷展栏

展开"图形/区域阴影"卷展栏后，其参数如图7-18所示。

图7-18

"从（图形）发射光线"组。

- 列表：选择阴影生成的图像类型，其下拉列表中提供了"点光源""线""矩形""圆形""球体"和"圆柱体"6种方式可选，如图7-19所示。

图7-19

"渲染"组。

- 灯光图形在渲染中可见：启用此选项，如果灯光对象位于视野内，则灯光图形在渲染中会显示为自供照明（发光）的图形。关闭此选项，将无法渲染灯光图形，而只能渲染它投影的灯光。此选项默认设置为禁用。

### 5. "光线跟踪阴影参数"卷展栏

展开"光线跟踪阴影参数"卷展栏，其参数如图7-20所示。

图7-20

- 光线偏移：设置阴影与产生阴影对象的距离。
- 双面阴影：启用该选项，计算阴影时，物体的背面也可以产生投影。

### 6. "大气和效果"卷展栏

展开"大气和效果"卷展栏，其参数如图7-21所示。

图7-21

- "添加"按钮：单击此按钮打开"添加大气或效果"对话框，如图7-22所示。在该对话框中可以将大气或渲染效果添加到灯光上。

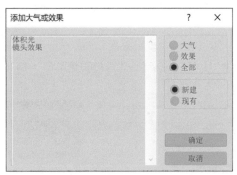

图7-22

- "删除"按钮：添加大气或效果之后，在大气或效果列表中选择大气或效果，单击此按钮进行删除操作。
- "设置"按钮：单击此按钮打开"环境和效果"面板。

**基础讲解**　"目标灯光"的使用方法

**01** 启动3ds Max 2022软件。单击"创建"面板中的"茶壶"按钮和"平面"按钮，如图7-23所示，在场景中创建一个茶壶模型和一个平面模型。

图7-23

**02** 在"修改"面板中，设置茶壶模型的"半径"值为10，如图7-24所示。设置平面模型的"长度"和"宽度"值为300，如图7-25所示。

图7-24　　图7-25

**03** 设置完成后，将茶壶模型和平面模型的颜色更改为灰色，如图7-26所示。

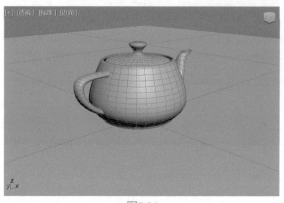

图7-26

**04** 单击"创建"面板中的"目标灯光"按钮，如图7-27所示。在系统自动弹出的"创建光度学灯光"对话框中单击"否"按钮，如图7-28所示。

图7-27

图7-28

**05** 在前视图中，在图7-29所示位置创建一个目标灯光。

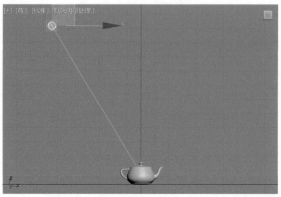

图7-29

**06** 设置完成后，在透视视图中渲染场景，渲染结果如图7-30所示。

图7-30

**07** 在"强度/颜色/衰减"卷展栏中，设置"颜色"组的选项为"开尔文"，如图7-31所示。渲染场景，渲染结果如图7-32所示。

图7-31　　　　　　　　图7-32

**08** 在"图形/区域阴影"卷展栏中，设置"从（图形）发射光线"的类型为"矩形"，如图7-33所示。渲染场景，渲染结果如图7-34所示，可以看出改变"从（图形）发射光线"的类型后，不但场景中的光线强度降低了，茶壶的阴影也产生了较为明显的变化。

图7-33　　　　　　　　图7-34

**09** 在"强度/颜色/衰减"卷展栏中，设置灯光的强度值为3500，如图7-35所示。

**10** 在"图形/区域阴影"卷展栏中，设置"从（图形）发射光线"组内的"长度"值为20，"宽度"值为20，如图7-36所示。

图7-35　　　　　　　　图7-36

**11** 渲染场景，渲染结果如图7-37所示。可以看到茶壶的阴影较上一次的渲染结果显得更加清晰了一些。

图7-37

### 7.2.2　自由灯光

"自由灯光"没有目标点，在"创建"面板中单击"自由灯光"按钮即可在场景中创建一个自由灯光，如图7-38所示。

"自由灯光"的参数与上一节所讲的"目标灯光"的参数完全一样，它们的区别仅在于是否具有目标点。而"自由灯光"创建完成后，目标点又可以在"修改"面板通过"常规参数"卷展栏内的"目标"复选框来进行切换，如图7-39所示。

图7-38　　　　　　　　图7-39

### 7.2.3　太阳定位器

"太阳定位器"是3ds Max 2022版本中使用频率较高的一种的灯光，配合Arnold渲染器使用，可以非常方便地模拟出自然的室内及室外光线照明。在"创建"面板中单击"太阳定位器"按钮可以在场景中创建出该灯光，如图7-40所示。

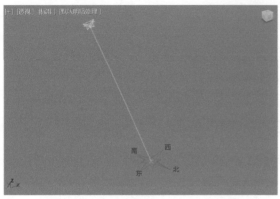

图7-40

创建完成该灯光系统后，打开"环境和效果"面板。在"环境"选项卡中，展开"公用参数"卷展栏，可以看到系统自动为"环境贴图"贴图通道上加载了"物理太阳和天空环境"贴图，如图7-41所示。渲染场景后，还可以看到逼真的天空环境效果。同时，在"曝光控制"卷展栏内，系统还为用户自动设置了"物理摄影机曝光控制"选项。

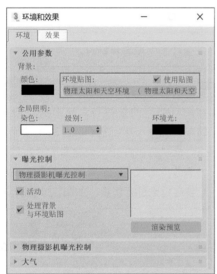

图7-41

在"修改"面板中，可以看到"太阳定位器"分为"显示"和"太阳位置"2个卷展栏，如图7-42所示。

图7-42

**1. "显示"卷展栏**

展开"显示"卷展栏，其中的参数命令如图7-43所示。

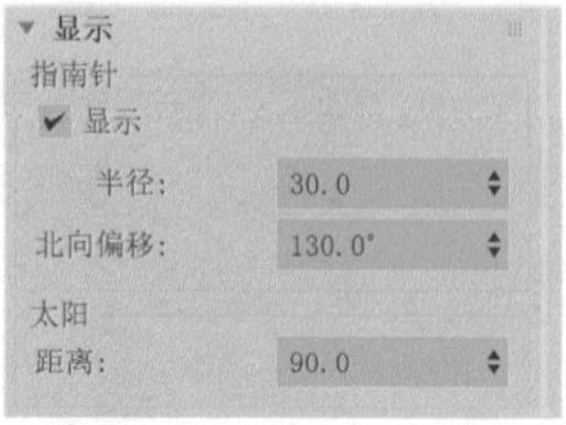

**工具解析**

"指南针"组。

- 显示：控制"太阳定位器"中指南针的显示。
- 半径：控制指南针图标的大小。
- 北向偏移：调整"太阳定位器"的灯光照射方向。

"太阳"组。

- 距离：控制太阳灯光与指南针之间的距离。

**2. "太阳位置"卷展栏**

展开"太阳位置"卷展栏，其中的参数命令如图7-44所示。

**工具解析**

"日期和时间模式"组。

- 日期、时间和位置：是"太阳定位器"的默认选项。用户可以精准地设置太阳的具体照射位置、照射时间及年月日。
- 气候数据文件：选择该选项，用户可以单击该命令后方的"设置"按钮，读取"气候数据"文件来控制场景照明。
- 手动：激活该选项，用户可以手动调整太阳的方位和高度。

"日期和时间"组。

- 时间：用于设置"太阳定位器"所模拟的年、月、日以及当天的具体时间。
- 使用日期范围：用于设置"太阳定位器"所模拟的时间段。

图7-43

图7-44

"在地球上的位置"组。

- "选择位置"按钮：单击该按钮，系统会自动弹出"地理位置"对话框。用户可以选择所要模拟的地区生成当地的光照环境。
- 纬度：用于设置太阳的纬度。
- 经度：用于设置太阳的经度。
- 时区：用于GMT的偏移量来表示时间。

"水平坐标"组。

- 方位：用于设置太阳的照射方向。
- 高度：用于设置太阳的高度。

**实例** 制作产品照明效果

在本实例中，讲解如何使用"目标灯光"来制作室内产品表现照明效果，本实例的渲染效果如图7-45所示。

图7-45

**01** 启动3ds Max 2022软件，打开本书配套场景文件"玩具车.max"，如图7-46所示。场景中有一辆玩具车的模型，并且设置了材质及摄影机的拍摄角度。

[+] [PhysCamera001] [标准] [默认 明暗处理]

图7-46

**02** 单击"创建"面板中的"目标灯光"按钮，如图7-47所示。

图7-47

**03** 在左视图中创建一个目标灯光，设置灯光的目标点为坐标原点，如图7-48所示。

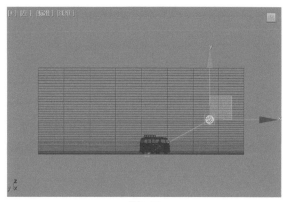

图7-48

**04** 在"常规参数"卷展栏中，设置"阴影"的类型为"光线跟踪阴影"，如图7-49所示。

**05** 在"强度/颜色/衰减"卷展栏中，设置灯光的"强度"值为2500，如图7-50所示。

图7-49　　　　　　　　图7-50

**06** 在"图形/区域阴影"卷展栏中，设置"从（图形）发射光线"的选项为"矩形"，设置"长度"值为100，"宽度"值为100，如图7-51所示。

**07** 设置完成后，渲染场景，渲染结果如图7-52所示。

图7-51　　　　　　　　图7-52

**08** 在顶视图中，复制一个目标灯光，调整其位置至图7-53所示，用来制作辅助照明，照亮玩具车较暗的一面。

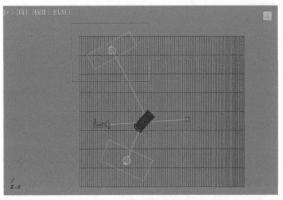

图7-53

**09** 渲染场景，渲染结果如图7-54所示。可以看到添加辅助光源后，玩具车较暗的一侧被明显提亮许多。

图7-54

**10** 在顶视图中，再次复制一个目标灯光，并调整其位置至图7-55所示，创建第二个辅助光源，用来提亮整体画面的亮度。

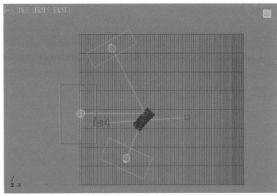

图7-55

**11** 在前视图中，调整该灯光的目标点，使其沿水平方向照明，如图7-56所示。

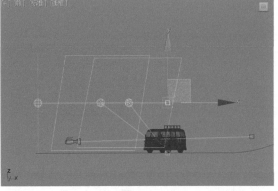

图7-56

**12** 设置完成后，渲染场景，本实例的最终渲染结果如图7-57所示。

图7-57

**实例** 制作室内天光照明效果

在本实例中，讲解如何使用"目标灯光"制作室内天光照明效果，本实例的渲染效果如图7-58所示。

图7-58

**01** 启动3ds Max 2022软件，打开本书配套场景文件"客厅.max"，如图7-59所示。本场景为一个摆放了简单家具的客厅空间一角，并且设置了材质及摄影机的拍摄角度。

图7-59

**02** 单击"创建"面板中的"目标灯光"按钮，如图7-60所示。

图7-60

**03** 在顶视图窗户位置创建一个目标灯光，如图7-61所示。

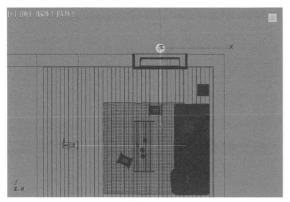

图7-61

**04** 在"修改"面板中，展开"图形/区域阴影"卷展栏，设置"从（图形）发射光线"的选项为"矩形"，设置"长度"值为170，"宽度"值为125，如图7-62所示。

**05** 在"强度/颜色/衰减"卷展栏中，设置灯光的强度为5500，如图7-63所示。

图7-62　　　　　图7-63

**06** 在透视视图中，调整灯光的位置至图7-64所示。

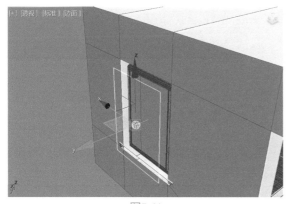

图7-64

**07** 在顶视图中，复制一个目标灯光，并调整其位置至图7-65所示。

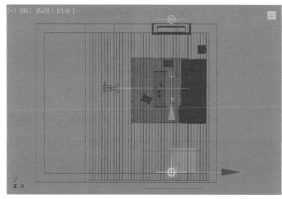

图7-65

**08** 在"强度/颜色/衰减"卷展栏中，设置灯光的强度为3500，如图7-66所示。

**09** 在顶视图中，将之前创建的两个目标灯光选中，再次进行复制，并调整位置至图7-67所示。

图7-66

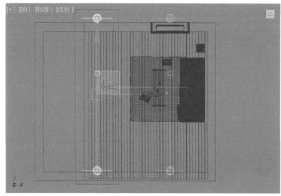

图7-67

**10** 设置完成后，渲染场景，渲染结果如图7-68所示。

图7-68

**实例** 制作室外阳光照明效果

在本实例中，讲解如何使用"太阳定位器"制作室外阳光照明效果。本实例的渲染效果如图7-69所示。

图7-69

01 启动3ds Max 2022软件，打开本书配套资源"房屋.max"文件。如图7-70所示，本场景为一栋房屋模型，设置了材质及摄影机。

图7-70

02 单击"创建"面板中的"太阳定位器"按钮，如图7-71所示。

图7-71

03 在顶视图中，创建一个太阳定位器，如图7-72所示。

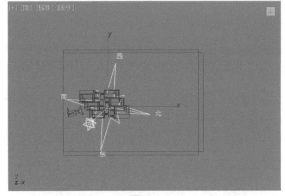

图7-72

04 在"修改"面板中，进入"太阳"子对象层级，在前视图中调整太阳的位置至图7-73所示。

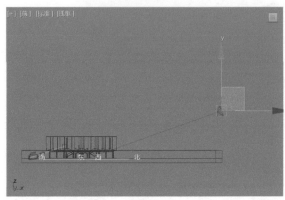

图7-73

05 设置完成后，渲染场景，渲染结果如图7-74所示。可以看到太阳定位器可以非常方便地用来模拟天空照明效果。

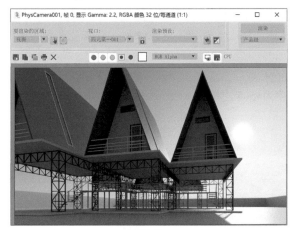

图7-74

06 执行菜单栏"渲染"|"环境"命令，打开"环境和效果"面板，如图7-75所示。创建了太阳定位器后，系统会自动在"环境贴图"通道上添加"物理太阳和天空环境"贴图。

图7-75

07 单击"主工具栏"上的"材质编辑器"图标，如图7-76所示。

图7-76

**08** 将"环境和效果"面板中的"物理太阳和天空环境"贴图拖曳至"材质编辑器"面板中，如图7-77所示。可以调整太阳定位器的参数。

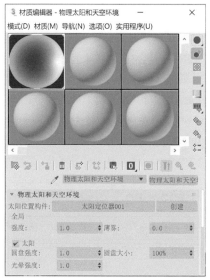

图7-77

**09** 设置"强度"值为1.5，"薄雾"值为0.1，"圆盘大小"值为300%，如图7-78所示。

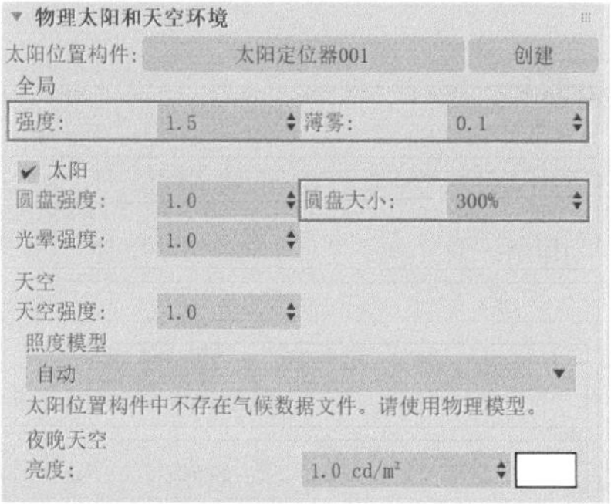

图7-78

**10** 渲染场景，渲染结果如图7-79所示。可以看到现在天空中由于薄雾的产生而显得略微发黄。

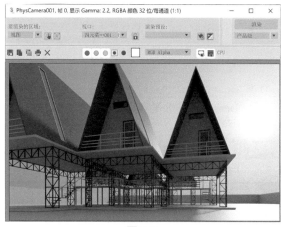

图7-79

## 7.3　Arnold 灯光

3ds Max 2022在3ds Max 2018版本整合了Arnold渲染器，一个新的灯光系统也随之被添加进来，那就是Arnold Light，如图7-80所示。如今，Arnold渲染器已经取代了默认扫描线渲染器成为3ds Max 2022的默认渲染器。一定要熟练掌握该灯光的使用方法，因为仅使用该灯光就几乎可以模拟各种常见照明环境。另外，需要注意，即使是在3ds Max 2022中，该灯光的命令参数仍然为英文显示。

在"修改"面板中，可以看到Arnold Light的卷展栏分布如图7-81所示。下面，讲解其中较为常用的参数。

图7-80 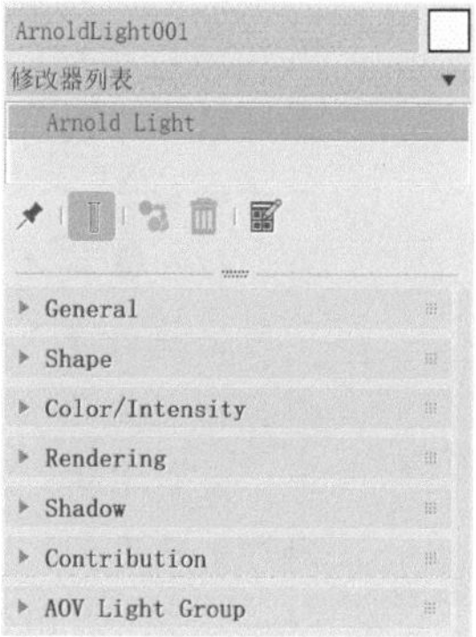　　　　　　　图7-81

### 7.3.1　General（常规）卷展栏

General（常规）卷展栏主要用于设置Arnold Light的开启及目标点等相关命令，展开General（常规）卷展栏，其中的参数命令如图7-82所示。

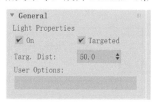

图7-82

**工具解析**

- On：用于控制选择的灯光是否开启照明。
- Targeted：用于设置灯光是否需要目标点。
- Targ. Dist：设置目标点与灯光的间距。

### 7.3.2　Shape（形状）卷展栏

Shape（形状）卷展栏主要用于设置灯光的类型，展开Shape（形状）卷展栏，其中的参数命令如图7-83所示。

图7-83

**工具解析**

- Type：用于设置灯光的类型，3ds Max 2022为用户提供了图7-84所示的9种灯光类型，帮助用户分别解决不同的照明环境模拟需求。从这些类型上看，仅仅是一个Arnold Light（阿诺德灯光）命令，就可以模拟出点光源、聚光灯、面光源、天空环境、光度学、网格灯光等多种不同灯光照明。

| Point |
| Distant |
| Spot |
| Quad |
| Disc |
| Cylinder |
| Skydome |
| 光度学 |
| Mesh |

图7-84

- Spread：用于控制Arnold Light的扩散照明效果。当该值为默认值1时，灯光对物体的照明效果会产生散射状的投影；当该值设置为0时，灯光对物体的照明效果会产生清晰的投影。
- Quad X/Quad Y：用于设置灯光的长度或宽度。
- Soft Edge：用于设置灯光产生投影的边缘虚化程度。

## 7.3.3 Color/Intensity（颜色/强度）卷展栏

Color/Intensity（颜色/强度）卷展栏主要用于控制灯光的色彩及照明强度。展开该卷展栏，其中的参数命令如图7-85所示。

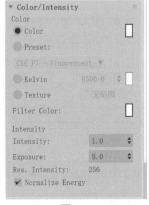

图7-85

**工具解析**

Color（颜色）组。

- Color：用于设置灯光的颜色。
- Preset：勾选该复选框后，用户可以使用系统所提供的各种预设来照明场景。
- Kelvin：使用色温值来控制灯光的颜色。
- Texture：使用贴图来控制灯光的颜色。
- Filter Color：设置灯光的过滤颜色。

Intensity（强度）组。

- Intensity：设置灯光的照明强度。
- Exposure：设置灯光的曝光值。

## 7.3.4 Rendering（渲染）卷展栏

展开Rendering（渲染）卷展栏，其中的命令参数如图7-86所示。

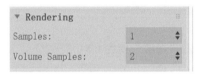

图7-86

**工具解析**

- Samples：设置灯光的采样值。
- Volume Samples：设置灯光的体积采样值。

## 7.3.5 Shadow（阴影）卷展栏

展开Shadow（阴影）卷展栏，其中的命令参数如图7-87所示。

图7-87

**工具解析**

- Cast Shadows：设置灯光是否投射阴影。
- Atmospheric Shadows：设置灯光是否投射大气阴影。
- Color：设置阴影的颜色。
- Density：设置阴影的密度值。

**基础讲解** Arnold 灯光的使用方法

**01** 启动3ds Max 2022软件。单击"创建"面板中的"茶壶"按钮和"平面"按钮，在场景中创建一个茶壶模型和一个平面模型，如图7-88所示。

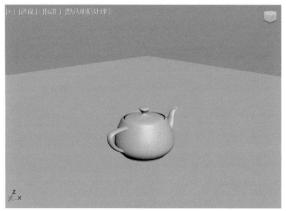

图7-88

**02** 单击"创建"面板中的"目标灯光"按钮，如图7-89所示。

图7-89

**03** 在前视图中，在图7-90所示位置创建一个目标灯光。

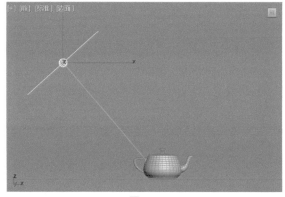

图7-90

**04** 在"修改"面板中，展开Color/Intensity（颜色/强度）卷展栏，设置Intensity值为30，Exposure值为10，如图7-91所示。

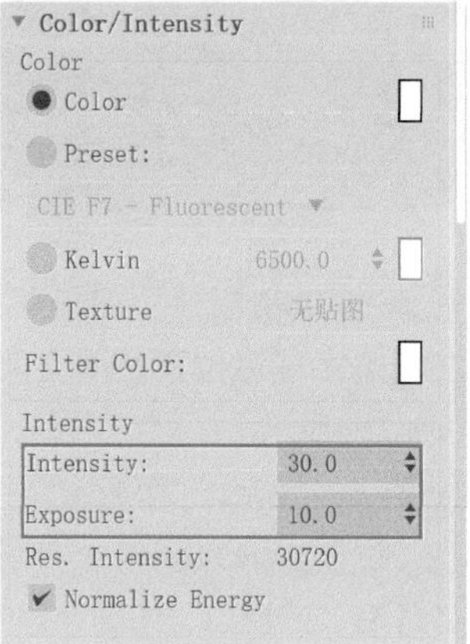

**05** 设置完成后，渲染场景，渲染结果如图7-92所示。

图7-91

**06** 在Shape（形状）卷展栏中，设置灯光的Type选项为Spot，如图7-93所示。

图7-92

图7-93

**07** 渲染场景，渲染结果如图7-94所示，通过观察渲染图像，可以看到使用该灯光所模拟出来的聚光灯照明效果。

图7-94

⊙技巧与提示·⊙

　　Arnold灯光的使用方法与目标灯光的使用方法较为相似，但是多了一个比较实用的"网格"类型选项。读者可以留意下面的实例。在下面的实例中，详细讲解了Arnold灯光"网格"类型选项的实际应用技巧。

**实例** 制作台灯照明效果

　　在本实例中，讲解如何使用Arnold Light来制作灯管照明效果。本实例的渲染效果如图7-95所示。

图7-95

**01** 启动3ds Max 2022，打开本书配套资源"台灯.max"文件。如图7-96所示，本场景为一个室内空间模型，地面上摆放了一个台灯，并设置了材质及摄影机。

图7-96

**02** 在"创建"面板中，单击Arnold Light按钮，如图7-97所示。

**03** 在场景中窗口位置创建一个Arnold灯光，如图7-98所示。

图7-97

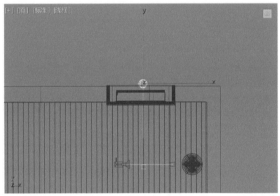

图7-98

**04** 在"修改"面板中，展开Shape（形状）卷展栏，设置Quad X值为120，Quad Y值为180，如图7-99所示。展开Color/Intensity（颜色/强度）卷展栏，设置Intensity值为30，Exposure值为10，如图7-100所示。

图7-99

图7-100

**05** 在透视视图中调整灯光的位置至图7-101所示位置处，使灯光从窗外向屋内照明。

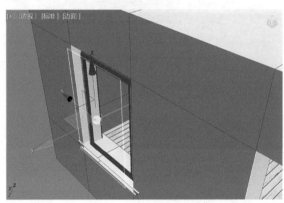

图7-101

**06** 复制创建的灯光至房屋模型的另一边窗户位置，如图7-102所示。

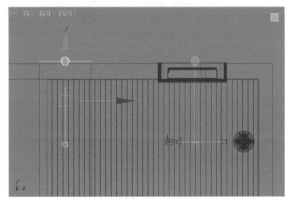

图7-102

**07** 设置完成后渲染场景，渲染结果如图7-103所示。

图7-103

**08** "单击创建"面板中的Arnold Light按钮，在场景中任意位置处再次创建一个Arnold灯光，如图7-104所示。

**09** 在"修改"面板中，展开Shape（形状）卷展栏，设置Type为Mesh，并设置Mesh为场景中名称为"灯泡"的模型，如图7-105所示。

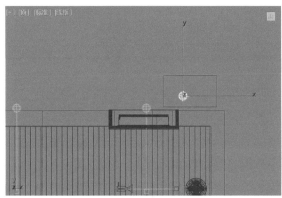

图7-104

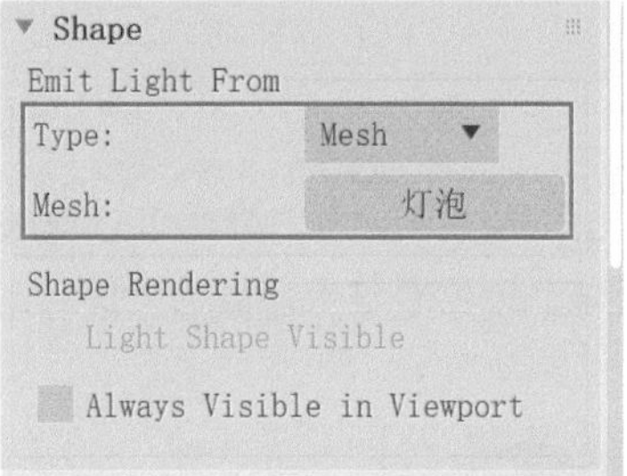

图7-106

**11** 设置完成后渲染场景，最终渲染效果如图7-107所示。

图7-105

**10** 展开Color/Intensity（颜色/强度）卷展栏，设置Color组的选项为Kelvin，并调整该值为2500，这时可以看到灯光的颜色会变为橙色。在Intensity组中设置Intensity值为30，Exposure值为10，如图7-106所示。

图7-107

# 第8章
# 材质与贴图

## 8.1 材质概述

"材质"就像颜料一样，通过给三维模型添加色彩及质感，为作品注入活力。材质可以反映对象的纹理、光泽、通透程度、反射及折射属性等特性，使得三维模型看起来不再色彩单一，而是更加真实和自然，图8-1所示为场景添加了材质前后的渲染对比效果。

图8-1

## 8.2 材质编辑器

3ds Max 2022所提供的"材质编辑器"面板非常重要，里面不但包含所有的材质及贴图命令，还提供大量预先设置好的材质供用户选择使用，打开"材质编辑器"的方法有以下几种。

（1）执行菜单栏"渲染"|"材质编辑器"命令，可以看到3ds Max 2022为用户所提供的"精简材质编辑器"命令和"Slate材质编辑器"命令，如图8-2所示。

（2）在主工具栏上，单击"精简材质编辑器"|"Slate材质编辑器"图标也可以打开对应类型的材质编辑器，如图8-3所示。

图8-2

图8-3

（3）按快捷键M，可以显示上次打开的"材质编辑器"版本（"精简材质编辑器"|"Slate材质编辑器"）。

## 8.2.1　精简材质编辑器

　　"精简材质编辑器"的界面是3ds Max 2022软件从早期版本一直延续下来的，深受广大资深用户的喜爱，其面板如图8-4所示。

　　由于在实际工作中，精简材质编辑器更为常用，故本书以"精简材质编辑器"进行讲解。

## 8.2.2　Slate 材质编辑器

　　"Slate材质编辑器"的界面允许用户通过直观的节点式命令操作来调试自己喜欢的材质，其面板如图8-5所示。

图8-4

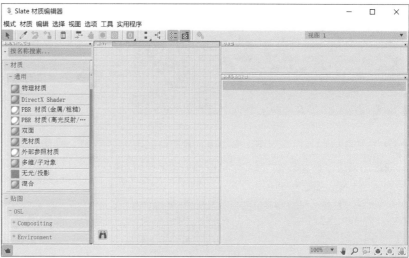

图8-5

**基础讲解**　"材质编辑器"的基本使用方法

**01**　启动3ds Max 2022软件，单击"创建"面板中的"茶壶"按钮，如图8-6所示。在场景中任意位置处创建2个茶壶模型，如图8-7所示。

图8-6

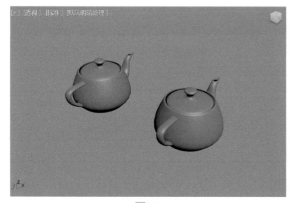

图8-7

**02**　单击"主工具栏"上的"材质编辑器"图标，打开"材质编辑器"面板，如图8-8所示。可以看到默认的材质类型为"物理材质"。

图8-8

**03**　在场景中先选择一个茶壶模型，再在"材质编辑器"面板中单击"将材质指定给选定对象"按钮

147

，即可对茶壶模型指定物理材质，设置完成后，茶壶模型的颜色会跟对应材质球的颜色保持一致，如图8-9所示。

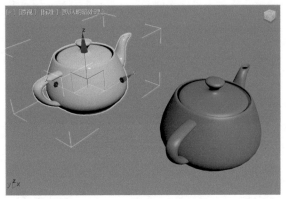

图8-9

**04** 按快捷键F4，显示出模型的边线，我们可以看到添加了材质的茶壶模型，其边线的颜色仍然保持初始的蓝色不变，如图8-10所示。

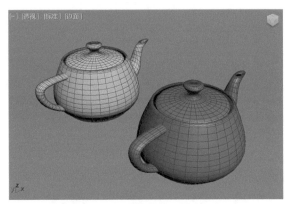

图8-10

**05** 如果"材质编辑器"面板中的材质球全部使用完毕，可以执行"实用程序"|"重置材质编辑器窗口"命令，如图8-11所示。这样"材质编辑器"面板中会出现一组新的材质球供用户使用。

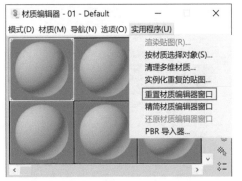

图8-11

**06** 还可以通过单击"从对象拾取材质"按钮 来获取场景中模型的材质，如图8-12所示。

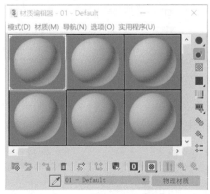

图8-12

**07** 在"实用程序"面板中，单击"更多"按钮，如图8-13所示。

**08** 在弹出的"实用程序"对话框中执行"UVW移除"命令，如图8-14所示。这样"实用程序"面板可以显示出对应的"参数"卷展栏。

图8-13

图8-14

**09** 在"参数"卷展栏中，单击"材质"按钮，则可以删除所选模型的材质，如图8-15所示。

图8-15

**10** 设置完成后，观察场景，移除了材质后的茶壶模型又回到了最初的显示状态，如图8-16所示。

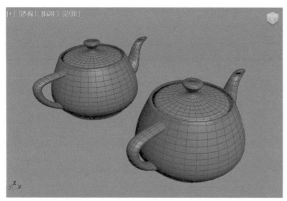

图8-16

## 8.3 常用材质与贴图

3ds Max 2022提供了多种类型的材质和贴图以供用户选择使用，在学习材质技术之前，先来了解一下其中较为常用的材质和贴图命令。

### 8.3.1 物理材质

物理材质是3ds Max 2022软件的默认材质，其重要性不言而喻，当用户第一次启动3ds Max 2022软件时，系统会弹出"注意"对话框，提示物理材质已经是新的默认值了，如图8-17所示。使用物理材质几乎可以制作出我们身边能接触到的大部分材质。物理材质的参数是基于现实世界中物体的自身物理属性所设计的，主要包含预设、涂层参数、基本参数、各向异性、特殊贴图和常规贴图6个卷展栏，下面讲解其中较为常用的参数。

图8-17

1. "预设"卷展栏

"预设"卷展栏内的参数设置如图8-18所示。

图8-18

### 工具解析

- "预设"列表：提供许多预先设置好参数的材质供用户选择使用。
- 材质模式：提供"简单"和"高级"2种模型供用户选择使用，默认为"简单"。

2. "涂层参数"卷展栏

"涂层参数"卷展栏内的参数设置如图8-19所示。

图8-19

### 工具解析

"透明涂层"组。

- 权重：涂层的厚度，默认值为0。
- 颜色：用于设置涂层的颜色。
- 粗糙度：用于设置涂层表面的粗糙程度。
- 涂层IOR：用于设置涂层的折射率。

"影响基本"组。

- 颜色：设置涂层对材质基础颜色的影响程度。
- 粗糙度：设置涂层对材质基础粗糙度的影响程度。

3. "基本参数"卷展栏

"基本参数"卷展栏内的参数设置如图8-20所示。

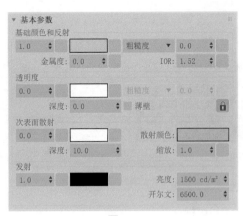

图8-20

### 工具解析

"基础颜色和反射"组。

- 权重：设置基础颜色对物理材质的影响程度。
- 颜色：设置基础颜色。
- 粗糙度：设置材质的粗糙程度。
- 金属度：设置材质的金属表现程度。
- IOR：设置材质的折射率。

"透明度"组。

- 权重：设置材质的透明程度。
- 颜色：设置透明度的颜色。
- 薄壁：用于模拟较薄的透明物体，如肥皂泡。

"次表面散射"组。

- 权重：设置材质的次表面散射程度。
- 颜色：设置材质的次表面散射颜色。
- 散射颜色：设置灯光通过材质产生的散射颜色。

"发射"组。

- 权重：设置材质自发光的程度。
- 颜色：设置材质自发光的颜色。
- 亮度：设置材质的发光明亮程度。
- 开尔文：使用色温来控制自发光的颜色。

#### 4. "各向异性"卷展栏

"各向异性"卷展栏内的参数设置如图8-21所示。

图8-21

### 工具解析

- 各向异性：用于控制材质的高光形状。
- 旋转：用于控制材质的各向异性计算角度。
- 自动/贴图通道：用于设置自动或使用贴图通道来控制各向异性的方向。

#### 5. "特殊贴图"卷展栏

"特殊贴图"卷展栏内的参数设置如图8-22所示。

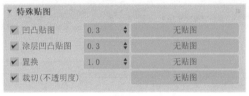

图8-22

### 工具解析

- 凹凸贴图：用来为材质指定凹凸贴图。
- 涂层凹凸贴图：将凹凸贴图指定到涂层上。
- 置换：用来为材质指定置换贴图。
- 裁切（不透明度）：用来为材质指定裁切贴图。

#### 6. "常规贴图"卷展栏

"常规贴图"卷展栏内的参数设置如图8-23所示。与"特殊贴图"卷展栏中的功能非常相似，该卷展栏中的参数全部用来为对应的材质属性指定贴图，故不再重复讲解。

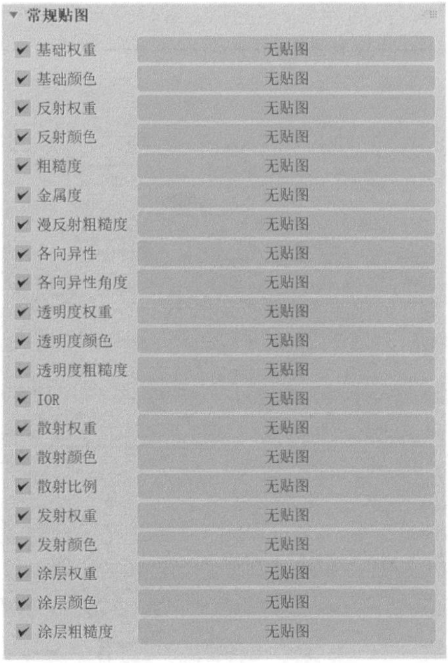

| ▼ 常规贴图 | |
|---|---|
| ✔ 基础权重 | 无贴图 |
| ✔ 基础颜色 | 无贴图 |
| ✔ 反射权重 | 无贴图 |
| ✔ 反射颜色 | 无贴图 |
| ✔ 粗糙度 | 无贴图 |
| ✔ 金属度 | 无贴图 |
| ✔ 漫反射粗糙度 | 无贴图 |
| ✔ 各向异性 | 无贴图 |
| ✔ 各向异性角度 | 无贴图 |
| ✔ 透明度权重 | 无贴图 |
| ✔ 透明度颜色 | 无贴图 |
| ✔ 透明度粗糙度 | 无贴图 |
| ✔ IOR | 无贴图 |
| ✔ 散射权重 | 无贴图 |
| ✔ 散射颜色 | 无贴图 |
| ✔ 散射比例 | 无贴图 |
| ✔ 发射权重 | 无贴图 |
| ✔ 发射颜色 | 无贴图 |
| ✔ 涂层权重 | 无贴图 |
| ✔ 涂层颜色 | 无贴图 |
| ✔ 涂层粗糙度 | 无贴图 |

图8-23

**01** 启动3ds Max 2022软件，单击"创建"面板中的"茶壶"按钮和"平面"按钮。在场景中创建一个茶壶模型和一个平面模型，如图8-24所示。

图8-24

**02** 单击"创建"面板中的"目标灯光"按钮，在前视图中创建一个目标灯光。

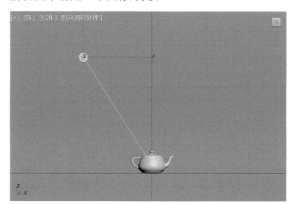

图8-25

**03** 在"修改"面板中，设置"从（图形）发射光线"的类型为"圆形"，并设置"半径"值为10，如图8-26所示。

**04** 在"强度/颜色/衰减"卷展栏中，设置灯光的"强度"为2500，如图8-27所示。

图8-26

图8-27

**05** 按快捷键M，打开"材质编辑器"面板，为茶壶模型指定一个物理材质后渲染场景，渲染结果如图8-28所示。

图8-28

**06** 在"材质编辑器"面板中，展开"基本参数"卷展栏，设置材质的基础颜色为蓝色，如图8-29所示。渲染场景时可以清楚地看到茶壶的颜色也发生了相应的改变，同时，茶壶的质感看起来非常像陶瓷材质，如图8-30所示。

图8-29

图8-30

◎技巧与提示·◎

有关物理材质里的其他参数讲解，读者可以观看对应的视频教学来进行学习。

**实例**  使用物理材质制作玻璃和水材质

在本实例中，为大家讲解使用"物理材质"制作玻璃材质的方法，本实例的渲染效果如图8-31所示。

图8-31

**01** 启动3ds Max 2022软件，打开本书配套资源"玻璃材质.max"文件，如图8-32所示。

图8-32

02 本场景已经设置好灯光、摄影机及渲染基本参数。打开"材质编辑器"面板。为场景中的玻璃杯模型指定一个物理材质，并重新命名为"玻璃材质"，如图8-33所示。

图8-33

03 在"基本参数"卷展栏中，设置"基本参数"组内"粗糙度"的值为0.05，"透明度"组的权重值为1，如图8-34所示。

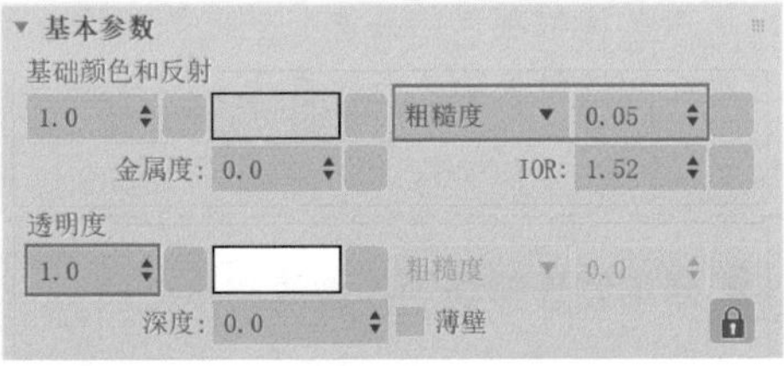

图8-34

04 选择场景中玻璃杯中的水模型，为其指定一个物理材质，并重新命名为"水材质"，如图8-35所示。

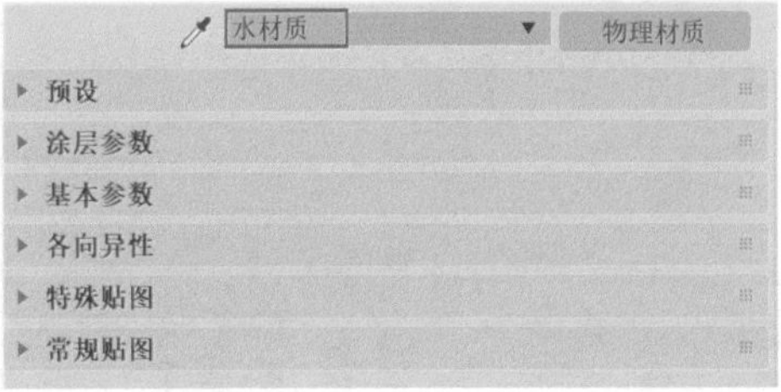

图8-35

05 在"基本参数"卷展栏中，设置"基本参数"组内"粗糙度"的值为0.05，IOR的值为1.3。设置"透明度"组的"权重"值为1，如图8-36所示。

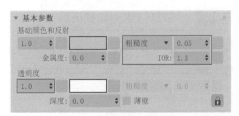

图8-36

06 制作完成的玻璃材质和水材质显示结果如图8-37所示。

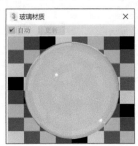

图8-37

07 渲染场景，本实例的渲染结果如图8-38所示。

图8-38

实例 使用物理材质制作金属材质

在本实例中，为大家讲解金属材质的制作方法，本实例的渲染结果如图8-39所示。

图8-39

01 启动3ds Max 2022软件，打开本书的配套场景资源"金属材质.max"文件，如图8-40所示。

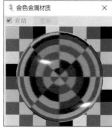

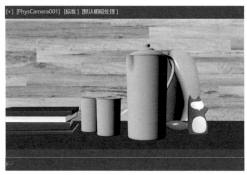

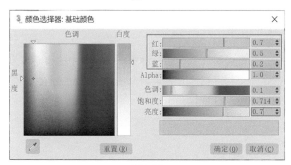

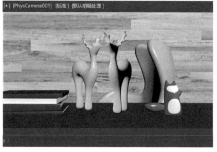

图8-40

**02** 本场景已经设置好灯光、摄影机及渲染基本参数。打开"材质编辑器"面板。为场景中的水壶和杯子模型指定一种物理材质，并重新命名为"金色金属材质"，如图8-41所示。

图8-41

**03** 在"基本参数"卷展栏中，设置基础颜色为黄色，"粗糙度"值为0.1，"金属度"值为1，如图8-42所示。其中，"基础颜色"的参数设置如图8-43所示。

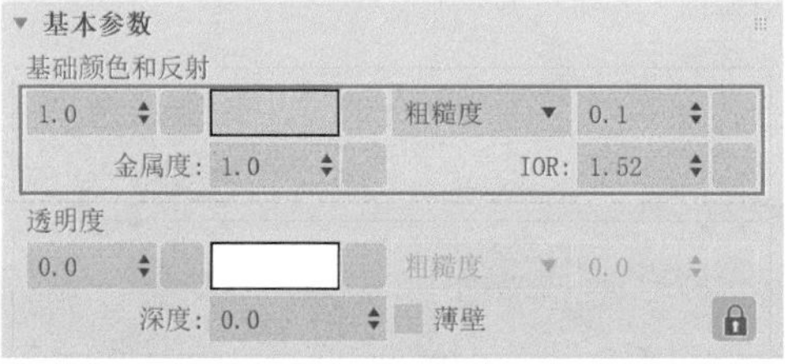

图8-42

图8-43

**04** 在"各向异性"卷展栏中，设置"各向异性"值为0.3，如图8-44所示。

图8-44

**05** 制作完成的金色金属材质球显示结果如图8-45所示。

**06** 渲染场景，本实例的渲染结果如图8-46所示。

图8-45

图8-46

**实例** 使用物理材质制作玉石材质

在本实例中，为大家讲解玉石材质的制作方法，本实例的渲染效果如图8-47所示。

图8-47

**01** 启动3ds Max 2022软件，打开本书的配套场景资源"玉石材质.max"文件，如图8-48所示。

图8-48

**02** 本场景已经设置好灯光、摄影机及渲染基本参数。打开"材质编辑器"面板。为场景中的鹿雕塑模型指定一种物理材质，并重新命名为"玉石材质"，如图8-49所示。

图8-49

**03** 在"基本参数"卷展栏中，设置基础颜色为绿色，设置"粗糙度"值为0.05。设置"次表面散射"组中的"权重"值为1，颜色为绿色，"散射颜色"为绿色，"缩放"值为0.02，如图8-50所示。其中，"基础颜色""次表面散射"和"散射颜色"为同一种颜色，其参数设置如图8-51所示。

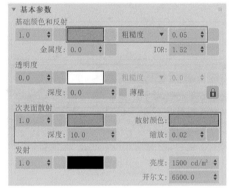

图8-50

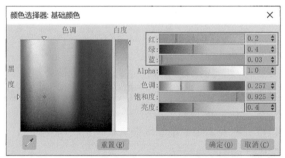

图8-51

**04** 制作完成的玉石材质球显示结果如图8-52所示。

**05** 渲染场景，本实例的渲染结果如图8-53所示。

图8-52

图8-53

**实例** 使用物理材质制作夜灯材质

在本实例中，为大家讲解夜灯材质的制作方法，本实例的渲染效果如图8-54所示。

图8-54

**01** 启动3ds Max 2022软件，打开本书的配套场景资源"夜灯材质.max"文件，如图8-55所示。

图8-55

**02** 本场景已经设置好灯光、摄影机及渲染基本参数。打开"材质编辑器"面板。为场景中的夜灯模型指定一个物理材质，并重新命名为"夜灯材质"，如图8-56所示。

图8-56

**03** 在"基本参数"卷展栏中，设置"基础颜色和反射"组中的"粗糙度"值为0.5。设置"发射"组中的颜色为黄色，设置"亮度"值为5500cd/m²，如图8-57所示。其中，"发射"组中的颜色参数设置如图8-58所示。

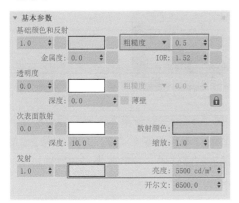

图8-57

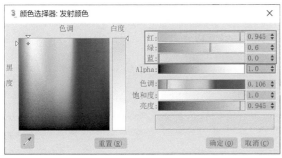

图8-58

**04** 制作完成的夜灯材质球显示结果如图8-59所示。

**05** 渲染场景，本实例的渲染结果如图8-60所示。

图8-59

图8-60

## 8.3.2 多维/子对象材质

"多维/子对象"材质可以根据模型的ID号为模型设置不同的材质，该材质通常需要配合其他材质球一起使用才可以得到正确的效果，其参数设置如图8-61所示。

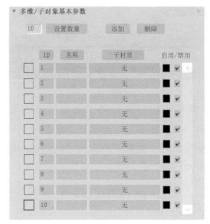

图8-61

### 工具解析

- "设置数量"按钮 设置数量 ：用来设置多维/子对象材质里子材质的数量。
- "添加"按钮 添加 ：添加新的子材质。
- "删除"按钮 删除 ：用来移除列表中选择的子材质。
- ID：子材质的ID号。
- 名称：设置子材质的名称，可以为空。
- 子材质：显示子材质的类型。

**实例** 使用多维/子对象材质制作陶瓷材质

在本实例中，为大家讲解使用"多维/子对象"材质和"物理材质"制作陶瓷材质的方法，本实例的渲染效果如图8-62所示。

图8-62

**01** 启动3ds Max 2022软件，打开本书的配套场景资源"陶瓷材质.max"文件，如图8-63所示。

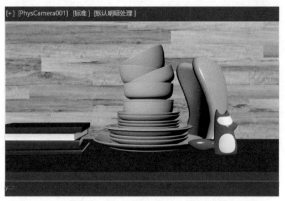

图8-63

**02** 本场景已经设置灯光、摄影机及渲染基本参数。打开"材质编辑器"面板。为场景中的碗模型指定一个物理材质，并重新命名为"蓝色碗材质"，如图8-64所示。

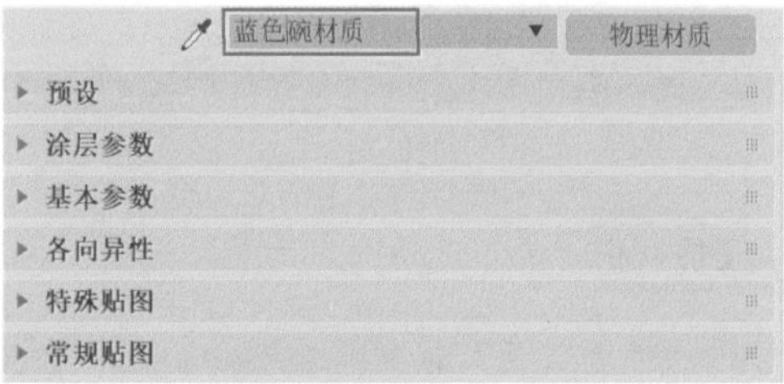

图8-64

**03** 在"基本参数"卷展栏中，设置基础颜色为蓝色，设置"粗糙度"值为0.1，如图8-65所示。其中，基础颜色的参数设置如图8-66所示。

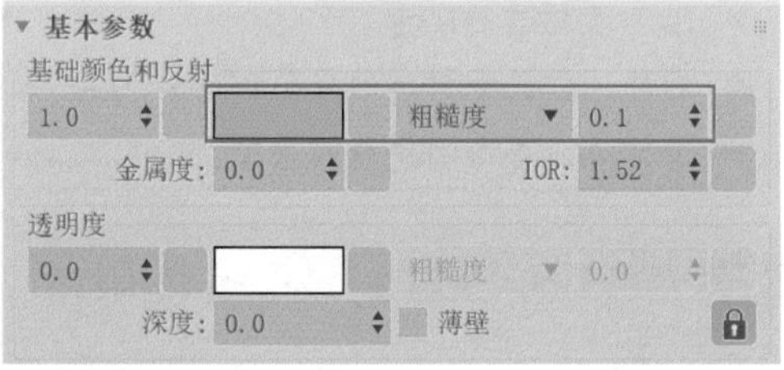

图8-65

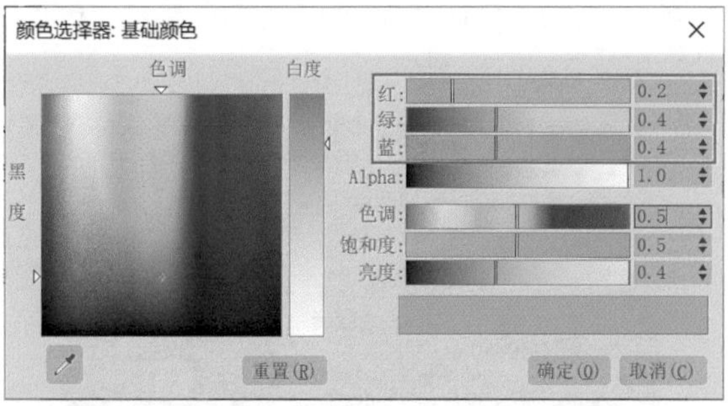

图8-66

**04** 制作的蓝色碗材质球显示结果如图8-67所示。

**05** 在"材质编辑器"面板中，将蓝色碗材质更改为"多维/子对象"材质，在弹出的"替换材质"对

话框中，选择"将旧材质保存为子材质"选项，如图8-68所示。

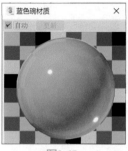

图8-67

图8-68

**06** 在"多维/子对象基本参数"卷展栏中，设置子材质的"设置数量"为2，并将ID号为2的材质也设置为物理材质，并命名为"白色碗材质"，如图8-69所示。

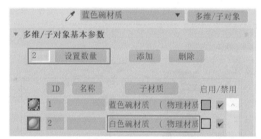

图8-69

**07** 在"基本参数"卷展栏中，设置基础颜色为白色，设置"粗糙度"值为0.1，如图8-70所示。其中，基础颜色的参数设置如图8-71所示。

图8-70

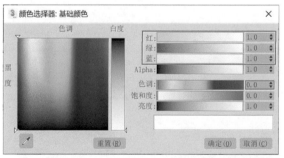

图8-71

**08** 制作的白色碗材质球显示结果如图8-72所示。

图8-72

**09** 选择碗模型，在"元素"子对象层级中，选择图8-73所示的面。

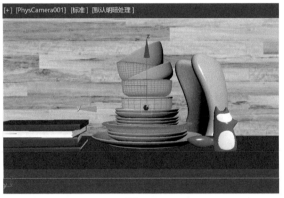

图8-73

**10** 在"修改"面板中，设置面的ID号为2，如图8-74所示。

**11** 设置完成，渲染场景，可以看到通过对

图8-74

模型的面进行ID号设置，再配合多维/子对象材质，可以为模型的不同面分别设置不同的物理材质，如图8-75所示。

图8-75

### 8.3.3　Standard Surface 材质

Standard Surface材质球功能强大，效果逼真，几乎可以模拟出周围常见的任何材质效果。

需要读者注意的是，即便是中文版3ds Max 2022，该材质的参数设置也全部为英文显示。Standard Surface材质主要由Base卷展栏、Specular卷展栏、Transmission卷展栏、Subsurface卷展栏、Coat卷展栏、Sheen卷展栏、Thin Film卷展栏、Emission卷展栏、Special Features卷展栏、AOVs卷展栏和Maps卷展栏10个卷展栏所组成，如图8-76所示，下面将主要讲解较为常用的卷展栏命令。

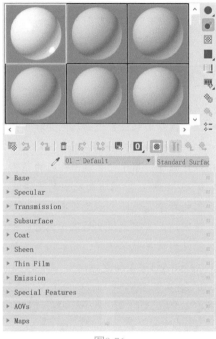

图8-76

#### 1. Base卷展栏

Base卷展栏中的参数设置如图8-77所示。

图8-77

**工具解析**

（1）Base Color组。

● 微调器：用来设置基本颜色的权重值。

● 颜色控件：用于设置材质的基本颜色。

● Roughness：用于设置基本颜色的粗糙度。

（2）Advanced组。

● Enable Caustics：启用焦散计算。

● Indirect Diffuse：用于控制间接漫反射计算效果。

## 2. Specular卷展栏

Specular卷展栏中的参数设置如图8-78所示。

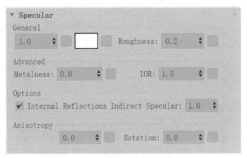

图8-78

### 工具解析

（1）General组。

● 微调器：用来设置镜面颜色的权重值，值为0时，材质无高光效果。

● 颜色控件：用于设置镜面反射的颜色。

● Roughness：控制镜面反射的光泽度，主要影响材质高光的大小及强度，值越大，高光范围约大，高光强度越低，同时，材质的镜面反射效果越不明显，图8-79为该值分别是0.1和0.5的渲染结果对比。

图8-79

（2）Advanced组。

● Metalness：用于控制材质的金属度，值越大，渲染结果的金属质感越强。图8-80分别为该值是0和1的渲染结果对比。

图8-80

● IOR：用来设置材质的折射率，图8-81为IOR值分别是1.3和1.6的渲染结果对比。

图8-81

（3）Options组。

● Internal Reflections：勾选该选项用以开启材质的内部反射计算。

● Indirect Specular：用来设置材质间接镜面反射的数值。

（4）Anisotropy组。

● 各向异性微调器：通过设置材质的各向异性数值来调整模型的高光形态，图8-82分别为该值是0和1的渲染结果对比。

图8-82

● Rotation：用来设置高光的旋转方向，图8-83分别为该值是0和0.25的渲染结果对比。

图8-83

## 3. Transmission卷展栏

Transmission卷展栏中的参数设置如图8-84所示。

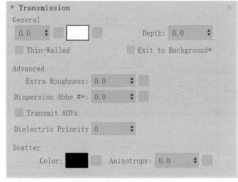

图8-84

**工具解析**

（1）General组。

- 微调器：用来控制材质的透明程度，图8-85分别为该值是0和0.8的渲染结果对比。

图8-85

- 颜色控件：用来控制透明材质的过滤颜色，图8-86分别为不同颜色的渲染结果对比。

图8-86

- Depth：用于控制透明材质颜色的通透程度，值越大，材质的色彩越淡。图8-87为该值分别是0和10的渲染结果对比。

图8-87

- Thin-Walled：勾选该选项将启动模拟薄壁效果计算，图8-88为勾选该选项前后的渲染结果对比。

图8-88

- Exit to Background：勾选该选项可以使曲面根据环境光线渲染出背光的模拟效果。

（2）Advanced组。

- Extra Roughness：用来设置材质的额外粗糙度。
- Dispersion Abbe #：指定材质的色散程度。

（3）Scatter组。

- Color：用来设置透射散射的色彩。
- Anisotropy：设置散射方向的各向异性属性。

**4. Subsurface卷展栏**

Subsurface卷展栏中的命令参数如图8-89所示。

图8-89

**工具解析**

- 微调器：用来设置材质次表面散射的权重值。
- 颜色控件：用来设置材质次表面散射的颜色。
- Scale：用来控制光线在反射回来之前在材质表面下传播的距离。
- X/Y/Z：用来控制光散射到材质表面下的近似距离。
- Type：用来选择次表面散射的计算类型。
- Anisotropy：用来控制次表面散射计算时的光线方向。

**5. Coat卷展栏**

Coat卷展栏中的命令参数如图8-90所示。

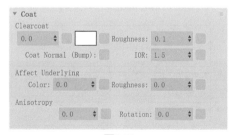

图8-90

**工具解析**

（1）Clearcoat组。

- 微调器：用来设置覆盖材质涂层的权重值。
- 颜色控件：用来设置覆盖材质涂层的颜色，图8-91为该控件使用基本色为橙色（红：0.973，绿：0.125，蓝：0.012）与涂层色分别为紫红色（红：0.953，绿：0.118，蓝：

0.843）和紫色（红：0.227，绿：0.118，蓝：0.882）混合后的渲染结果对比。

图8-91

- Roughness：用来设置覆盖材质涂层的粗糙度。
- Coat Normal：设置涂层法线的纹理贴图。
- IOR：用于定义涂层的菲涅尔反射率。

（2）Affect Underlying组。

- Color：用于增加涂层的颜色覆盖效果。
- Roughness：用于控制涂层粗糙度对底层粗糙度的影响。

### 6. Sheen卷展栏

Sheen卷展栏中的命令参数如图8-92所示。

图8-92

### 工具解析

- 微调器：用来设置材质附加光泽的权重值。
- 颜色控件：用来设置附加光泽的色彩，图8-93为该控件使用基本色为橙色（红：0.973，绿：0.125，蓝：0.012）与附加光泽颜色分别为白色（红：1，绿：1，蓝：1）和绿色（红：0.106，绿：0.89，蓝：0.345）混合计算后的渲染结果对比。

图8-93

- Roughness：调节光泽法线方向的偏移程度。

### 7. Emission卷展栏

Emission卷展栏中的命令参数如图8-94所示。

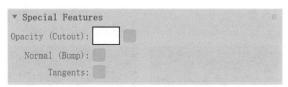

图8-94

### 工具解析

- 微调器：用来设置材质自发光的强度。
- 颜色控件：用来设置材质自发光的颜色。

### 8. Special Features卷展栏

Special Features卷展栏中的命令参数如图8-95所示。

图8-95

### 工具解析

- Opacity：用来设置材质的不透明度。
- Normal：用来设置材质的凹凸属性。
- Tangents：用来设置材质的切线贴图。

> **◎技巧与提示·◎**
>
> Standard Surface材质是Arnold渲染器提供的标准材质，其使用方法与"物理材质"比较相似，里面的参数虽然是英文显示，如果读者仔细观察的话，不难发现其中的大部分参数在"物理材质"中都可以找到。

### 8.3.4 "位图"贴图

"位图"贴图允许用户为贴图通道指定一张硬盘中的图像文件，通常是一张高质量的纹理细节丰富的照片，或是自己精心制作的贴图。当用户指定后，3ds Max 2022自动打开"选择位图图像文件"对话框，使用此对话框可将一个文件或序列指定为位图图像，如图8-96所示。

3ds Max 2022支持多种图像格式，在"选择位图图像文件"对话框中的"文件类型"下拉列表中可以选择不同的图像格式，如图8-97所示。

图8-96

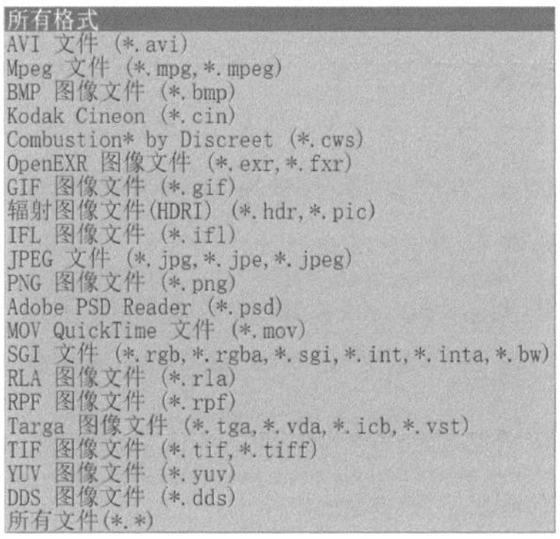

图8-97

"位图"贴图添加完成，在"材质编辑器"面板中观察，可以看到"位图"贴图包含"坐标""噪波""位图参数""时间"和"输出"5个卷展栏，如图8-98所示。

图8-98

### 1. "坐标"卷展栏

"坐标"卷展栏中的参数设置如图8-99所示。

图8-99

### 工具解析

- 纹理/环境：用于设置使用贴图的方式。其中，"纹理"指将该贴图作为纹理应用于表面，而"环境"指使用该贴图作为环境贴图。
- 贴图：列表条目因选择纹理贴图或环境贴图而异，有"显式贴图通道""顶点颜色通道""对象XYZ平面"和"世界XYZ平面"4种方式可选，如图8-100所示。

图8-100

- 在背面显示贴图：启用此选项后，平面贴图将被投影到对象的背面。
- 偏移：在UV坐标中更改贴图的偏移位置。
- 瓷砖：设置沿每个轴重复贴图的数值。
- 角度：绕U、V或W轴旋转贴图的角度。
- "旋转"按钮 旋转 ：单击该按钮会弹出"旋转贴图坐标"对话框，用于通过在弧形球图上拖动来旋转贴图，如图8-101所示。

图8-101

- 模糊：设置贴图的模糊程度。

### 2. "噪波"卷展栏

"噪波"卷展栏中的参数设置如图8-102所示。

图8-102

### 工具解析

- 启用：决定"噪波"参数是否影响贴图。
- 数量：设置分形功能的强度值。
- 级别：该值越大，增加层级值的效果就越强。
- 大小：设置噪波的比例值。
- 动画：勾选该选项可以为噪波设置动画效果。
- 相位：控制噪波函数的动画速度。

**3. "位图参数"卷展栏**

"位图参数"卷展栏中的参数设置如图8-103所示。

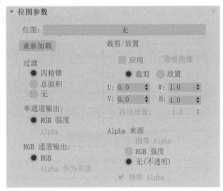

图8-103

### 工具解析

● 位图：使用标准文件浏览器选择位图。选中之后，此按钮上显示完整的路径名称。

● "重新加载"按钮 重新加载：对使用相同名称和路径的位图文件进行重新加载。

（1）"过滤"组。

● 四棱锥型：需要较少的内存并能满足大多数要求。

● 总面积：需要较多内存，但通常能产生更好的效果。

● 无：禁用过滤。

（2）"单通道输出"组。

● RGB强度：将红、绿、蓝通道的强度用作贴图。

● Alpha：将Alpha通道的强度用作贴图。

（3）"RGB通道输出"组。

● RGB：显示像素的全部颜色值。

● Alpha 作为灰度：基于Alpha通道级别显示灰度色调。

（4）"裁剪/放置"组。

● 应用：启用此选项可使用裁剪或放置设置。

● "查看图像"按钮 查看图像：以窗口的方式打开图像。

● U/V：调整位图位置。

● W/H：调整位图或裁剪区域的宽度和高度。

● 抖动放置：指定随机偏移的量。0表示没有随机偏移，范围为0.0至1.0。

（5）"Alpha来源"组。

● 图像 Alpha：使用图像的Alpha通道。

● RGB 强度：将位图中的颜色转化为灰度色调值。

● 无（不透明）：不使用透明度。

**4. "时间"卷展栏**

"时间"卷展栏展中的参数设置如图8-104所示。

图8-104

### 工具解析

● 开始帧：指定动画贴图将开始播放的帧。

● 播放速率：允许对应用于贴图的动画速率加速或减速。

● 将帧与粒子年龄同步：启用此选项后，3ds Max 2022会将位图序列的帧与贴图应用到的粒子的年龄同步。

● 结束条件：如果位图动画比场景短，则确定其最后一帧后所发生的情况，有循环、往复和保持这3个选项可选。

**5. "输出"卷展栏**

"输出"卷展栏中的参数设置如图8-105所示。

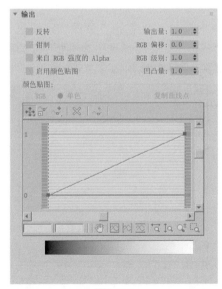

图8-105

### 工具解析

● 反转：反转贴图的色调。

● 输出量：控制要混合为合成材质的贴图数量。

- 钳制：启用该选项之后，此参数限制比1小的颜色值。
- RGB 偏移：根据微调器所设置的量增加贴图颜色的RGB值。
- 来自 RGB 强度的Alpha：启用此选项后，会根据在贴图中RGB通道的强度生成一个Alpha通道。
- RGB 级别：根据微调器所设置的量使贴图颜色的RGB值加倍。
- 启用颜色贴图：启用此选项使用颜色贴图。
- 凹凸量：调整凹凸的量，该值仅在贴图用于凹凸贴图时产生效果。
- RGB/单色：将贴图曲线分别指定给每个RGB过滤通道（RGB）或合成通道（单色）。
- 复制曲线点：启用此选项后，当切换到RGB 图时，将复制添加到单色图的点。如果是对 RGB 图进行此操作，这些点会被复制到单色图中。
- 移动：将一个选中的点向任意方向移动，在每一边都会被非选中的点所限制。
- 缩放点：在保持控制点相对位置的同时改变它们的输出量。在 Bezier角点上，这种控制与垂直移动一样有效。在 Bezier 平滑点上，可以缩放该点本身或任意的控制柄。通过这种移动控制，缩放每一边都被非选中的点所限制。
- 添加点：在图形线上的任意位置添加一个点。
- 删除点：删除选定的点。
- 重置曲线：将图返回到默认的直线状态。
- 平移：在视图窗口中向任意方向拖曳图形。
- 最大化显示：显示整个图形。
- 水平方向最大化显示：显示图形的整个水平范围，曲线的比例将发生扭曲。
- 垂直方向最大化显示：显示图形的整个垂直范围，曲线的比例将发生扭曲。
- 水平缩放：在水平方向压缩或扩展图形。
- 垂直缩放：在垂直方向压缩或扩展图形的视图。
- 缩放：围绕光标进行放大或缩小。
- 缩放区域：围绕图上任何区域绘制长方形区域，然后缩放到该视图。

◎技巧与提示·◎

　　当我们为场景中的物体添加贴图时，如果对现有图像的色彩感觉不理想，可以通过"输出"卷展栏内的"颜色贴图"曲线控制添加的贴图颜色。

**实例** 使用 UVW 贴图修改器制作图书材质

　　在本实例中，讲解制作图书材质的方法，本实例的渲染效果如图8-106所示。

图8-106

**01** 启动3ds Max 2022软件，打开本书的配套场景资源"图书材质.max"文件，如图8-107所示。

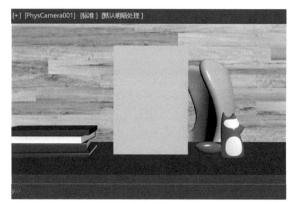

图8-107

**02** 本场景已经设置灯光、摄影机及渲染的基本参数。打开"材质编辑器"面板，为场景中的图书模型指定一个多维/子对象材质，并重新命名为"图书材质"。在"多维/子对象基本参数"卷展栏中，设置"设置数量"为2，并分别为这两个子对象材质设置好名称，如图8-108所示。

图8-108

**03** 首先，制作封皮材质。在"常规贴图"卷展栏中，为"基础颜色"属性添加一张"封皮.png"文件，如图8-109所示。

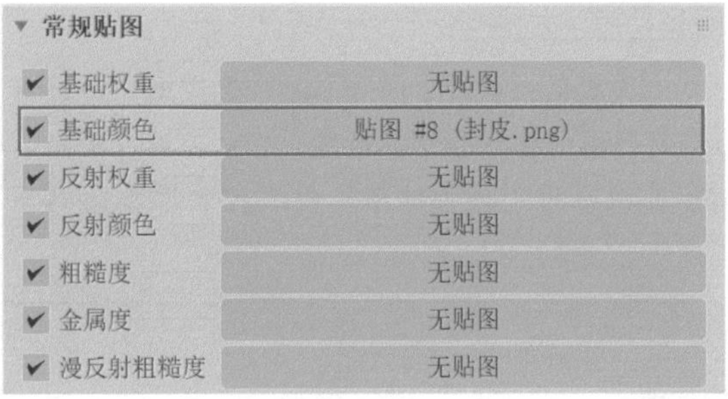

图8-109

**04** 在"基本参数"卷展栏中，设置"粗糙度"值为0.5，如图8-110所示。

图8-110

**05** 在场景中选择图书模型，将如图8-111所示的面选中，在"修改"面板中展开"多边形：材质ID"卷展栏，将"设置ID"值设置为1，如图8-112所示。

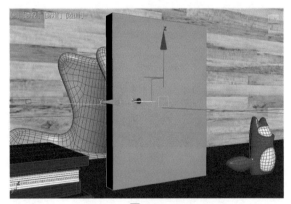

图8-111

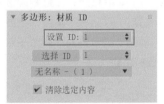

图8-112

**06** 在"修改"面板中，为所选择的面添加"UVW贴图"修改器，如图8-113所示。

**07** 在"UVW贴图"修改器的Gizmo子对象层级中，调整Gizmo的方向和位置如图8-114所示。

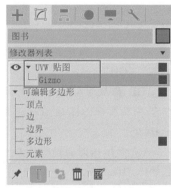

图8-113

图8-114

**08** 以同样的方式调整出图书模型封底和书脊的贴图坐标。本实例的最终渲染结果如图8-115所示。

图8-115

### 8.3.5 "渐变"贴图

仔细观察现实世界中的对象，可以发现很多时候单一的颜色并不能描述出大自然中物体对象的表面色彩，比如天空，无论何时何地仰望天空都可以发现天空的色彩是如此的美丽而又多彩。在3ds Max 2022软件里，用户可以使用"渐变"贴图来模拟制作这种渐变效果，其参数面板如图8-116所示。

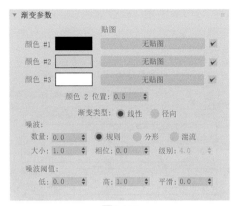

图8-116

## 工具解析

- 颜色#1/颜色#2/颜色#3：设置渐变在中间进行插值的3个颜色。
- 贴图：显示贴图而不是颜色，贴图采用混合渐变颜色相同的方式来混合到渐变中。
- 渐变类型：设置渐变的方式，有"线性"和"径向"两种选项可用。

（1）"噪波"组。

- 数量：当该值为非零时（范围为0到1），应用噪波效果。
- 大小：设置噪波的比例。
- 相位：控制噪波函数的动画速度。
- 级别：设置湍流的分形迭代次数。

（2）"噪波阈值"组。

- 低：设置低阈值。
- 高：设置高阈值。
- 平滑：设置噪玻纹理边缘的平滑程度。

实例 使用渐变贴图制作彩色玻璃材质

本实例讲解使用"渐变"贴图来制作彩色玻璃材质的方法，本实例的渲染效果如图8-117所示。

图8-117

**01** 启动3ds Max 2022软件，打开本书的配套场景资源"彩色玻璃材质.max"文件，如图8-118所示。

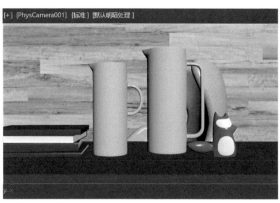

图8-118

**02** 本场景已经设置灯光、摄影机及渲染基本参数。打开"材质编辑器"面板。为场景中的玻璃杯模型指定一个物理材质，并重新命名为"彩色玻璃材质"，如图8-119所示。

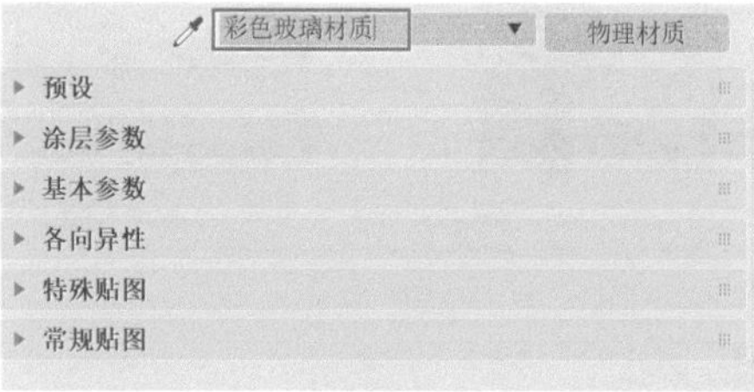

| 🖊 | 彩色玻璃材质 | ▼ | 物理材质 |
| --- | --- | --- | --- |
| ▶ 预设 | | | |
| ▶ 涂层参数 | | | |
| ▶ 基本参数 | | | |
| ▶ 各向异性 | | | |
| ▶ 特殊贴图 | | | |
| ▶ 常规贴图 | | | |

图8-119

**03** 在"基本参数"卷展栏中，设置"基本参数"组内"粗糙度"的值为0.05，设置"透明度"组的权重值为1，如图8-120所示。

图8-120

**04** 在"常规贴图"卷展栏中，为"透明度颜色"属性添加一张"渐变"贴图，如图8-121所示。

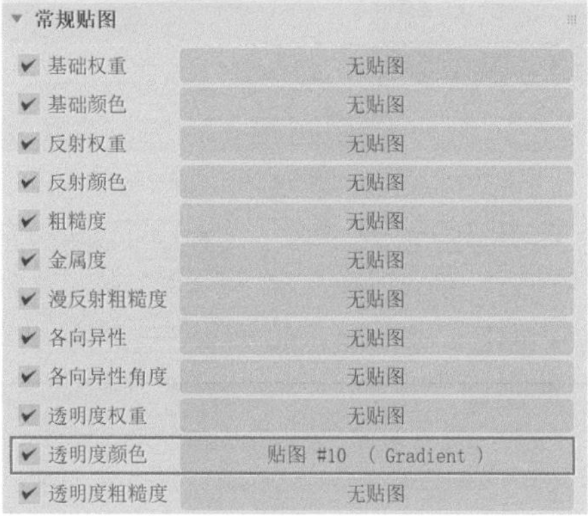

| ▼ 常规贴图 | |
| --- | --- |
| ✔ 基础权重 | 无贴图 |
| ✔ 基础颜色 | 无贴图 |
| ✔ 反射权重 | 无贴图 |
| ✔ 反射颜色 | 无贴图 |
| ✔ 粗糙度 | 无贴图 |
| ✔ 金属度 | 无贴图 |
| ✔ 漫反射粗糙度 | 无贴图 |
| ✔ 各向异性 | 无贴图 |
| ✔ 各向异性角度 | 无贴图 |
| ✔ 透明度权重 | 无贴图 |
| ✔ 透明度颜色 | 贴图 #10 （Gradient） |
| ✔ 透明度粗糙度 | 无贴图 |

图8-121

**05** 在"渐变参数"卷展栏中，设置"颜色#1""颜色#2"和"颜色#3"的颜色如图8-122所示。其中，"颜色#1""颜色#2"和"颜色#3"的颜色参数设置分别如图8-123至图8-125所示。

图8-122

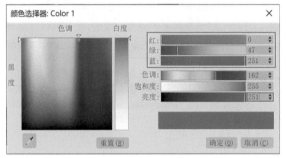

图8-123

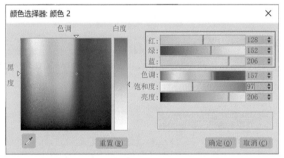

图8-124

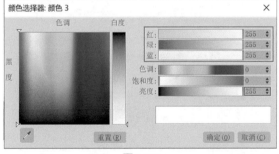

图8-125

**06** 选择杯子模型，在"修改"面板中添加"UVW贴图"修改器，如图8-126所示。

图8-126

**07** 在"UVW贴图"修改器的Gizmo子对象层级中，调整Gizmo的方向和位置至如图8-127所示，控制颜色渐变的方向。

图8-127

**08** 设置完成后，渲染场景，本实例的最终渲染结果如图8-128所示。

图8-128

## 8.3.6 Wireframe 贴图

Arnold渲染器为用户提供一种专门用于渲染模型线框的贴图，即Wireframe（线框）贴图。其参数设置如图8-129所示。

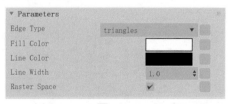

图8-129

**工具解析**

- Edge Type：用于设置线框的渲染类型，有triangles（三角边）、polygons（多边形）

和patches（补丁）
3种可选，如图8-130
所示。

图8-130

- Fill Color：用于设
置网格的填充颜色，图8-131分别该颜色为
默认白色和黄色的渲染结果对比。

图8-131

- Line Color：用于设置线框线的颜色，如
图8-132所示。

图8-132

- Line Width：用于控制线框的宽度，图8-133
分别为该值是1和2的渲染结果对比。

图8-133

实例 **使用 Wifeframe 贴图制作线框材质**

在本实例中，讲解线框材质的制作方法，本实
例的渲染效果如图8-134所示。

图8-134

**01** 启动3ds Max 2022软件，打开本书的配套场景
资源"线框材质.max"文件，如图8-135所示。

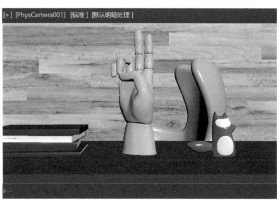

图8-135

**02** 本场景已经设置灯光、摄影机及渲染基本参
数。打开"材质编辑器"面板。为场景中的玩具手模
型指定一个物理材质，并重新命名为"线框材质"，
如图8-136所示。

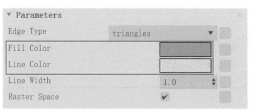

图8-136

**03** 在"常规贴图"卷展栏中，为"基础颜色"属
性添加一张Wireframe贴图，如图8-137所示。

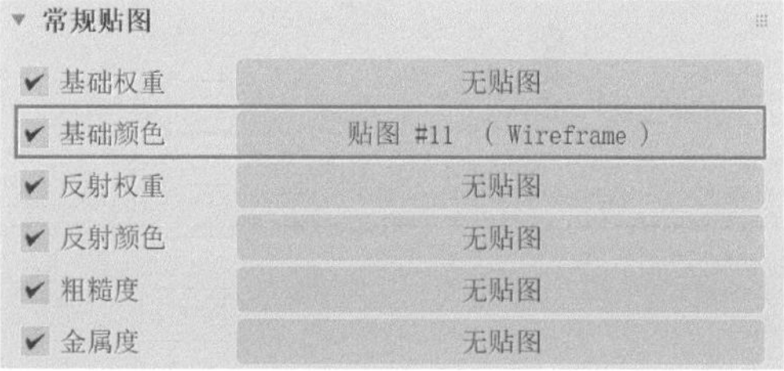

图8-137

**04** 在Parameters卷展栏中，设置Fill Color（填
充颜色）为绿色，设置Line Color（线颜色）为
黄色，如图8-138所示。其中，Fill Color（填
充颜色）和Line Color（线颜色）的参数设置如
图8-139和图8-140所示。

图8-138

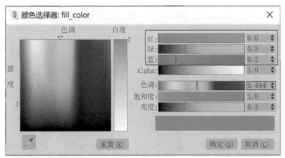

图8-139

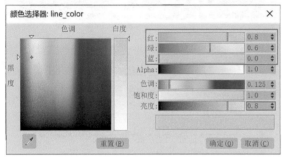

图8-140

05 制作完成的线框材质球显示结果如图8-141所示。

图8-141

06 渲染场景，本实例的渲染结果如图8-142所示。

图8-142

# 第 9 章
# 摄影机技术

## 9.1　摄影机概述

当制作完成场景模型后，需要选择合适的角度将作品渲染出来展示，需要在场景中创建一个或者多个摄影机用来固定选好的拍摄角度。除了静帧画面拍摄，使用摄影机技术，我们还可以制作出在场景中前行的视觉效果，给人以身临其境般的感受。摄影机的参数相对较少，但是却并不意味着可以轻松地学习掌握摄影机技术。学习摄影机技术就像拍照一样，读者最好还要额外学习有关画面构图方面的知识，图9-1和图9-2为日常生活中拍摄的一些画面。

图9-1

图9-2

## 9.2　标准摄影机

3ds Max 2022为用户提供了"物理""目标"和"自由"3种摄影机可选，如图9-3所示。

图9-3

### 9.2.1　"物理"摄影机

3ds Max 2022为用户提供了基于真实世界摄影机调试方法的"物理"摄影机。如果用户本身对摄影机的使用非常熟悉，那么在3ds Max 2022中，使用起"物理"摄影机来，则会有得心应手般的感觉。在"创建"面板中，单击"物理"按钮，可以在场景中创建一个物理摄影机，如图9-4所示。

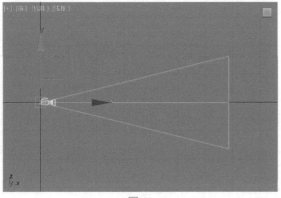

图9-4

在"修改"面板中，物理摄影机包含"基本""物理摄影机""曝光""散景（景深）""透视控制""镜头扭曲"和"其他"7个卷展栏，如图9-5所示。

图9-5

**1. "基本"卷展栏**

"基本"卷展栏内的参数设置如图9-6所示。

图9-6

**工具解析**

- 目标：启用此选项后，摄影机启动目标点功能，与目标摄影机的行为相似。
- 目标距离：设置目标与焦平面之间的距离。

"视口显示"组。

- 显示圆锥体：有"选定时"（默认设置）、"始终"或"从不"3个选项，如图9-7所示。

图9-7

- 显示地平线：启用该选项后，地平线在摄影机视口中显示为水平线。

**2. "物理摄影机"卷展栏**

"物理摄影机"卷展栏内的参数设置如图9-8所示。

图9-8

**工具解析**

"胶片/传感器"组。

- "预设值"：3ds Max 2022为用户提供了多种预设值，如图9-9所示。

图9-9

- 宽度：可以手动调整帧的宽度。

"镜头"组。

- 焦距：设置镜头的焦距。
- 指定视野：启用时，可以设置新的视野（FOV）值（以度为单位）。默认的视野值取决于所选的胶片/传感器预设值。
- 缩放：在不更改摄影机位置的情况下缩放镜头。
- 光圈：将光圈设置为光圈数，或"F制光圈"。此值将影响曝光和景深。光圈数越低，光圈越大并且景深越窄。
- 启用景深：启用后，摄影机将计算景深效果。

f"快门"组。

- 类型：选择测量快门速度使用的单位。
- 持续时间：根据所选的单位类型设置快门速度。该值可能影响曝光、景深和运动模糊。
- 偏移：启用时，指定相对于每帧的开始时间的快门打开时间。更改此值会影响运动模糊。默认的"偏移"值为0.0，默认设置为禁用。
- 启用运动模糊：启用后，摄影机将计算运动模糊效果。

### 3. "曝光"卷展栏

"曝光"卷展栏内的参数设置如图9-10所示。

图9-10

#### 工具解析

"曝光增益"组。

- 手动：通过 ISO 值设置曝光增益。当此选项处于活动状态时，通过此值、快门速度和光圈设置计算曝光。该数值越高，曝光时间越长。
- 目标：设置与三个摄影曝光值的组合相对应的单个曝光值设置。

"白平衡"组。

- 光源：按照标准光源设置色彩平衡。默认设置为"日光"（6500K）。
- 温度：以色温的形式设置色彩平衡，以开尔文度表示。
- 自定义：用于设置任意色彩平衡。单击色样以打开"颜色选择器"，可以从中设置希望使用的颜色。

"启用渐晕"组。

- 数量：增加此数量以增加渐晕效果。默认值为 1.0。

### 4. "散景（景深）"卷展栏

"散景（景深）"卷展栏内的参数如图9-11所示。

图9-11

#### 工具解析

"光圈形状"组。

- 圆形：散景效果基于圆形光圈。
- 叶片式：散景效果使用带有边的光圈。
- 叶片：设置每个模糊圈的边数。
- 旋转：设置每个模糊圈旋转的角度。

- 自定义纹理：使用贴图来用图案替换每种模糊圈。
- 中心偏移（光环效果）：使光圈透明度向中心（负值）或边（正值）偏移。正值会增加焦外区域的模糊量，而负值会减小模糊量。
- 光学渐晕（CAT 眼睛）：通过模拟"猫眼"效果使帧呈现渐晕效果。
- 各向异性（失真镜头）：通过"垂直"或"水平"拉伸光圈模拟失真镜头。

### 5. "透视控制"卷展栏

"透视控制"卷展栏内的参数如图9-12所示。

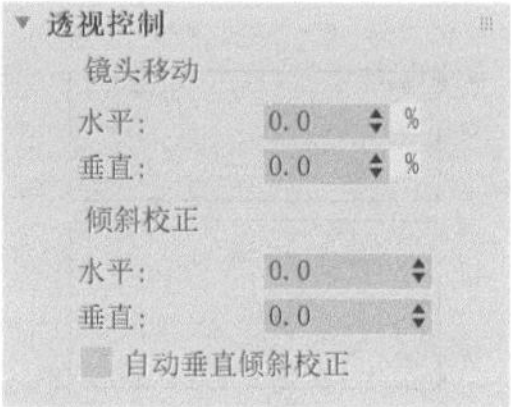

图9-12

#### 工具解析

"镜头移动"组。

- 水平：沿水平方向移动摄影机视图。
- 垂直：沿垂直方向移动摄影机使用。

"倾斜校正"组。

- 水平：沿水平方向倾斜摄影机视图。
- 垂直：沿垂直方向倾斜摄影机视图。

---

**基础讲解**　"物理"摄影机的基本使用方法

**01** 启动3ds Max 2022软件，单击"创建"面板中的"茶壶"按钮和"平面"按钮。在场景中创建一个茶壶模型和一个平面模型，如图9-13所示。

图9-13

**02** 在透视视图中，选择好场景的观察角度后，按快捷键组合Ctrl+C，可以在场景中根据"透视"视图的观察角度创建一个"物理"摄影机，如图9-14所示。同时，透视视图也会自动切换为摄影机视图，如图9-15所示。

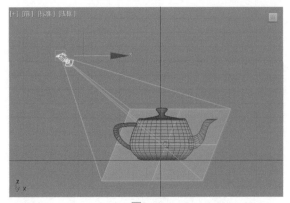

图9-14

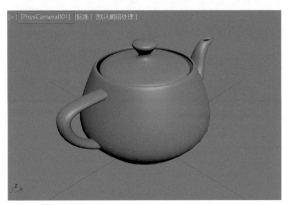

图9-15

**03** 按快捷键组合Shift+F，可以在摄影机视图中显示出"安全框"，如图9-16所示。

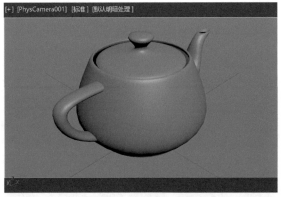

图9-16

**04** 在"修改"面板中，展开"物理摄影机"卷展栏，调整"镜头"组内"指定视野"的值为60，如图9-17所示。

**05** 设置完成后，摄影机视图的显示效果如图9-18所示。

图9-17

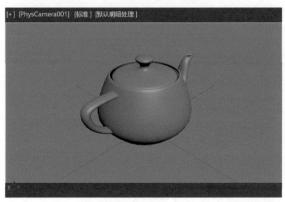

图9-18

**实例** 制作景深效果

在本实例中，讲解如何使用"物理"摄影机来渲染带有景深特效的画面，本实例的渲染结果如图9-19所示。

图9-19

**01** 启动3ds Max 2022软件，打开本书的配套资源"卧室.max"文件。如图9-20所示。

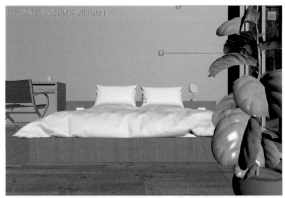

图9-20

**02** 在"创建"面板中，单击"物理"按钮，如图9-21所示。

图9-21

**03** 在顶视图中创建一个物理摄影机，如图9-22所示。

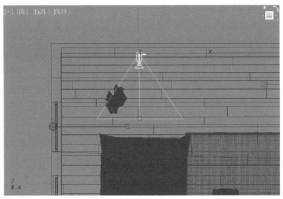

图9-22

**04** 按快捷键C键，在摄影机视图中调整好摄影机的观察角度至如图9-23所示。

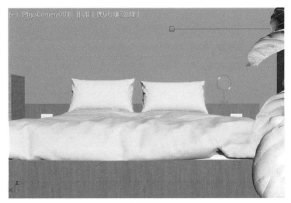

图9-23

**05** 在"修改"面板中，设置"指定视野"值为70，如图9-24所示。

**06** 按快捷键组合Shift+F，显示出"安全框"，摄影机视图的显示结果如图9-25所示。

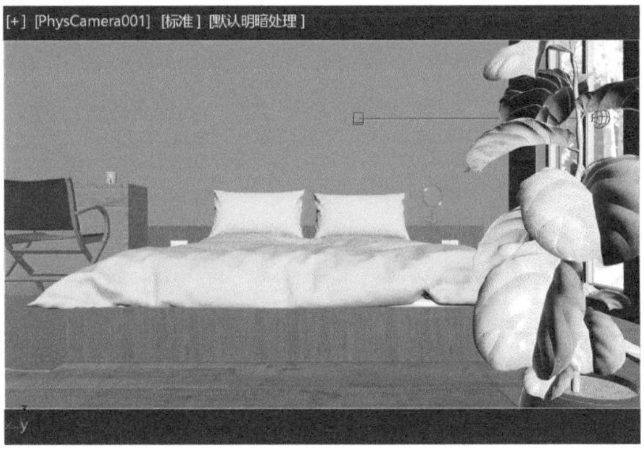

物理摄影机
胶片/传感器
预设值：35mm（全画幅） ▼
宽度：                36.0 ▲ 毫米
镜头
焦距：                25.2 ▲ 毫米
✔ 指定视野：         70.0 ▲ 度
缩放：                 1.0 ▲ x
光圈：             f / 8.0

图9-24

图9-25

**07** 设置完成后，渲染场景，渲染结果如图9-26所示。

图9-26

**08** 接下来，开始制作景深效果。在"物理摄影机"卷展栏中，勾选"启用景深"选项，并将"光圈"的值设置为0.3，如图9-27所示。

**09** 观察摄影机视图，这时就可以看到非常明显的景深效果，如图9-28所示。需要读者注意的是，画面中图像较为清晰的位置由摄影机的目标点所在位置来决定。

物理摄影机
胶片/传感器
预设值：35mm（全画幅） ▼
宽度：              36.0 ▲ 毫米
镜头
焦距：             25.4 ▲ 毫米
✔ 指定视野：       70.0 ▲ 度
缩放：              1.0 ▲ x
光圈：           f / 0.3
聚焦
● 使用目标距离
○ 自定义
聚焦距离：         600.0 ▲
镜头呼吸：          1.0 ▲
✔ 启用景深
快门
类型：               帧 ▼
持续时间：          0.5 ▲ f
□ 偏移：            0.0 ▲ f
□ 启用运动模糊

图9-27

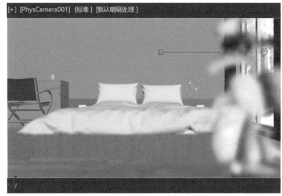

图9-28

**10** 如果调整了目标点的位置，则景深的效果也会有所变化，如图9-29所示为在顶视图中，将物理摄影机的目标点移动到了与盆栽模型同一水平线位置处，摄影机视图所生成的模糊效果。

图9-29

**11** 设置完成后，渲染场景，本场景的最终渲染结果如图9-30所示。

图9-30

## 9.2.2 "目标"摄影机

"目标"摄影机可以查看所放置目标周围的区域。由于具有可控的目标点，所以在设置摄影机的观察点时分外容易，使用起来比"自由"摄影机更加方便。设置"目标"摄影机时，可以将摄影机当作是人所在的位置，把摄影机目标点当作是人眼将要观看的位置。在创建"摄影机"面板中，单击"目标"按钮，可以在场景中创建出一个目标摄影机，如图9-31所示。

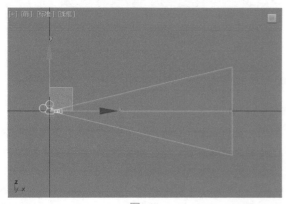

图9-31

### 1. "参数"卷展栏

"参数"卷展栏内的参数设置如图9-32所示。

**工具解析**

图9-32

- 镜头：以毫米为单位设置摄影机的焦距。
- 视野：决定摄影机查看区域的宽度。
- 正交投影：启用此选项后，摄影机视图看起来就像"用户"视图。

"备用镜头"组。

- 备用镜头按钮集合：包含3ds Max 2022为用户提供的9个预设的备用镜头按钮。
- 类型：使用户在"目标摄影机"和"自由摄影机"之间来回切换。
- 显示圆锥体：显示摄影机视野定义的锥形光线，锥形光线出现在其他视口但是不出现在摄影机视口中。
- 显示地平线：在摄影机视口中的地平线层级显示一条深灰色的线条。

"环境范围"组。

- 显示：启用此选项后，显示在摄影机圆锥体内的矩形以显示"近距范围"和"远距范围"的设置。
- 近距范围/远距范围：为在"环境"面板上设置的大气效果设置近距范围和远距范围限制。

"剪切平面"组。

- 手动剪切：启用该选项可定义剪切平面。
- 近距剪切/远距剪切：设置近距和远距平面。

"多过程效果"组。

- 启用：启用该选项后，使用效果预览或渲染。禁用该选项后，不渲染该效果。

● "预览"按钮：单击该选项可在活动摄影机视口中预览效果。如果活动视口不是摄影机视图，则该按钮无效。

● 下拉列表：使用该选项可以选择生成哪个多过程效果，景深或运动模糊。

● 渲染每过程效果：启用此选项后，如果指定任何一个，则将渲染效果应用于多过程效果的每个过程。

● 目标距离：对于自由摄影机，将点设置为用作不可见的目标，以便可以围绕该点旋转摄影机。对于目标摄影机，设置摄影机和其目标对象之间的距离。

### 2. "景深参数"卷展栏

"景深"效果是摄影师常用的一种拍摄手法，当相机的镜头对着某一物体聚焦清晰时，在镜头中心所对的位置垂直镜头轴线的同一平面的点都可以在胶片或者接收器上相当清晰的图像，在这个平面沿着镜头轴线的前面和后面一定范围的点也可以结成眼睛可以接受的较清晰的像点，把这个平面的前面和后面的所有景物的距离叫作相机的景深。在渲染中通过"景深"特效常常可以虚化配景，从而达到表现出画面的主体的作用。图9-33和图9-34是拍摄的一些带有景深效果的照片。

图9-33

图9-34

"景深参数"卷展栏内的参数设置如图9-45所示。

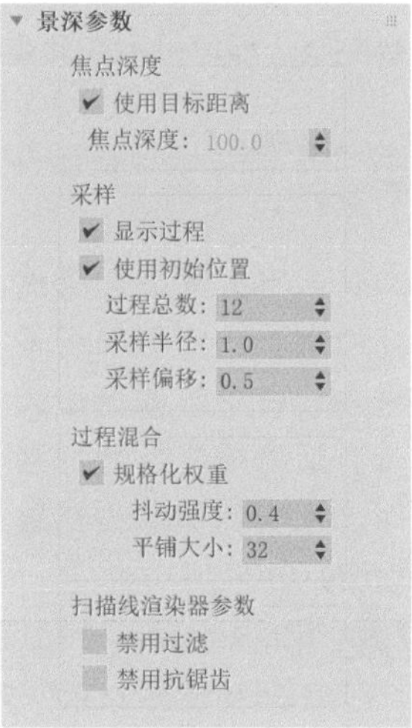

### 工具解析

"焦点深度"组。

● 使用目标距离：启用该选项后，将摄影机的目标距离用作每过程偏移摄影机的点。

图9-35

● 焦点深度：当"使用目标距离"处于禁用状态时，设置距离偏移摄影机的深度。

"采样"组。

● 显示过程：启用此选项后，渲染帧窗口显示多个渲染通道。禁用此选项后，该帧窗口只显示最终结果。此控件对于在摄影机视口中预览景深无效。默认设置为启用。

● 使用初始位置：启用此选项后，第一个渲染过程位于摄影机的初始位置。禁用此选项后，与所有随后的过程一样偏移第一个渲染过程。默认设置为启用。

● 过程总数：用于生成效果的过程数。增加此值可以增加效果的精确性，但却以渲染时间为代价。默认设置为12。

● 采样半径：通过移动场景生成模糊的半径。增加该值将增加整体模糊效果。减小该值将减少模糊。默认设置为1.0。

● 采样偏移：模糊靠近或远离"采样半径"的权重。增加该值将增加景深模糊的数量级，提供更均匀的效果。减小该值将减小数量级，提供更随机的效果。

"过程混合"组。

● 规格化权重：使用随机权重混合的过程可以避免出现诸如条纹这些人工效果。当启用"规格化权重"后，将权重规格化，会获得较平滑的结果。当禁用此选项后，效果会变得清晰一些，但通常颗粒状效果更明显。默认设置为启用。

● 抖动强度：控制应用于渲染通道的抖动程度。增加此值会增加抖动量，并且生成颗粒状效果，尤其在对象的边缘上。默认值为0.4。

● 平铺大小：设置抖动时图案的大小。单位为百分比，0是最小的平铺，100是最大的平铺。默认设置为32。

"扫描线渲染器参数"组。

● 禁用过滤：启用此选项后，禁用过滤过程。

● 禁用抗锯齿：启用此选项后，禁用抗锯齿。

### 3. "运动模糊参数"卷展栏

运动模糊这一特效一般用于表现画面中强烈的运动感，在动画的制作上应用较多。图9-36和图9-37为拍摄的带有运动模糊效果的照片。

图9-36

图9-37

展开"运动模糊参数"卷展栏，其参数如图9-38所示。

### 工具解析

"采样"组。

- 显示过程：启用此选项后，渲染帧窗口显示多个渲染通道。禁用此选项后，该帧窗口只显示最终结果。该控件对在摄影机视口中预览运动模糊没有任何影响。默认设置为启用。
- 过程总数：用于生成效果的过程数。增加此值可以增加效果的精确性，但却以渲染时间为代价。默认设置为12。
- 持续时间（帧）：动画中将应用运动模糊效果的帧数。默认设置为1.0。
- 偏移：更改模糊，以便其显示为在当前帧前后从帧中导出更多内容。

"过程混合"组。

- 规格化权重：使用随机权重混合的过程可以避免出现诸如条纹这些人工效果。当启用"规格化权重"后，将权重规格化，会获得较平滑的结果。当禁用此选项后，效果会变得清晰一些，但通常颗粒状效果更明显。默认设置为启用。
- 抖动强度：控制应用于渲染通道的抖动程度。增加此值增加抖动量，并且生成颗粒状效果，尤其在对象的边缘上。默认值为0.4。
- 平铺大小：设置抖动时图案的大小。单位是百分比，0是最小的平铺，100是最大的平铺。默认设置为32。

"扫描线渲染器参数"组。

- 禁用过滤：启用此选项后，禁用过滤过程。
- 禁用抗锯齿：启用此选项后，禁用抗锯齿。

图9-38

因为图像的算法差异，使用"物理"摄影机渲染出来的"景深"和"运动模糊"效果要比使用"目标"摄影机计算出来的效果要好，故本章节中的案例主要以使用"物理"摄影机来进行讲解。

### 9.2.3 "自由"摄影机

"自由"摄影机在摄影机指向的方向查看区域，由单个图标表示，为的是更轻松设置动画。当摄影机位置沿着轨迹设置动画时可以使用"自由"摄影机，与穿行建筑物或将摄影机连接到行驶中的汽车上时一样。当"自由"摄影机沿着路径移动时，可以将其倾斜。如果将摄影机直接置于场景顶部，则使用"自由"摄影机可以避免旋转。在创建"摄影机"面板中，单击"自由"按钮，即可在场景中创建出一个自由摄影机，如图9-39所示。

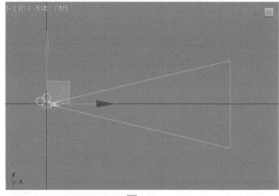

图9-39

"自由"摄影机的参数与"目标"摄影机的参数完全一样，故不在此重述。

**实例** 制作运动模糊效果

在本实例中，仍然使用上一个实例的场景来为读者讲解如何渲染带有运动模糊特效的画面，本实例的渲染结果如图9-40所示。

图9-40

**01** 启动3ds Max 2022软件，打开本书的配套资源"卧室-运动模糊.max"文件，本场景已经设置好了摄影机，"摄影机"视图的显示效果如图9-41所示。

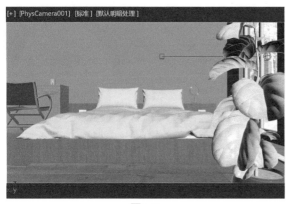

图9-41

**02** 选择场景中的距离摄影机较近的植物模型，如图9-42所示。

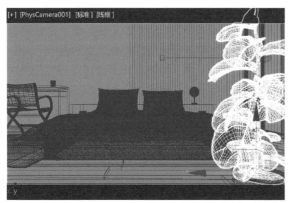

图9-42

**03** 在"修改"面板中，添加Bend修改器，如图9-43所示。

**04** 在第0帧位置处，为"角度"值设置关键帧，如图9-44所示。

图9-43

**05** 在第10帧位置处，设置"角度"值为36，并为其设置关键帧，如图9-45所示。这样，一段植物随风摆动的简单动画就制作完成了。

图9-44

图9-45

**06** 设置完成后，播放场景动画，可以看到植物模型的动画效果如图9-46和图9-47所示。

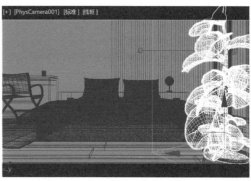

图9-46

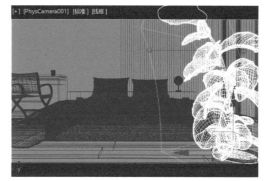

图9-47

**07** 选择摄影机，在"修改"面板中，展开"物理摄影机"卷展栏，勾选"启用运动模糊"选项，设置"持续时间"的值为5，如图9-48所示。

**08** 渲染场景，渲染结果如图9-49所示。

图9-48

图9-49

# 第 10 章
# 动画技术

## 10.1 动画概述

　　动画基于称为视觉暂留现象的人类视觉原理。如果快速查看一系列相关的静态图像，那么会感觉到这是一个连续的运动。将每个单独图像称为一帧，产生的运动实际上源自观众的视觉系统在每看到一帧后在该帧停留一小段时间。日常所观看的电影实际上就是以一定的速率连续不断地播放多张胶片产生的一种视觉感受。相似的是，3ds Max 2022也可以将动画师所设置的动画以类似的方式输出到计算机中，这些由静帧图像所构成的连续画面，被称为"帧"，如图10-1～图10-4所示就是一组建筑生长动画的4幅渲染序列帧。

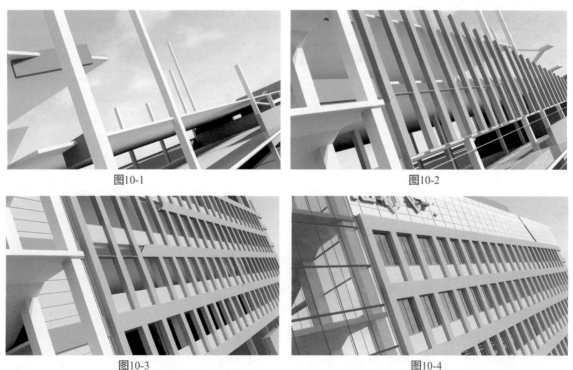

图10-1

图10-2

图10-3

图10-4

　　3ds Max 2022是世界公认的优秀三维动画软件之一，三维动画师通过对这些专业动画工具进行组合使用，可以制作出令人惊讶的三维动画作品，如图10-5所示。

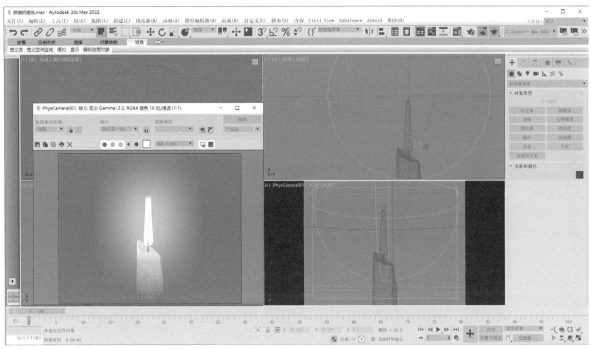

图10-5

## 10.1.1 关键帧基本知识

关键帧动画是3ds Max 2022动画技术中最常用的，也是最基础的动画设置技术。说简单些，就是在物体动画的关键时间点上进行设置数据记录，而3ds Max 2022根据这些关键点上的数据设置完成中间时间段内的动画计算，这样一段流畅的三维动画就制作完成。在3ds Max 2022界面的右下方找到"自动"按钮并单击，软件开始记录用户对当前场景所做的改变，如图10-6所示。

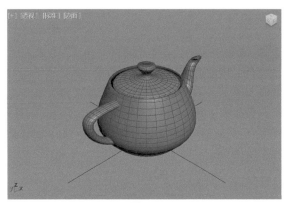

图10-7

图10-6

**基础讲解** **关键帧设置方法**

**01** 启动3ds Max 2022软件后，单击"创建"面板中的"茶壶"按钮，在场景中创建一个茶壶模型，如图10-7所示。

**02** 单击"自动"按钮，可以看到3ds Max 2022的透视视图和界面下方"时间滑块"都呈红色显示，说明软件的动画记录功能启动，如图10-8所示。

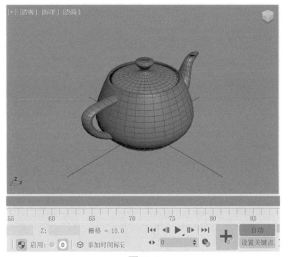

图10-8

**03** 将"时间滑块"拖曳至第50帧，然后移动场景中的茶壶模型至如图10-9所示的位置。同时观察场景，可以看到在"时间滑块"下方的区域里生成红色的关键帧。

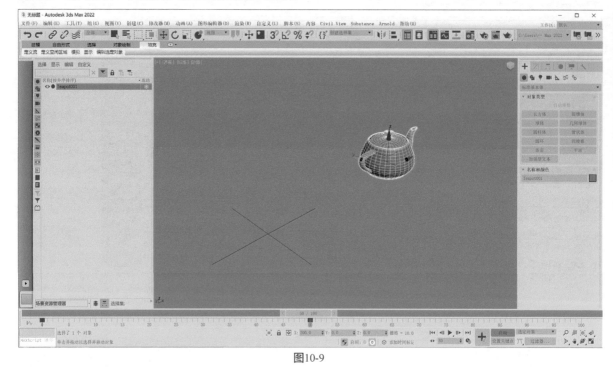

图10-9

**04** 动画制作完成，再次单击"自动"按钮，关闭软件的自动记录动画功能。播放场景动画，可以看到茶壶模型的位移动画已经制作完成。在"运动"面板中，单击"运动路径"按钮，如图10-10所示。还可以在视图中看到茶壶模型的运动路径，如图10-11所示。

图10-10

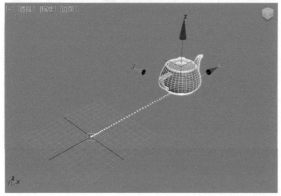

图10-11

◉技巧与提示·◎

"自动关键点"功能的快捷键是：N键。此外，有关关键帧动画的其他设置技巧，请读者仔细观看本小节对应的视频教学文件进行学习。

### 10.1.2 时间配置

"时间配置"对话框提供帧速率、时间显示、播放和动画的设置，用户可以使用此对话框更改动画的长度或者拉伸或重缩放，还可以用于设置活动时间段和动画的开始帧和结束帧。单击"时间配置"按钮 🔧，可以打开该对话框，如图10-12所示。

图10-12

"时间配置"对话框中的参数设置如图10-13所示。

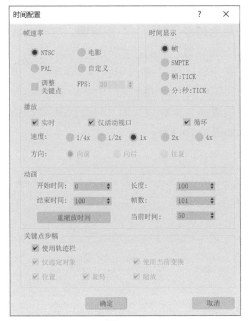

图10-13

### 工具解析

（1）"帧速率"组。

● NTSC/电影/PAL/自定义：是3ds Max 2022提供给用户选择的4个不同的帧速率选项，用户可以选择其中一个作为当前场景的帧速率渲染标准。

● 调整关键点：勾选该选项将关键点缩放到全部帧，迫使量化。

● FPS：当用户选择了不同的帧速率选项后，这里可以显示当前场景文件采用每秒多少帧数设置动画的帧速率。比如欧美国家的视频使用30 fps的帧速率，电影使用24 fps的帧速率，而Web和媒体动画则使用更低的帧速率。

（2）"时间显示"组。

● 帧/SMPTE/帧：TICK/分：秒：TICK：设置场景文件以何种方式显示场景的动画时间，默认为"帧"显示，如图10-14所示。当该选项设置为SMPET选项时，场景时间显示状态如图10-15所示。当该选项设置为"帧：TICK"选项时，场景时间显示状态如图10-16所示。当该选项设置为"分：秒：TICK"选项时，场景时间显示状态如图10-17所示。

图10-14

图10-15

图10-16

图10-17

（3）"播放"组。

● 实时：实时可使视口播放跳过帧，以与当前"帧速率"设置保持一致。

● 仅活动视口：可以使播放只在活动视口中进行。禁用该选项之后，所有视口都显示动画。

● 循环：控制动画只播放一次，还是反复播放。启用后，播放将反复进行。

● 速度：可以选择五个播放速度，1x是正常速度，1/2x是半速，等等。速度设置只影响在视口中的播放。默认设置为1x。

● 方向：将动画设置为向前播放、反转播放或往复播放。

（4）"动画"组。

● 开始时间/结束时间：设置在时间滑块中显示的活动时间段。

● 长度：显示活动时间段的帧数。

● 帧数：设置渲染的帧数。

● "重缩放时间"按钮 重缩放时间：单击打开"重缩放时间"对话框，如图10-18所示。

● 当前时间：指定时间滑块的当前帧。

（5）"关键点步幅"组。

● 使用轨迹栏：使关键点模式能够遵循轨迹栏中的所有关键点。

图10-18

● 仅选定对象：在使用"关键点步幅"模式时只考虑选定对象的变换。

● 使用当前变换：禁用"位置""旋转"和"缩放"，并在"关键点模式"中使用当前变换。

● 位置/旋转/缩放：指定"关键点模式"所使用的变换类型。

## 10.2 轨迹视图-曲线编辑器

"轨迹视图"提供2种基于图形的不同编辑器，分别是"曲线编辑器"和"摄影表"。其主要功能为查看及修改场景中的动画数据。另外，用户也可以在此为场景中的对象重新指定动画控制器，插补或控制场景中对象的关键帧及参数。

在3ds Max 2022软件界面的主工具栏上单击"曲线编辑器（打开）"图标，打开"轨迹视图-曲线编辑器"面板，如图10-19所示。

在"轨迹视图-曲线编辑器"面板中，执行菜单栏"编辑器"|"摄影表"命令，将"轨迹视图-曲线编辑器"面板切换为"轨迹视图-摄影表"面板，如图10-20所示。

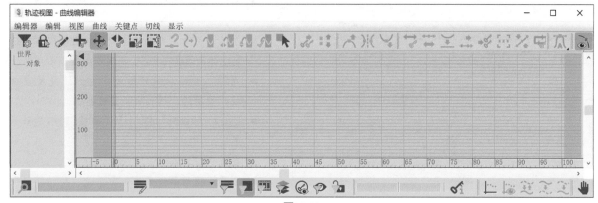

图10-19

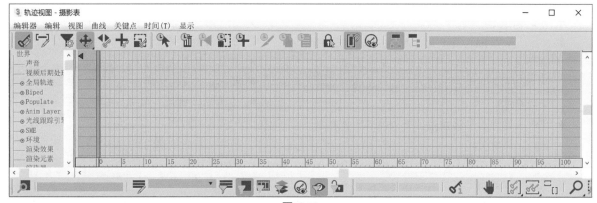

图10-20

轨迹视图的2种编辑器还可以通过在视图中右击，在弹出的命令菜单中找到相应的命令来打开，如图10-21所示。

图10-21

### 10.2.1 "新关键点"工具栏

"轨迹视图-曲线编辑器"面板中的第一个工具栏，就是"新关键点"工具栏，其中包含的命令图标如图10-22所示。

图10-22

**工具解析**

● 过滤器：使用"过滤器"可以确定在"轨迹视图"中显示哪些场景组件。单击该按钮可以打开"过滤器"对话框，如图10-23所示。

● 锁定当前选择：锁定用户选定的关键点，这样就不能无意中选择其他关键点。

● 绘制曲线：可使用该选项绘制新曲线，或直接在函数曲线图上绘制草图来修改已有曲线。

● 添加/移除关键点：在现有曲线上创建关键点。按住Shift键可移除关键点。

● 移动关键点：在关键点窗口中水平和垂直、仅水平或仅垂直移动关键点。

图10-23

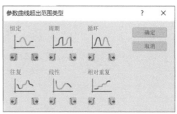

图10-25

- 滑动关键点 ：在"曲线编辑器"中使用
  "滑动关键点"可移动一个或多个关键点，
  并在用户移动时滑动相邻的关键点。
- 缩放关键点 ▦：可使用"缩放关键点"压缩
  或扩展两个关键帧之间的时间量。
- 缩放值 ▦：按比例增加或减小关键点的值，
  而不是在时间上移动关键点。
- 捕捉缩放 ▦：将缩放原点移动到第一个选定
  关键点。
- 简化曲线 ▦：单击该按钮可以弹出"简化曲
  线"对话框，在此设置"阈值"来减少轨迹
  中的关键点数量，如图10-24所示。

图10-24

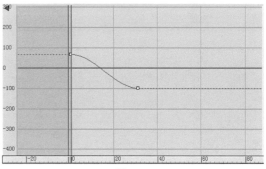

图10-26

- 参数曲线超出范围类型 ▦：单击该按钮可
  以弹出"参数曲线超出范围类型"对话框，
  用于指定动画对象在用户定义的关键点范围
  之外的行为方式。对话框中共包括："恒
  定""周期""循环""往复""线性"和"相
  对重复"6个选项，如图10-25所示。其中，
  "恒定"曲线类型结果如图10-26所示，"周
  期"曲线类型结果如图10-27所示，"循环"
  曲线类型结果如图10-28所示，"往复"曲线
  类型结果如图10-29所示，"线性"曲线类型
  结果如图10-30所示，"相对重复"曲线类型
  结果如图10-31所示。

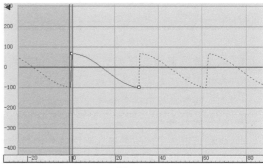

图10-27

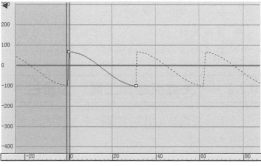

图10-28

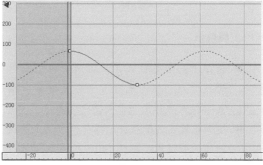

图10-29

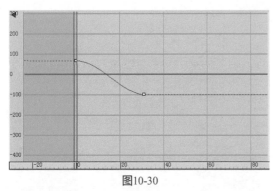

图10-30

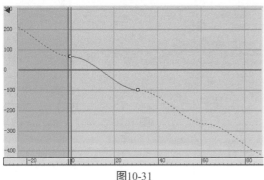

图10-31

- 减缓曲线超出范围类型 ![icon]：用于指定减缓曲线在用户定义的关键点范围之外的行为方式。调整减缓曲线会降低效果的强度。
- 增强曲线超出范围类型 ![icon]：用于指定增强曲线在用户定义的关键点范围之外的行为方式。调整增强曲线会增加效果的强度。
- 减缓/增强曲线启用/禁用切换 ![icon]：启用/禁用减缓曲线和增强曲线。
- 区域关键点工具 ![icon]：在矩形区域内移动和缩放关键点。

## 10.2.2 "关键点选择工具"工具栏

"关键点选择工具"工具栏中包含的命令图标如图10-32所示。

图10-32

### 工具解析

- 选择下一组关键点 ![icon]：取消选择当前选定的关键点，然后选择下一个关键点。按住Shift键可选择上一个关键点。
- 增加关键点选择 ![icon]：选择与一个选定关键点相邻的关键点。按住Shift键可取消选择外部的两个关键点。

## 10.2.3 "切线工具"工具栏

"切线工具"工具栏中包含的命令图标如图10-33所示。

图10-33

### 工具解析

- 放长切线 ![icon]：增长选定关键点的切线。如果选中多个关键点，则按住Shift键以增长内切线。
- 镜像切线 ![icon]：将选定关键点的切线镜像到相邻关键点。
- 缩短切线 ![icon]：减短选定关键点的切线。如果选中多个关键点，则按住Shift键以减短内切线。

## 10.2.4 "仅关键点"工具栏

"仅关键点"工具栏中包含的命令图标如图10-34所示。

图10-34

### 工具解析

- 轻移 ![icon]：将关键点稍微向右移动。按住Shift键可将关键点稍微向左移动。
- 展平到平均值 ![icon]：确定选定关键点的平均值，然后将平均值指定给每个关键点。按住Shift键可焊接所有选定关键点的平均值和时间。
- 展平 ![icon]：将选定关键点展平到与所选内容中的第一个关键点相同的值。
- 缓入到下一个关键点 ![icon]：减少选定关键点与下一个关键点之间的差值。按住Shift键可减少与上一个关键点之间的差值。
- 分割 ![icon]：使用两个关键点替换选定关键点。
- 均匀隔开关键点 ![icon]：调整间距，使所有关键点按时间在第一个关键点和最后一个关键点之间均匀分布。
- 松弛关键点 ![icon]：减缓第一个和最后一个选定关键点之间的关键点的值和切线。按住Shift键可对齐第一个和最后一个选定关键点之间的关键点。
- 循环 ![icon]：将第一个关键点的值复制到当前动画范围的最后一帧。按住Shift键可将当前动画的第一个关键点的值复制到最后一个动画。

## 10.2.5 "关键点切线"工具栏

"关键点切线"工具栏中包含的命令图标如图10-35所示。

图10-35

**工具解析**

- 将切线设置为自动 🔼：按关键点附近的功能曲线的形状进行计算，将高亮显示的关键点设置为自动切线。
- 将切线设置为样条线 🔼：将高亮显示的关键点设置为样条线切线，它具有关键点控制柄，可以通过在"曲线"窗口中拖动进行编辑。在编辑控制柄时按住 Shift 键以中断连续性。
- 将切线设置为快速 🔽：将关键点切线设置为快。
- 将切线设置为慢速 🔽：将关键点切线设置为慢。
- 将切线设置为阶越 🔽：将关键点切线设置为步长。使用阶跃来冻结从一个关键点到另一个关键点的移动。
- 将切线设置为线性 🔽：将关键点切线设置为线性。
- 将切线设置为平滑 🔽：将关键点切线设置为平滑。用它来处理不能继续进行的移动。

> ◎**技巧与提示**·◦
>
> 在制作动画之前，还可以通过单击"新建关键点的默认入/出切线"按钮来进行设定关键点的切线类型，如图10-36所示。
>
>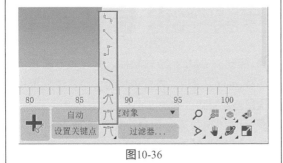
>
> 图10-36

## 11.2.6 "切线动作"工具栏

"切线动作"工具栏中包含的命令图标如图10-37所示。

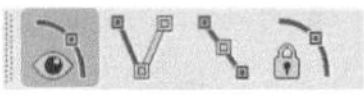

图10-37

**工具解析**

- 显示切线切换 🔽：切换显示或隐藏切线，如图10-38和图10-39为显示及隐藏切线后的曲线显示结果对比。

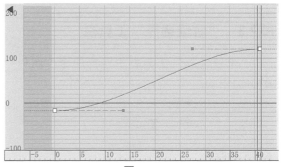

图10-38

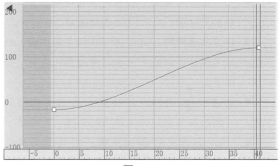

图10-39

- 断开切线 🔽：允许将两条切线（控制柄）连接到一个关键点，使其能够独立移动，实现不同的运动能够进出关键点。
- 统一切线 🔽：如果切线是统一的，按任意方向移动控制柄，从而控制柄之间保持最小角度。
- 锁定切线切换 🔽：单击该按钮可以锁定切线。

## 10.2.7 "缓冲区曲线"工具栏

"缓冲区曲线"工具栏中包含的命令图标如图10-40所示。

图10-40

**工具解析**

- 使用缓冲区曲线▯：切换是否在移动曲线/切线时创建原始曲线的重影图像。
- 显示/隐藏缓冲区曲线▯：切换显示或隐藏缓冲区（重影）曲线。
- 与缓冲区交换曲线▯：交换曲线与缓冲区（重影）曲线的位置。
- 快照▯：将缓冲区（重影）曲线重置到曲线的当前位置。
- 还原为缓冲区曲线▯：将曲线重置到缓冲区（重影）曲线的位置。

## 10.2.8 "轨迹选择"工具栏

"轨迹选择"工具栏中包含的命令图标如图10-41所示。

图10-41

**工具解析**

- 缩放选定对象▯：将当前选定对象放置在控制器窗口中"层次"列表的顶部。
- 按名称选择▯：通过在可编辑字段中输入轨迹名称，可以高亮显示"控制器"窗口中的轨迹。
- 过滤器-选定轨迹切换▯：启用此选项，"控制器"窗口仅显示选定轨迹。
- 过滤器-选定对象切换▯：启用此选项，"控制器"窗口仅显示选定对象的轨迹。
- 过滤器-动画轨迹切换▯：启用此选项，"控制器"窗口仅显示带有动画的轨迹。
- 过滤器-活动层切换▯：启用此选项，"控制器"窗口仅显示活动层的轨迹。
- 过滤器-可设置关键点轨迹切换▯：启用此选项，"控制器"窗口仅显示可设置关键点轨迹。
- 过滤器-可见对象切换▯：启用此选项，"控制器"窗口仅显示包含可见对象的轨迹。
- 过滤器-解除锁定属性切换▯：启用此选项，"控制器"窗口仅显示未锁定其属性的轨迹。

## 10.2.9 "控制器"窗口

"控制器"窗口能显示对象名称和控制器轨迹，还能确定哪些曲线和轨迹可以进行显示和编辑。用户可以根据需要使用层次列表右击菜单在控制器窗口中展开和重新排列层次列表项。在轨迹视图"显示"菜单中也可以找到一些导航工具。默认行为是仅显示选定的对象轨迹。使用"手动导航"模式，可以单独折叠或展开轨迹，或者按Alt键并右键单击，可以显示另一个菜单来折叠和展开轨迹，如图10-42所示。

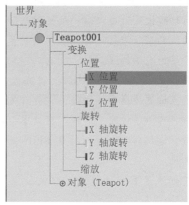

图10-42

**实例** 制作小球弹跳动画

本实例通过制作一个小球的弹跳动画为读者讲解关键帧动画的基本设置方法和实战应用技巧，该动画虽然看似简单，但是应用到的命令却不少，如图10-43所示为本实例的最终渲染结果。

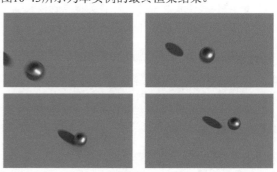

图10-43

**01** 启动3ds Max 2022软件，打开本书配套资源"小球.max"文件，本场景中有一个球体模型和地面模型，如图10-44所示。

**02** 在第0帧位置，设置小球的坐标为（0，0，85），如图10-45所示。

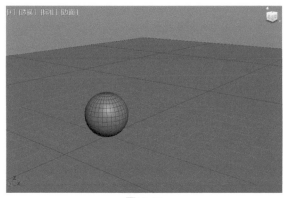

图10-44

| X: 0.0 | Y: 0.0 | Z: 85.0 |

图10-45

**03** 按快捷键N键，开启自动记录关键帧功能。在第15帧位置，设置小球的坐标为（45，0，10），如图10-46所示。设置完成，可以看到第0帧和第15帧位置处会出现红色的关键帧标记，如图10-47所示。

| X: 45.0 | Y: 0.0 | Z: 10.0 |

图10-46

图10-47

**04** 在第35帧位置，设置小球的坐标为（100，0，10），如图10-48所示。

| X: 100.0 | Y: 0.0 | Z: 10.0 |

图10-48

**05** 回到第25帧位置，设置小球的坐标为（80，0，40），如图10-49所示。

| X: 80.0 | Y: 0.0 | Z: 40.0 |

图10-49

**06** 在第50帧位置，设置小球的坐标为（150，0，10），如图10-50所示。

| X: 150.0 | Y: 0.0 | Z: 10.0 |

图10-50

**07** 回到第43帧位置，设置小球的坐标为（130，0，25），如图10-51所示。

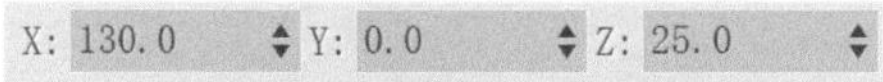

| X: 130.0 | Y: 0.0 | Z: 25.0 |

图10-51

**08** 在第60帧位置，设置小球的坐标为（175，0，10），如图10-52所示。

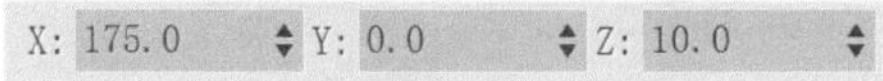

| X: 175.0 | Y: 0.0 | Z: 10.0 |

图10-52

**09** 回到第55帧位置，设置小球的坐标为（165，0，18），如图10-53所示。

| X: 165.0 | Y: 0.0 | Z: 18.0 |

图10-53

**10** 在第70帧位置，设置小球的坐标为（200，0，10），如图10-54所示。

| X: 200.0 | Y: 0.0 | Z: 10.0 |

图10-54

**11** 回到第65帧位置，设置小球的坐标为（190，0，13），如图10-55所示。

| X: 190.0 | Y: 0.0 | Z: 13.0 |

图10-55

**12** 在第100帧位置，设置小球的坐标为（275，0，10），如图10-56所示。并旋转小球的角度如图10-57所示。

| X: 275.0 | Y: 0.0 | Z: 10.0 |

图10-56

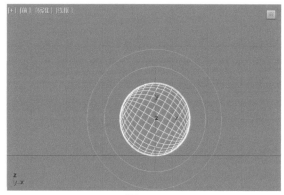

图10-57

**13** 设置完成，再次按快捷键N键，关闭自动记录关键帧功能。在"运动"面板中，单击"运动路径"按钮，如图10-58所示。可以看到制作好的动画关键帧和球体的运动轨迹如图10-59所示。

图10-58

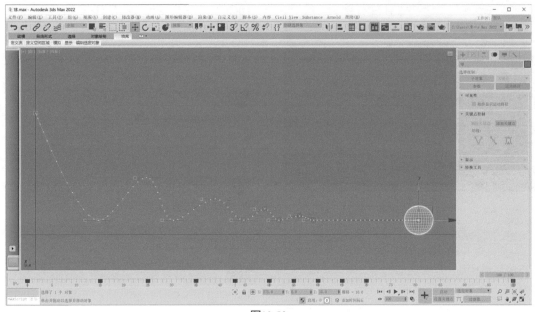

图10-59

**14** 播放场景动画，可以看到小球模型沿着运动路径开始运动，如图10-60所示。但是，多观察几遍动画的话，相信读者会感觉出小球的动画效果特别的不自然。因为，在3ds Max 2022软件中，为动画设置关键帧的默认状态是"自动切线"类型，接下来，需要打开"轨迹视图-曲线编辑器"面板，在该面板中对动画曲线进行调整。

**15** 在视图中右击并执行"曲线编辑器"命令，如图10-61所示。

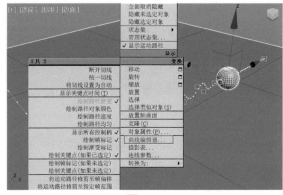

图10-61

**16** 在"轨迹视图-曲线编辑器"面板中，选择如图10-62所示的关键点，单击"将切线设置为快速"按钮，更改小球的动画曲线形态如图10-63所示。

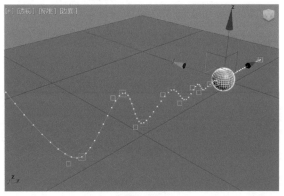

图10-60

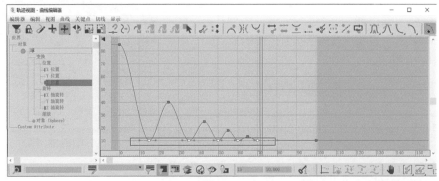

图10-62

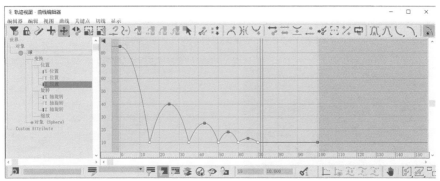

图10-63

**17** 观察场景中小球的运动轨迹，也可以看到该运动轨迹的形态也发生了对应的改变，如图10-64所示。

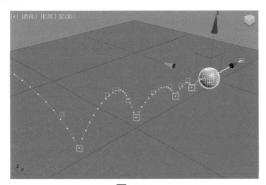

图10-64

**18** 再次播放场景动画，这次发现小球的运动效果要比之前自然了许多。本实例的最终动画完成效果如图10-65所示。

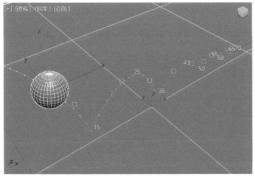

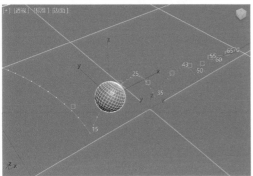

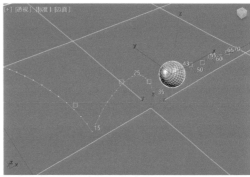

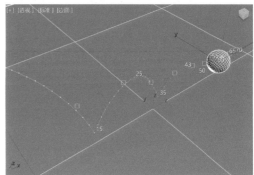

图10-65

**实例** 制作文字变换动画

本实例主要讲解使用"曲线编辑器"制作文字的变换动画，图10-66为本实例的最终渲染结果。

图10-66

**01** 启动3ds Max 2022软件，打开本书配套资源"文字.max"文件，本场景中有两个文字模型，如图10-67所示。

图10-67

**02** 选择场景中的"天气预报"文字模型，如图10-68所示。将"时间滑块"拖动至第35帧，按快捷键N键，打开自动关键帧记录功能。

图10-68

**03** 右击并执行"对象属性"命令，如图10-69所示。

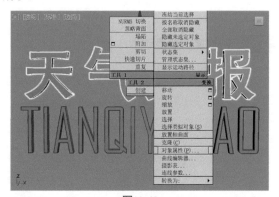

图10-69

**04** 在弹出的"对象属性"对话框中，将"可见性"的值设置为0，如图10-70所示。

**05** 设置完成，单击"确定"按钮，关闭"对象属性"对话框后，可以看到在第0帧和第35帧位置处所生成的动画关键帧，如图10-71所示。

图10-70

图10-71

**06** 在"轨迹视图-曲线编辑器"面板中，选择如图10-72所示的关键点。单击"将切线设置为阶梯式"按钮，得到图10-73所示的动画曲线效果。这样，使得文字模型在场景中的第0帧到第34帧都处于可见状态，等到了第35帧开始突然消失。

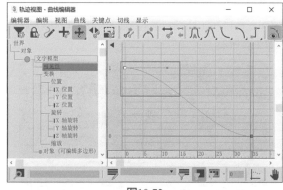

图10-72

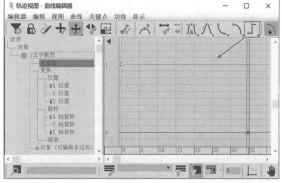

图10-73

**07** 以相同的操作步骤制作出场景中另一个文字模型的出现动画，并在"轨迹视图-曲线编辑器"面板中调整动画曲线的形态至图10-74所示。使得该文字模型在场景中的第0帧到第34帧都不可见，等到第35帧开始突然出现。

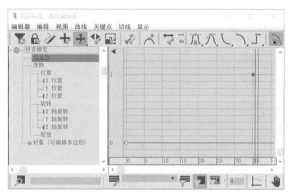

图10-74

**08** 开始制作这两个文字的旋转动画。选择场景中的天气预报文字模型，在第35帧将其沿Z轴旋转90°，如图10-75所示。

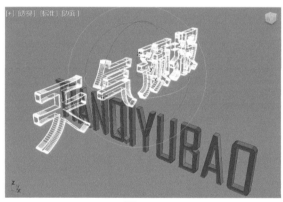

图10-75

**09** 右击并执行"曲线编辑器"命令，在弹出的"轨迹视图-曲线编辑器"面板中，找到旋转动画的曲线，如图10-76所示。

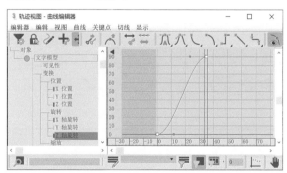

图10-76

**10** 选择旋转动画的曲线，单击"将切线设置为线性"按钮，调整旋转动画的曲线至图10-77所示。

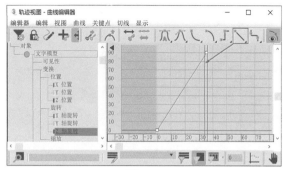

图10-77

**11** 设置完成，关闭"轨迹视图-曲线编辑器"面板，播放场景动画，可以看到现在文字的旋转动画是一个匀速的运动状态。

**12** 以同样的步骤制作场景中另一个文字的旋转动画，并在"轨迹视图-曲线编辑器"面板中调整其动画曲线如图10-78所示。

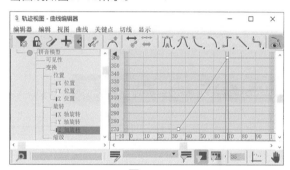

图10-78

**13** 设置完成，再次按快捷键N键，关闭动画自动记录功能。在场景中调整天气预报文字模型的位置至图10-79所示位置。

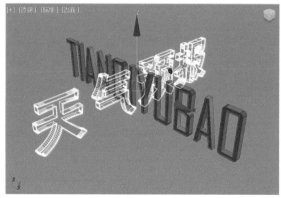

图10-79

**14** 播放场景动画，本实例的动画完成效果如图10-80所示。

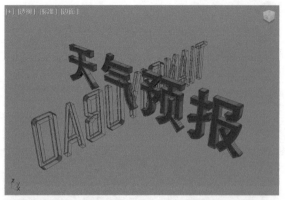
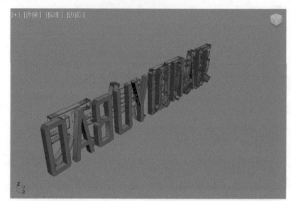
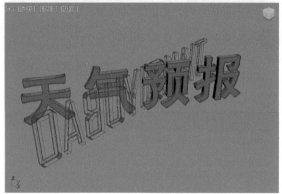

图10-80

## 10.3  轨迹视图－摄影表

"轨迹视图-摄影表"面板可以非常直观地显示出随时间变化的动画关键点，如图10-81所示。

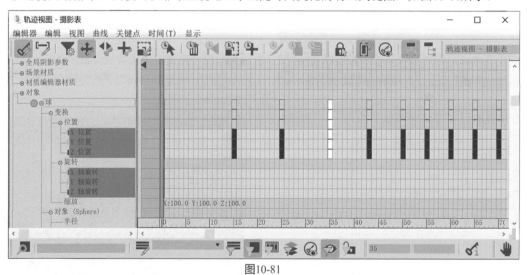

图10-81

### 10.3.1  "关键点"工具栏

"关键点"工具栏中包含的命令图标如图10-82所示。

图10-82

## 工具解析

- 编辑关键点 ✎：此模式在图形上将关键点显示为长方体。
- 编辑范围 ➚：此模式将设置关键点的轨迹显示为范围栏，用户可以在宏级别编辑动画轨迹。
- 过滤器 ▼：使用"过滤器"可以确定在"轨迹视图"中显示哪些场景组件。
- 移动关键点 ✛：在关键点窗口中水平和垂直、仅水平或仅垂直移动关键点。
- 滑动关键点 ⇅：用来移动一组关键点，同时在移动时移开相邻的关键点。
- 添加关键点 ✛：用来创建关键点。
- 缩放关键点 ⬌：用来减少或增加两个关键帧之间的时间量。

## 10.3.2　"时间"工具栏

"时间"工具栏中包含的命令图标如图10-83所示。

图10-83

## 工具解析

- 选择时间 ⬉：可以选择时间范围，时间选择包含时间范围内的任意关键点。
- 删除时间 ⬚：从选定轨迹上移除选定时间。
- 反转时间 ◁：在选定时间段内反转选定轨迹上的关键点。
- 缩放时间 ⬚：在选中的时间段内，缩放选中轨迹上的关键点。
- 插入时间 ✛：可以在插入时间时插入一个范围的帧。
- 剪切时间 ✎：删除选定轨迹上的时间选择。
- 复制时间 ⬚：复制选定的时间选择，以供粘贴用。
- 粘贴时间 ☰：将剪切或复制的时间选择添加到选定轨迹中。

## 10.3.3　"显示"工具栏

"显示"工具栏中包含的命令图标如图10-84所示。

图10-84

## 工具解析

- 锁定当前选择 🔒：锁定关键点选择。一旦创建了一个选择，启用此选项就可以避免不小心选择其他对象。
- 捕捉帧 ⬚：限制关键点到帧的移动。
- 显示可设置关键点的图标 ◎：显示可将轨迹定义为可设置关键点或不可设置关键点的图标。
- 修改子树 ⬚：启用该选项，允许对父轨迹的关键点操纵作用于该层次下的轨迹。
- 修改子对象关键点 ⬚：如果在没有启用"修改子树"的情况下修改父对象，单击"修改子对象关键点"可以更改应用于子关键点。

## 10.4　动画约束

动画约束是可以帮助用户自动化动画过程的控制器的特殊类型。通过与另一个对象的绑定关系，用户可以使用约束来控制对象的位置、旋转或缩放。通过对对象设置约束，可以将多个物体的变换约束到一个物体上，极大地减少动画师的工作量，也便于项目后期的动画修改。执行菜单栏"动画"|"约束"命令，即可看到3ds Max 2022为用户提供的所有约束命令，如图10-85所示。

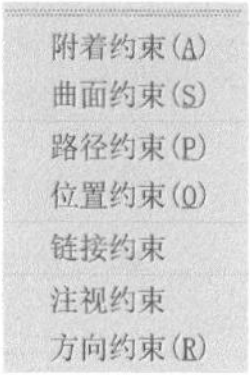

附着约束(A)
曲面约束(S)
路径约束(P)
位置约束(O)
链接约束
注视约束
方向约束(R)

图10-85

### 10.4.1　附着约束

附着约束是一种位置约束，它将一个对象的位置附着到另一个对象的面上，其命令参数如图10-86所示。

#### 工具解析

（1）"附加到"组。
- "拾取对象"按钮：在视口中为附着选择并拾取目标对象。
- 对齐到曲面：将附加的对象的方向固定在其所指定到的面上。

（2）"更新"组。
- "更新"按钮：单击该按钮更新显示。
- 手动更新：勾选该选项可以激活"更新"按钮。

（3）"关键点信息"组。

● 时间：显示当前帧，并可以将当前关键点移动到不同的帧中。

● 面：设置对象所附加到的面的ID上。

● A/B：设置定义面上附加对象的位置的重心坐标。

● "设置位置"按钮：单击该按钮，可以在视口中，在目标对象上拖动指定面和面上的位置。

（4）TCB组。

● 张力：设置TCB控制器的张力，范围从0到50。

● 连续性：设置TCB控制器的连续性，范围从0到50。

● 偏移：设置TCB控制器的偏移，范围从0到50。

● 缓入：设置TCB控制器的缓入，范围从0到50。

● 缓出：设置TCB控制器的缓出，范围从0到50。

## 10.4.2 曲面约束

曲面约束能将对象限制在另一对象的表面上，需要注意的是可以作为曲面对象的对象类型是有限制的，限制是它们的表面必须能用参数表示。比如球体、圆锥体、圆柱体、圆环这些标准基本体是可以作为曲面对象的，而长方体、四棱锥、茶壶、平面这些标准基本体则不可以。曲面约束的参数设置如图10-87所示。

图10-86

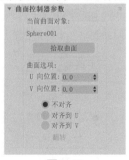

图10-87

### 工具解析

（1）"当前曲面对象"组。

● "拾取曲面"按钮：单击该按钮以拾取对

象，拾取成功后在按钮上方显示出曲面对象的名称。

（2）"曲面选项"组。

● U向位置/V向位置：调整控制对象在曲面对象U/V坐标轴上的位置。

● 不对齐：选择此选项，不管控制对象在曲面对象上处于什么位置，它都不会重定向。

● 对其到U：将控制对象的本地Z轴与曲面对象的曲面法线对齐，将X轴与曲面对象的U轴对齐。

● 对其到V：将控制对象的本地Z轴与曲面对象的曲面法线对齐，将X轴与曲面对象的V轴对齐。

● 翻转：翻转控制对象局部Z轴的对齐方式。

## 10.4.3 路径约束

使用路径约束可限制对象的移动，并将对象约束至一根样条线上移动，或在多个样条线之间以平均间距进行移动。其参数命令如图10-88所示。

### 工具解析

● "添加路径"按钮：添加一个新的样条线路径使之对约束对象产生影响。

● "删除路径"按钮：从目标列表中移除一个路径。一旦移除目标路径，它将不再对约束对象产生影响。

● 权重：为每个路径指定约束的强度。

图10-88

（1）"路径选项"组。

● %沿路径：设置对象沿路径的位置百分比。

● 跟随：在对象跟随轮廓运动同时将对象指定给轨迹，图10-89为茶壶对象勾选该选项前后的方向对比。

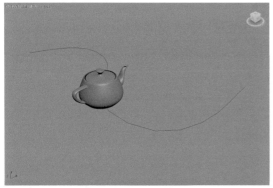

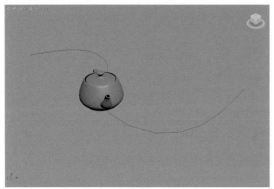

图10-89

- 倾斜：当对象通过样条线的曲线时允许对象倾斜。
- 倾斜量：调整这个量使倾斜从一边或另一边开始，依赖于这个量是正数或负数。
- 平滑度：控制对象在经过路径中的转弯时翻转角度改变的快慢程度。
- 允许翻转：启用此选项可避免在对象沿着垂直方向的路径行进时有翻转的情况。
- 恒定速度：沿着路径提供一个恒定的速度。
- 循环：默认情况下，当约束对象到达路径末端时，它不会越过末端点。循环选项改变这一行为，当约束对象到达路径末端时循环回起始点。
- 相对：启用此项保持约束对象的原始位置。对象沿着路径同时有一个偏移距离，这个距离基于它的原始世界空间位置。

（2）"轴"组。
- X/Y/Z：定义对象的X/Y/Z轴与路径轨迹对齐。
- 翻转：启用此项来翻转轴的方向。

**实例** **制作直升机飞行动画**

本实例主要讲解使用多个约束命令制作气缸工作的运动动画，图10-90为本实例的最终渲染结果。

图10-90

**01** 启动3ds Max 2022软件，打开本书配套资源"直升机.max"文件，如图10-91所示。

图10-91

**02** 单击"创建"面板中的"圆"按钮，如图10-92所示。

**03** 在顶视图中创建一个圆形，作为直升机模型的控制器，如图10-93所示。

图10-92

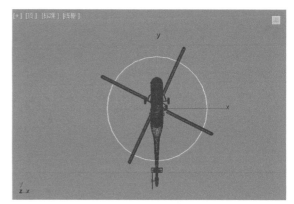

图10-93

**04** 将构成直升机的所有模型选中，单击"主工具栏"上的"选择并链接"图标 🔗，将其链接至圆形控制器上，如图10-94所示。

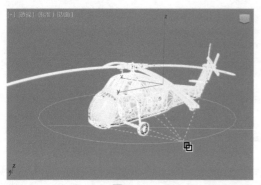

图10-94

**05** 单击"创建"面板中的"线"按钮，如图10-95所示。

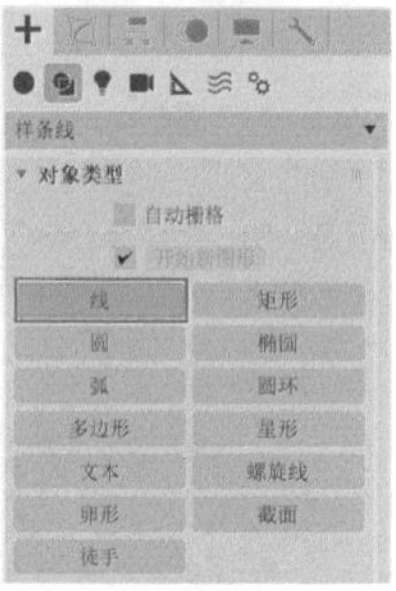

**06** 在顶视图中创建一条曲线，作为直升机飞行的路径，如图10-96所示。

图10-95

图10-96

**07** 在场景中选择圆形控制器，执行菜单栏"动画"|"约束"|"路径约束"命令，再单击场景中的曲线，如图10-97所示。

图10-97

**08** 在"路径参数"卷展栏中，勾选"跟随"选项，并设置"轴"的选项为Y，如图10-98所示。

图10-98

**09** 设置完成，播放场景动画，可以看到直升机现在沿着路径进行移动，如图10-99所示。

图10-99

**10** 制作螺旋桨的旋转动画。按快捷键N键，在第10帧位置处，旋转螺旋桨的角度如图10-100所示。

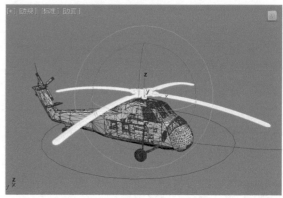

图10-100

**11** 在视图中右击并执行"曲线编辑器"命令，如图10-101所示。

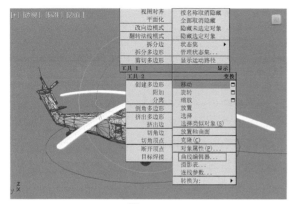

图10-101

**12** 在"轨迹视图-曲线编辑器"面板中，选择如图10-102所示的关键点，单击"将切线设置为线性"按钮 ↘，更改螺旋桨的动画曲线形态如图10-103所示。

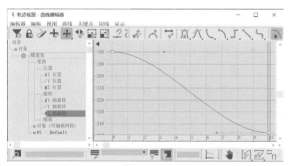

图10-102

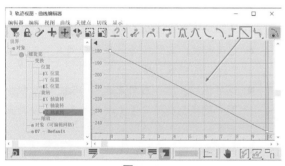

图10-103

**13** 在"轨迹视图-曲线编辑器"面板中单击"参数曲线超出范围类型"按钮，在弹出的"参数曲线超出范围类型"对话框中设置曲线的类型为"相对重复"，如图10-104所示。

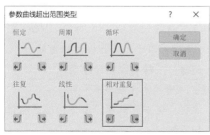

图10-104

**14** 以同样的操作步骤对直升机尾部的螺旋桨也设置旋转动画。本实例的动画最终完成效果如图10-105所示。

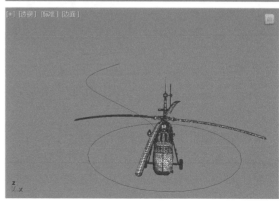

图10-105

## 10.4.4　位置约束

通过"位置"约束可以根据目标对象的位置或若干对象的加权平均位置对某一对象进行定位，其参数命令如图10-106所示。

图10-106

### 工具解析

● "添加位置目标"按钮：添加新的目标对象以影响受约束对象的位置。

● "删除位置目标"按钮：移除高亮显示的目标。一旦移除目标，该目标将不再影响受约束的对象。

● 权重：为高亮显示的目标指定一个权重值并设置动画。

● 保持初始偏移：用来保存受约束对象与目标对象的原始距离。

## 10.4.5　链接约束

链接约束可以使对象继承目标对象的位置、旋转度以及比例，常用来制作物体在多个对象之间的传递动画，其命令参数如图10-107所示。

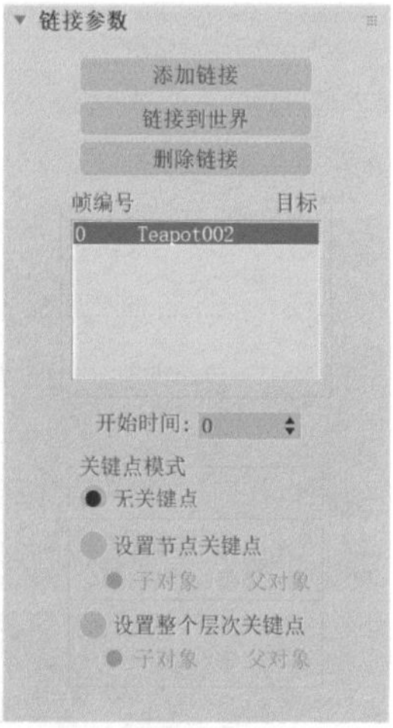

### 工具解析

● "添加链接"按钮：添加一个新的链接目标。

● "链接到世界"按钮：将对象链接到世界（整个场景）。

图10-107

● "删除链接"按钮：移除高亮显示的链接目标。

● 开始时间：指定或编辑目标的帧值。

● 无关键点：选择此项，约束对象或目标中不会写入关键点。

● 设置节点关键点：选择此项，将关键帧写入指定的选项。

● 设置整个层次关键点：用指定的选项在层次上部设置关键帧。

## 10.4.6　注视约束

注视约束控制对象的方向，使它一直注视另外一个或多个对象，常常用来制作角色的眼球动画，其命令参数如图10-108所示。

### 工具解析

● "添加注视目标"按钮：用于添加影响约束对象的新目标。

● "删除注视目标"按钮：用于移除影响约束对象的目标对象。

● 权重：用于为每个目标指定权重值并设置动画。

图10-108

● 保持初始偏移：将约束对象的原始方向保持为相对于约束方向上的一个偏移。

● 视线长度：定义从约束对象轴到目标对象轴所绘制的视线长度。

● 绝对视线长度：启用此选项，3ds Max 仅使用"视线长度"设置主视线的长度；受约束对象和目标之间的距离对此没有影响。

● "设置方向"按钮：允许对约束对象的偏移方向进行手动定义。启用此选项，可以使用旋转工具来设置约束对象的方向。在约束对象注视目标时会保持此方向。

● "重置方向"按钮：将约束对象的方向设置回默认值。如果要在手动设置方向后重置约束对象的方向，该选项非常有用。

（1）"选择注视轴"组。

● X/Y/Z：用于定义注视目标的轴。

● 翻转：反转局部轴的方向。

（2）"选择上方向节点"组。

● 注视：选中此选项，上方向节点与注视目标相匹配。

● 轴对齐：选中此选项后，上方向节点与对象
  轴对齐。

（3）"源/上方向节点对齐"组。

● 源轴：选择与上方向节点轴对齐的约束对象
  的轴。

● 对齐到上方向节点轴：选择与选中的原轴对
  齐的上方向节点轴。

## 10.4.7　方向约束

方向约束使某个对象
的方向沿着目标对象的方
向或若干目标对象的平均方
向，其命令参数如图10-109
所示。

图10-109

### 工具解析

● "添加方向目标"
  按钮：添加影响受
  约束对象的新目标
  对象。

● "将世界作为目标添加"按钮：将受约束对
  象与世界坐标轴对齐。可以设置世界对象相
  对于任何其他目标对象对受约束对象的影响
  程度。

● "删除方向目标"按钮：移除目标。移除目
  标后，将不再影响受约束对象。

● 权重：为每个目标指定不同的影响值。

● 保存初始偏移：保留受约束对象的初始
  方向。

● 局部→局部：选择该选项，局部节点变换将
  用于方向约束。

● 世界→世界：选择该选项，将应用父变换或
  世界变换，而不应用局部节点变换。

**实例** | **制作气缸运动动画**

本实例主要讲解使用多个约束命令来制作气缸
工作的运动动画，如图10-110所示为本实例的最终
渲染结果。

**01** 启动3ds Max 2022软件，打开本书配套资源
"气缸.max"文件，如图10-111所示。

图10-110

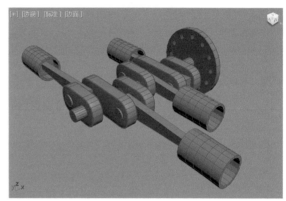

图10-111

**02** 在"创建"面板中，单击"点"按钮，如图10-112
所示，在场景中任意位置处创建4个点，如图10-113
所示。

图10-112

图10-113

**03** 选择场景中的曲轴模型和连杆模型，单击"主工具栏"上的"选择并链接"图标 🔗，将其链接至飞轮模型上，如图10-114所示。

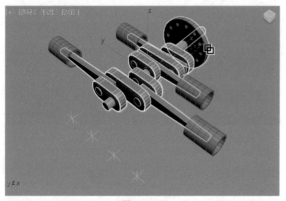

图10-114

**04** 选择第一个创建出来的点对象，执行菜单栏"动画"|"约束"|"附着约束"命令，将点对象约束至场景中的第一个连杆模型上，如图10-115所示。

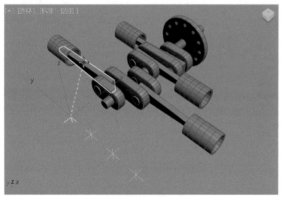

图10-115

**05** 在"运动"面板中，单击"设置位置"按钮，将点对象的位置更改至连杆模型的顶端，如图10-116所示。

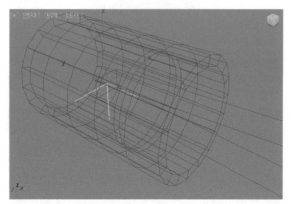

图10-116

**06** 以相同的操作将其他3个点对象也附着约束至其他的连杆模型上，如图10-117所示。

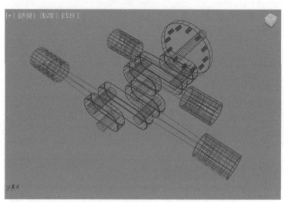

图10-117

**07** 单击"创建"面板中的"虚拟对象"按钮，如图10-118所示。在场景中任意位置创建4个虚拟对象物体，如图10-119所示。

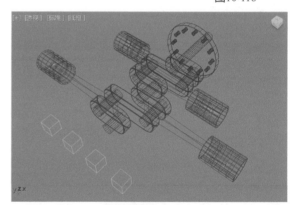

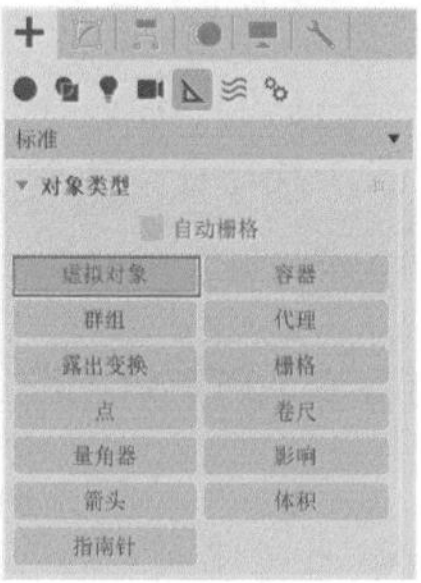

图10-118

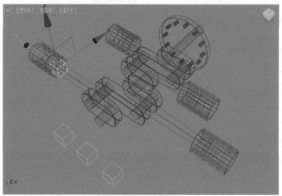

图10-119

**08** 选择第一个创建的虚拟对象，按快捷键组合Shift+A，再单击场景中的第一个活塞模型，将虚拟对象快速对齐到活塞模型上，如图10-120所示。

图10-120

**09** 以相同的方式将其他3个虚拟对象也分别快速对齐至场景中的另外3个活塞模型上，如图10-121所示。

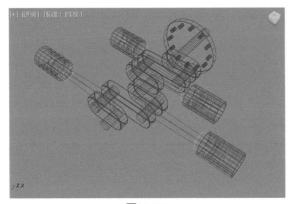

图10-121

**10** 在顶视图中调整这4个虚拟对象的位置如图10-122所示。

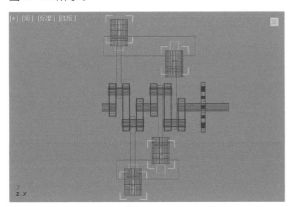

图10-122

**11** 在透视视图中，选择左侧的第一个连杆模型，执行菜单栏"动画"|"约束"|"注视约束"命令，再单击左侧的第一个虚拟对象，将连杆注视约束到虚拟对象上，如图10-123所示。

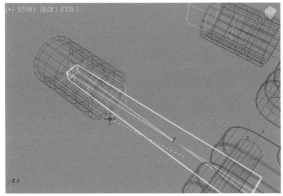

图10-123

**12** 在"运动"面板中，勾选"保持初始偏移"选项，这样，连杆模型的方向就会恢复到之前正确的方向，如图10-124所示。

**13** 在场景中，选择左侧的第一个活塞模型，单击"主工具栏"上的"选择并链接"图标，将活塞模型链接到该活塞模型下方的点对象上以建立父子关系，如图10-125所示。

图10-124

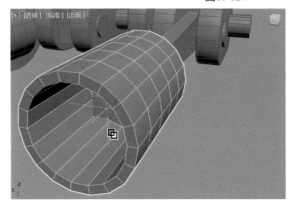

图10-125

**14** 在"层次"面板中，将选项卡切换至"链接信息"，在"继承"组中，仅勾选Y选项，也就是说让活塞模型仅继承点对象的Y方向运动属性，这样可以保证活塞只是在场景中进行水平运动，如图10-126所示。

图10-126

**15** 以相同的方式对其他3个连杆和活塞模型进行设置，这样就制作完成整个气缸动画的装配过程。

**16** 按快捷键N键，打开自动关键点功能，将"时间滑块"移动到第10帧位置，对飞轮模型沿自身X轴向旋转60度，制作一个旋转动画，如图10-127所示。并且在旋转飞轮模型时，读者可以看到，本装置只需要一个旋转动画即可带动整个气缸系统一起进行合理的运动。

**17** 再次按快捷键N键，关闭自动关键点命令。右击并执行"曲线编辑器"命令，打开"轨迹视图-曲线编辑器"面板，观察飞轮模型的动画曲线如图10-128所示。

**18** 选择飞轮模型动画曲线上的关键点，单击"将切线设置为线性"按钮，更改曲线的形态如图10-129所示，使其匀速进行旋转。

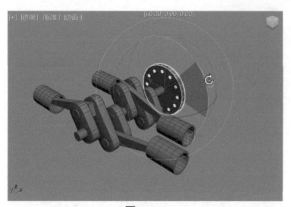

图10-127

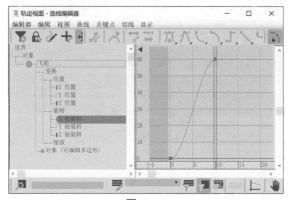

图10-128

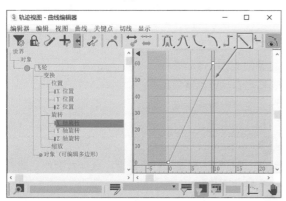

图10-129

**19** 在"轨迹视图-曲线编辑器"面板中，选择箭头模型的"X轴旋转"属性，单击"工具栏"上的"参数曲线超出范围类型"图标 🔁，在弹出的"参数曲线超出范围类型"对话框中，选择"相对重复"选项，如图10-130所示。箭头的旋转动画将随场景中的时间播放一直进行下去，而不会只限制在之前所设置的0至10帧范围内。

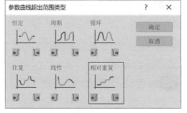

图10-130

**20** 设置完成，关闭"轨迹视图-曲线编辑器"面板。本实例的动画最终完成效果如图10-131所示。

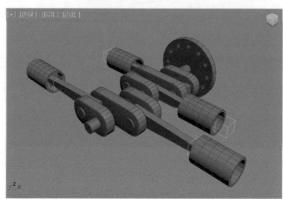

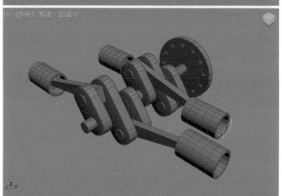

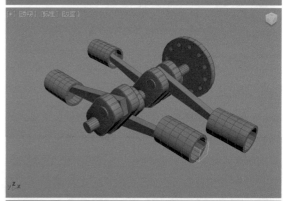

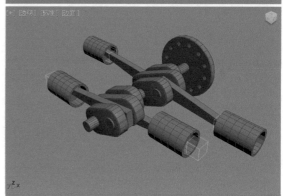

图10-131

## 10.5　动画控制器

3ds Max 2022为动画师提供了多种动画控制器处理场景中的动画任务。使用动画控制器可以存储动画关键点值和程序动画设置，并且还可以在动画的关键帧之间进行动画插值操作。动画控制器的使用方法与修改器也有些类似，当用户在对象的不同属性上指定新的动画控制器时，3ds Max 2022自动过滤该属性所无法使用的控制器，仅提供适用于当前属性的动画控制器。下面介绍动画制作过程中较为常用的动画控制器。

### 10.5.1　噪波控制器

噪波控制器的参数可以作用在一系列的动画帧上产生随机的、基于分形的动画，其参数命令如图10-132所示。

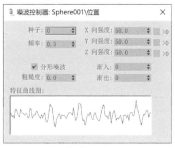

图10-132

#### 工具解析

● 种子：开始噪波计算。改变种子创建一个新的曲线。

● 频率：控制噪波曲线的波峰和波谷。

● X/Y/Z向强度：在X/Y/Z的方向上设置噪波的输出值。

● 渐入：设置噪波逐渐达到最大强度所用的时间量。

● 渐出：设置噪波用于下落至0强度的时间量。值为0使噪波在范围末端立即停止。

● 分形噪波：使用分形布朗运动生成噪波。

● 粗糙度：改变噪波曲线的粗糙度。

● 特征曲线图：以图表的方式来表示改变噪波属性所影响的噪波曲线。

#### 实例　制作植物摆动动画

本实例主要讲解使用"噪波控制器"来制作植

物被风吹动而来回摆动的运动动画，图10-133为本实例的最终渲染结果。

图10-133

**01** 启动3ds Max 2022软件，打开本书配套资源"植物.max"文件，如图10-134所示。

图10-134

**02** 在"创建"面板中，单击"点"按钮，如图10-135所示。在场景中任意位置处创建一个点对象，如图10-136所示。

图10-135

图10-136

**03** 选择点，执行菜单栏"动画"|"约束"|"附着约束"命令，将点附着约束至花枝模型上，如图10-137所示。

图10-137

**04** 选择场景中的花瓣、花骨朵模型，单击"主工具栏"上的"选择并链接"图标，将其链接至点对象上，如图10-138所示。

图10-138

**05** 选择花枝模型，在"修改"面板中为其添加"弯曲"修改器，如图10-139所示。

图10-139

**06** 在"修改"面板中，将光标移动至"弯曲"修改器的"角度"参数上，右击并执行"在轨迹视图中显示"命令，系统会自动弹出"选定对象"对话框，并且"角度"参数处于所选择状态，如图10-140所示。

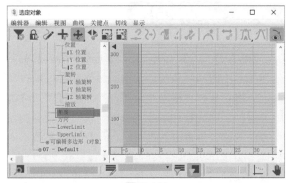

图10-140

**07** 右击"角度"参数，在弹出的菜单中执行"指定控制器"命令，为"角度"属性指定新的控制器，如图10-141所示。

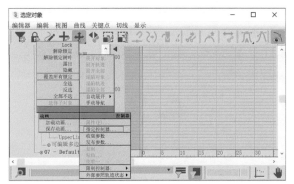

图10-141

**08** 在弹出的"指定浮点控制器"对话框内，为"角度"属性设置"噪波浮点"命令，如图10-142所示。

**09** 设置完成，单击"确定"按钮，系统会自动弹出"噪波控制器"对话框，设置"强度"的值为40，并勾选"＞0"选项，将"频率"的值设置为0.2，如图10-143所示。

图10-142

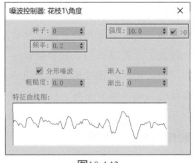

图10-143

**10** 在"修改"面板中，设置"方向"的值为90，同时，观察"角度"属性，可以看到设置了"噪波控制器"的"角度"属性目前是灰色不可更改的状态，如图10-144所示。

图10-144

**11** 播放场景动画，可以看到植物模型随着时间的变化产生较为随机地晃动变化，本实例的最终动画效果如图10-145所示。

图10-145

## 10.5.2　表达式控制器

使用表达式控制器，动画师可以使用数学表达式来控制对象的属性动画，其参数设置如图10-146所示。

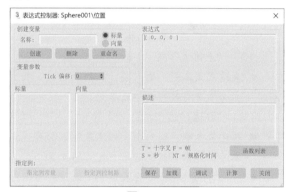

图10-146

**工具解析**

（1）"创建变量"组。

- 名称：变量的名称。
- 标量/向量：选择要创建的变量的类型。
- "创建"按钮：创建该变量并将其添加到适当的列表中。
- "删除"按钮：删除"标量"或"矢量"列表中高亮显示的变量。
- "重命名"按钮：重命名"标量"或"矢量"列表中高亮显示的变量。

（2）"变量参数"组。

- Tick偏移：包含了偏移值。1 Tick 等于1/4800 秒。如果变量的 Tick 偏移为非零，该值就会加到当前的时间上。

- "指定到常量"按钮：打开一个对话框，可从中将常量指定给高亮显示的变量，如图10-147所示。

图10-147

- "指定到控制器"按钮：打开"轨迹视图拾取"对话框，用户可以从中将控制器指定给高亮显示的变量，如图10-148所示。

图10-148

（3）"表达式"组。

- 表达式文本框：输入要计算的表达式。表达式必须是有效的数学表达式。

（4）"描述"组。

- 描述文本框：输入用于描述表达式的可选文本。例如，可以说明用户定义的变量。

- "保存"按钮：保存表达式。表达式将保存为扩展名为.xpr的文件。

- "加载"按钮：加载表达式。

- "函数列表"按钮：显示"表达式"控制器函数的列表，如图10-149所示。

图10-149

- "调试"按钮：显示"表达式调试窗口"对话框，如图10-150所示。

图10-150

- "计算"按钮：计算动画中每一帧的表达式。
- "关闭"按钮：关闭"表达式控制器"对话框。

**实例** 制作车轮滚动动画

本实例主要讲解使用"表达式控制器"制作车轮在地上滚动前进的动画效果，图10-151为本实例的最终渲染结果。

图10-151

**01** 启动3ds Max 2022软件，打开本书配套资源"车轮.max"文件，如图10-152所示。

图10-152

**02** 在"创建"面板中单击"圆"按钮，如图10-153所示。

图10-153

**03** 在左视图创建一个与车轮模型大小相似的圆形，如图10-154所示。

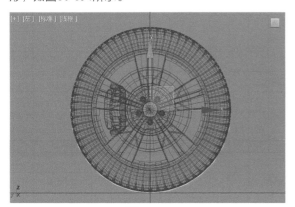

图10-154

**04** 在透视视图中，调整圆形图形的位置如图10-155所示。

图10-155

**05** 选择轮毂和轮胎模型，单击"主工具栏"上的"选择并链接"图标，将其链接至刚刚绘制完成的圆形图形上，如图10-156所示。

**06** 设置完成，在"场景资源管理器"面板中观察设置好的链接关系，如图10-157所示。

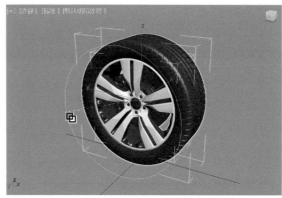

图10-156

图10-157

**07** 选择圆形图形，在"运动"面板中展开"指定控制器"卷展栏，将其"Y轴旋转"属性更改为"浮点表达式"控制器，如图10-158所示。

**08** 在自动弹出的"表达式控制器"对话框中，创建一个"名称"为A的标量，如图10-159所示。

图10-158

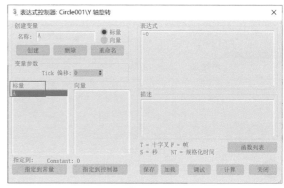

图10-159

**09** 单击"指定到控制器"按钮，在弹出的"轨迹视图拾取"对话框中，将其指定为圆形图形的"半径"属性，如图10-160所示。

**10** 在"表达式控制器"对话框中可以看到A标量被成功设置后的显示状态，如图10-161所示。

图10-160

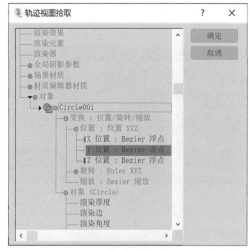

图10-163

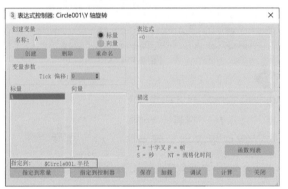

图10-161

**11** 再次创建一个新的标量B，如图10-162所示。

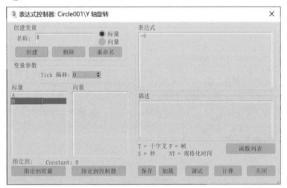

图10-162

**12** 单击"指定到控制器"按钮，在弹出的"轨迹视图拾取"对话框中，将其指定为圆形图形的"Y位置"属性，如图10-163所示。

**13** 在"表达式控制器"对话框中也可以看到Y变量被成功设置后的显示状态，如图10-164所示。

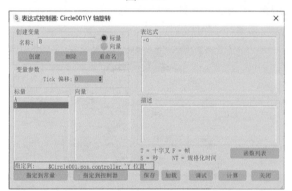

图10-164

**14** 在"表达式"文本框内，输入：-B/A后，单击"计算"按钮，可以使得输入的表达式被系统执行，如图10-165所示。

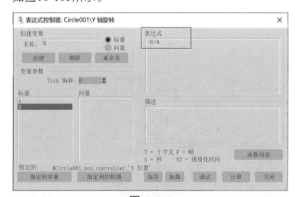

图10-165

**15** 设置完成，沿Y方向拖动圆形图形，可以看到车轮模型根据圆形图形的运动产生自然流畅的位置及旋转动画。本实例的最终动画效果如图10-166所示。

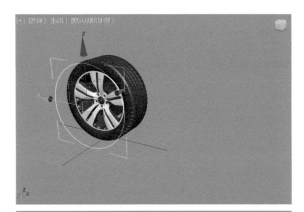

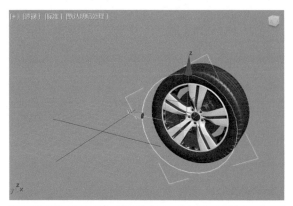

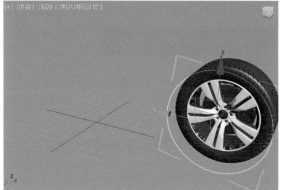

图10-166

# 第 11 章

# 粒子系统

## 11.1　粒子系统概述

3ds Max 2022的粒子主要分为"事件驱动型"和"非事件驱动型"两大类。其中，"非事件驱动"粒子的功能较为简单，并且容易控制，但是所能模拟的效果较为有限；而"事件驱动型"粒子又被称为"粒子流"，可以使用大量内置的操作符进行高级动画制作，所能模拟出来的效果也更加丰富和真实，故本章节主要以"事件驱动型"粒子进行动画的讲解。使用粒子系统，特效动画师可以制作出非常逼真的特效动画（如水、火、雨、雪、烟花等）以及众多相似对象共同运动而产生的群组动画，如图11-1和图11-2所示。

图1-1

图11-2

在"创建"面板中，将下拉列表切换至"粒子系统"选项，可以看到3ds Max 2022为用户提供的7个用于创建粒子的按钮，分别为"粒子流源"按钮、"喷射"按钮、"雪"按钮、"超级喷射"按钮、"暴风雪"按钮、"粒子阵列"按钮和"粒子云"按钮，如图11-3所示。

图11-3

## 11.2　粒子流源

"粒子流源"是一种复杂的、功能强大的粒子系统，主要通过"粒子视图"面板进行各个粒子事件的创建、判断及连接。其中，每一个事件还可以使用多个不同的操作符进行调控，使得粒子系统根据场景的时间变化，不断地依次计算事件列表中的每一个操作符更新场景。由于粒子系统中可以使用场景中的任意模型作为粒子的形态，在进行高级粒子动画计算时需要消耗大量时间及内存，所以用户应尽可能使用高端配置的计算机进行粒子动画制作，此外，高配置的显卡也有利于粒子加快在3ds Max 2022视口中的显示速度。

"粒子流源"在"修改"面板中设有"设置""选择""脚本""发射"和"系统管理"这5个卷展栏，如图11-4所示。下面讲解其中较为常用的参数命令。

图11-4

## 11.2.1 "设置"卷展栏

展开"设置"卷展栏，其中的参数设置如图11-5所示。

图11-5

### 工具解析

- 启用粒子发射：该选项用于设置打开或关闭粒子系统。
- "粒子视图"按钮：单击该按钮可以打开"粒子视图"面板。

## 11.2.2 "选择"卷展栏

展开"选择"卷展栏，其中的参数设置如图11-6所示。

图11-6

### 工具解析

- 粒子：用于通过单击粒子或拖动一个区域来选择粒子。
- 事件：用于按事件选择粒子。

（1）"按粒子ID选择"组。

- ID：使用此控件可设置要选择的粒子的ID号。每次只能设置一个数字。
- "添加"按钮 添加 ：设置完要选择的粒子的ID号，单击该按钮可将其添加到选择中。
- "删除"按钮 移除 ：设置完要取消选择的粒子的ID号，单击该按钮可将其从选择中移除。
- 清除选定内容：启用后，单击"添加"按钮选择粒子会取消选择所有其他粒子。
- "从事件级别获取"按钮 从事件级别获取 ：单击该按钮可将"事件"级别选择转化为"粒子"级别。

（2）"按事件选择"组。

- 文本框：用来显示粒子流中的所有事件，并高亮显示选定事件。

## 11.2.3 "脚本"卷展栏

展开"脚本"卷展栏，其中的参数设置如图11-7所示。

图11-7

### 工具解析

（1）"每步更新"组。

- 启用脚本：启用它按每积分步长执行内存中的脚本，如图11-8所示为勾选该选项前后的粒子运动轨迹状态对比。

图11-8

- "编辑"按钮：单击此按钮可打开具有当前脚本的文本编辑器窗口，可以通过更改其中的命令语句来控制粒子的轨迹，如图11-9所示。

图11-9

- 使用脚本文件：当此项处于启用状态，可以通过单击下面按钮加载脚本文件。单击此按钮可显示"打开"对话框，可通过此对话框指定要从磁盘加载的脚本文件。加载脚本后，脚本文件的名称出现在按钮上。
- "无"按钮：单击此按钮可显示"打开"对话框，可通过此对话框指定要从磁盘加载的脚本文件。加载脚本后，脚本文件的名称将出现在按钮上。

（2）"最后一步更新"组。

- 启用脚本：启用它可引起在最后的积分步长后执行内存中的脚本，如图11-10所示为勾选该选项前后的粒子运动轨迹状态对比。

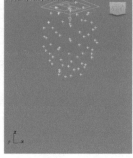

图11-10

- "编辑"按钮：单击此按钮可打开具有当前脚本的文本编辑器窗口，如图11-11所示。

图11-11

- 使用脚本文件：当此项处于启用状态时，可以通过单击下面按钮加载脚本文件。

- "无"按钮：单击此按钮可显示"打开"对话框，可通过此对话框指定要从磁盘加载的脚本文件。加载脚本后，脚本文件的名称将出现在按钮上。

## 11.2.4　"发射"卷展栏

展开"发射"卷展栏，其中的参数设置如图11-12所示。

图11-12

**工具解析**

（1）"发射器图标"组。

- 徽标大小：设置显示在源图标中心的粒子流徽标的大小，以及指示粒子运动的默认方向的箭头。

- 图标类型：选择源图标的基本几何体：长方形、长方体、圆形和球体。默认设置为长方形，如图11-13所示。

图11-13

- 长度/宽度：设置图标的长度/宽度值。

- 显示：以勾选的方式控制图标及徽标的显示及隐藏。

（2）"数量倍增"组。

- 视口%：设置系统中在视口内生成的粒子总数的百分比。默认值为50.0。范围为0.0至10000.0。

- 渲染%：设置系统中在渲染时生成的粒子总数的百分比。默认值为100.0。范围为0.0至10000.0。

## 11.2.5　"系统管理"卷展栏

展开"系统管理"卷展栏，其中的参数命令如图11-14所示。

图11-14

**工具解析**

（1）"粒子数量"组。

- 上限：系统可以包含粒子的最大数目。默认设置为100000。范围从1至10000000。

（2）"积分步长"组。

- 视口：设置在视口中播放的动画的积分步长。

- 渲染：设置渲染时的积分步长。

**基础讲解**　粒子流源的创建方法

**01**　在3ds Max 2022中，单击"粒子流源"按钮，可以在场景中以绘制的方式创建一个完整的"粒子流源"，如图11-15所示。

**02**　"粒子流源"创建完成，在"场景资源管理器"面板中可以看到默认状态下，该"粒子流源"系统所包含的所有"操作符"名称，如图11-16所示。

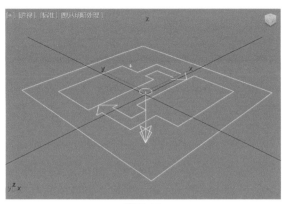

图11-15

图11-16

**03** 用户可以在"场景资源管理器"中单击任意操作符，并在"修改"面板中设置对应的参数，如图11-17所示为选择了"出生001"对象后，"修改"面板所显示出的对应修改参数。

**04** 执行菜单栏"图形编辑器"|"粒子视图"命令，如图11-18所示。

图11-17          图11-18

**05** 在打开"粒子视图"面板中，可以看到刚创建的"粒子流"所包含的事件及构成事件的所有操作符，如图11-19所示。

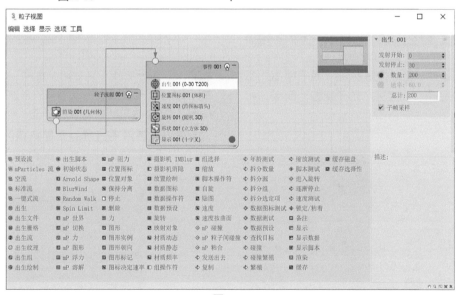

图11-19

**实例** 制作落叶飞舞动画

　　本实例为读者详细讲解使用粒子系统制作树叶被风吹落的特效动画，最终渲染动画序列如图11-20所示。

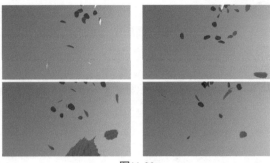

图11-20

**01** 启动3ds Max 2022软件，打开本书附带的配套资源文件"树叶.max"，里面有一个赋予好材质的树叶模型，如图11-21所示。

图11-21

**02** 执行菜单栏"图形编辑器"|"粒子视图"命令，或者按快捷键6，打开"粒子视图"面板，如图11-22所示。

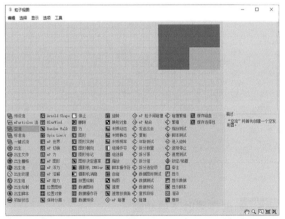

图11-22

**03** 在"仓库"中选择"空流"操作符，以拖曳的方式将其添加至"工作区"中，如图11-23所示。操作完成，在场景中自动生成粒子流的图标，如图11-24所示。

图11-23

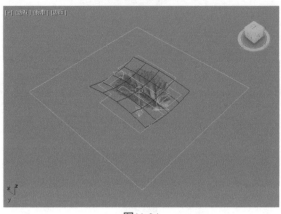

图11-24

**04** 选择场景中的粒子流图标，在"修改"面板中，调整其"长度"值为50，"宽度"值为50，"视口%"值为100，如图11-25所示。调整粒子流源图标的位置坐标如图11-26所示。

图11-25

图11-26

**05** 在"粒子视图"面板的"仓库"中，选择"出生"操作符，以拖曳的方式将其放置于"工作区"中作为"事件001"，并将其连接至"粒子流源001"上，这时，请读者注意，在默认情况下，"事件001"内还会自动出现一个"显示001"操作符，用来显示该事件的粒子形态，如图11-27所示。

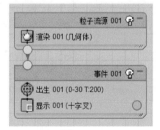

图11-27

**06** 选择"出生001"操作符，设置其"发射开始"的值为0，"发射停止"的值为60，"数量"的值为50，使得粒子在场景中从第0帧到第60帧共发射50个粒子，如图11-28所示。

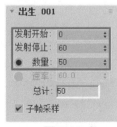

图11-28

**07** 在"粒子视图"面板的"仓库"中,选择"位置图标"操作符,以拖曳的方式将其放置于"工作区"中的"事件001"中,将粒子的位置设置在场景中的粒子流图标上,如图11-29所示。

图11-29

**08** 在"粒子视图"面板的"仓库"中,选择"图形实例"操作符,以拖曳的方式将其放置于"事件001"中,如图11-30所示。并将"粒子几何体对象"设置为场景中的树叶模型,如图11-31所示。

图11-30

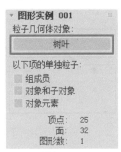

图11-31

**09** 单击"创建"面板中的"重力"按钮,如图11-32所示。

**10** 在场景中任意位置创建一个重力对象,如图11-33所示。

图11-32

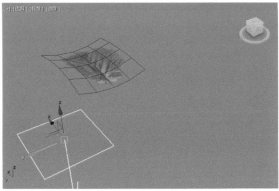

图11-33

**11** 在"修改"面板中,设置重力的"强度"值为0.1,使得其对粒子的影响小一些,如图11-34所示。

**12** 在"创建"面板中单击"风"按钮,如图11-35所示。

图11-34

图11-35

**13** 在场景中任意位置创建一个风对象,如图11-36所示。

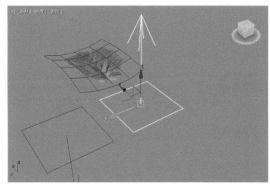

图11-36

**14** 在"修改"面板中,设置风的"强度"值为0.02,"湍流"的值为0.5,"频率"的值为0.2,如图11-37所示。

**15** 在场景中复制一个风对象,并调整其位置和方向至图11-38所示。

图11-37

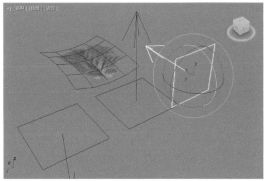

图11-38

**16** "粒子视图"面板的"仓库"中,选择"力"操作符,以拖曳的方式将其放置于"事件001"中,如图11-39所示。并将场景中的重力对象和两个风对象分别添加至"力空间扭曲"文本框内,如图11-40所示。

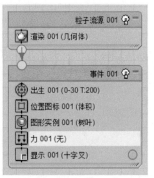

图11-39 图11-40

**17** 拖动"时间滑块"按钮，观察场景动画效果，可以看到粒子受到力的影响已经开始从上向下缓慢飘落，但是每个粒子的方向都是一样的，显得不太自然，如图11-41所示。

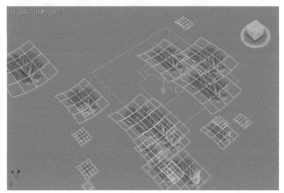

图11-41

**18** 在"粒子视图"面板的"仓库"中，选择"自旋"操作符，以拖曳的方式将其放置于"事件001"中，如图11-42所示。

**19** 再次拖动"时间滑块"按钮，即可看到每个粒子的旋转方向都不一样，如图11-43所示。

图11-42

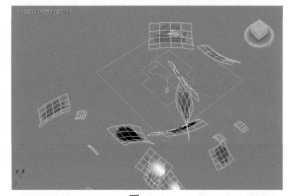

图11-43

**20** 本实例的最终动画完成效果如图11-44所示。

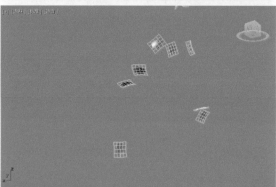

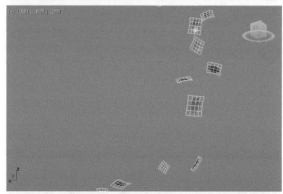

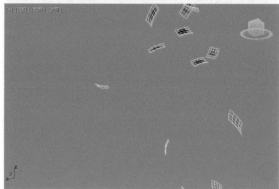

图11-44

## 实例　制作香烟燃烧动画

本实例为读者详细讲解使用粒子系统来制作香烟燃烧的特效动画，最终渲染动画序列如图11-45所示。

图11-45

**01** 启动3ds Max 2022软件，打开本书附带的配套资源文件"香烟.max"，如图11-46所示。

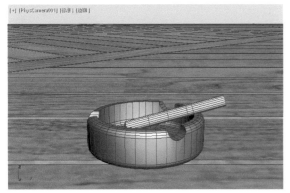

图11-46

**02** 执行菜单栏"图形编辑器"|"粒子视图"命令，或者按快捷键6，打开"粒子视图"面板，如图11-47所示。

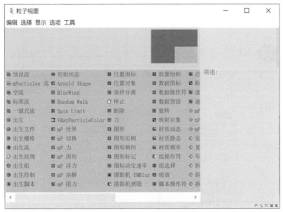

图11-47

**03** 在"仓库"中选择"空流"操作符，以拖曳的方式将其添加至"工作区"中作为"粒子流源001"，可以看到该事件内只有一个"渲染001"操作符，如图11-48所示。

图11-48

**04** 选择场景中的粒子流图标，在"修改"面板中，调整"视口%"值为100，如图11-49所示。

**05** 在"粒子视图"面板的"仓库"中，选择"出生"操作符，以拖曳的方式将其放置于"工作区"中作为"事件001"，并将其连接至"粒子流源001"上，如图11-50所示。

图11-49　　　　　　　　图11-50

**06** 选择"出生001"操作符，设置其"发射开始"的值为0，"发射停止"的值为0，"数量"的值为3，使得粒子在场景中从第0帧开始就有3个粒子，如图11-51所示。

**07** 在"粒子视图"面板的"仓库"中，选择"位置对象"操作符，以拖曳的方式将其放置于"工作区"中的"事件001"中，如图11-52所示。

图11-51　　　　　　　　图11-52

**08** 在"位置对象001"卷展栏中，单击"添加"按钮，选择场景中的香烟模型，将其设置为粒子的发射器，同时，将"位置"选择为"选定面"选项，如图11-53所示。

**09** 选择场景中的香烟模型，在"多边形"子对象层级中选择如图11-54所示的面，然后退出该子对象层级，这时，可以发现粒子的位置被固定到香烟模型所选择的面上。

图11-53

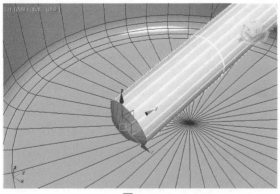

图11-54

**10** 在"粒子视图"面板的"仓库"中，选择"繁殖"操作符，以拖曳的方式将其放置于"工作区"中的"事件001"中，如图11-55所示。

**11** 在"繁殖001"卷展栏中，设置粒子"繁殖速率和数量"的选项为"每秒"，并设置"速率"的值为1000，如图11-56所示。

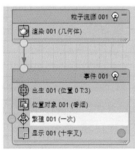

图11-55                图11-56

**12** 在"仓库"中，选择"力"操作符，以拖曳的方式将其放置于"工作区"中作为"事件002"，并将其连接至"事件001"的"繁殖"操作符上，如图11-57所示。

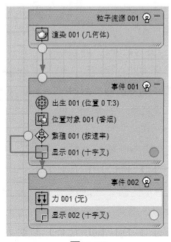

图11-57

**13** 在"创建"面板中，单击"风"按钮，在场景中创建一个方向向上的"风"，如图11-58所示。

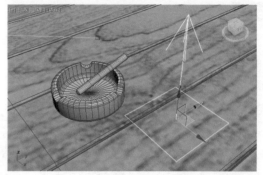

图11-58

**14** 在"修改"面板中设置风的"强度"值为0.3，如图11-59所示。

**15** 在场景中再次创建一个"风"，并调整其旋转角度至如图11-60所示。

图11-59

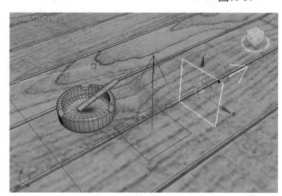

图11-60

**16** 在"修改"面板中设置"强度"值为0.2，"湍流"值为3，"频率"值为8，"比例"值为0.02，如图11-61所示。

**17** 将场景中的2个风对象分别添加至"力空间扭曲"文本框内，并设置"影响%"的值为10，如图11-62所示。

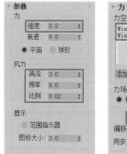

图11-61                图11-62

**18** 拖动"时间滑块"按钮，可以看到场景中的粒子运动轨迹如图11-63所示。

图11-63

**19** 在"仓库"中选择"年龄测试"操作符，以拖曳的方式将其放置于"工作区"中的"事件002"中，如图11-64所示。

**20** 在"年龄测试001"卷展栏中，设置"测试值"为80，"变化"值为0，如图11-65所示。

图11-64　　　　图11-65

**21** 在"仓库"中，选择"删除"操作符，以拖曳的方式将其放置于"工作区"中作为"事件003"，并将其连接至"事件002"的"年龄测试"操作符上，这样，场景里当"事件002"所产生的粒子年龄大于80帧时，将会被删除掉，以减少软件不必要的粒子计算，如图11-66所示。

**22** 在"仓库"中，选择"图形朝向"操作符，以拖曳的方式将其放置于"工作区"中的"粒子流源001"中，如图11-67所示。

**23** 在"图形朝向001"卷展栏中，将场景中的物理摄影机作为粒子的"注视摄影机/对象"，并设置粒子"在世界空间中"的大小及单位为0.1，如图11-68所示。

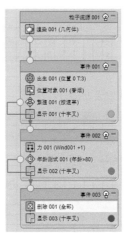

图11-66

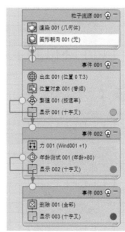

图11-67

**24** 在"仓库"中，选择"材质静态"操作符，以拖曳的方式将其放置于"工作区"中的"粒子流源001"事件中，为粒子添加材质效果，如图11-69所示。

图11-68

图11-69

**25** 按快捷键M键，打开"材质编辑器"面板，选择一个物理材质并重命名为"烟"，并以拖曳的方式添加到"材质静态001"卷展栏内的"指定材质"属性上，完成粒子材质的指定，如图11-70所示。

**26** 在"基本参数"卷展栏中，设置材质的颜色为白色，如图11-71所示。

图11-70

图11-71

**27** 本实例的最终动画完成效果如图11-72所示。

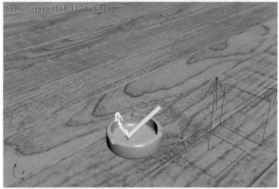

图11-72

**实例** 制作杯子炸裂动画

本实例为读者详细讲解使用粒子系统制作杯子炸裂的特效动画,最终渲染动画序列如图11-73所示。

图11-73

**01** 启动3ds Max 2022软件,打开本书附带的配套资源文件"玻璃杯.max",如图11-74所示。

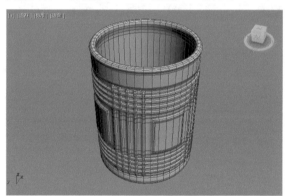

图11-74

**02** 首先,需要制作出玻璃杯破碎的模型。单击"创建"面板中的"球体"按钮,如图11-75所示。

图11-75

**03** 在场景中创建一个"半径"值为10的球体模型,如图11-76所示。

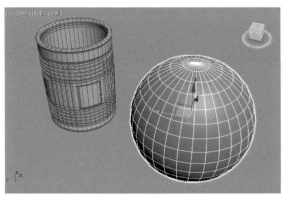

图11-76

**04** 对球体进行多次复制，并分别调整其位置至图11-77所示。

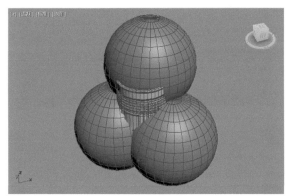

图11-77

**05** 将场景中的所有球体模型合并为一个模型，如图11-78所示。

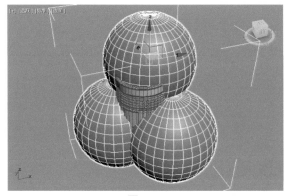

图11-78

**06** 选择球体模型，单击"创建"面板中的ProCutter按钮，如图11-79所示。

**07** 在"切割器拾取参数"卷展栏中，勾选"切割器工具模式"组内的"自动提取网格"和"按元素展开"选项，如图11-80所示。

图11-79

**08** 在"切割器参数"卷展栏中，勾选"被切割对象在切割器对象之内"选项，如图11-81所示。

图11-80 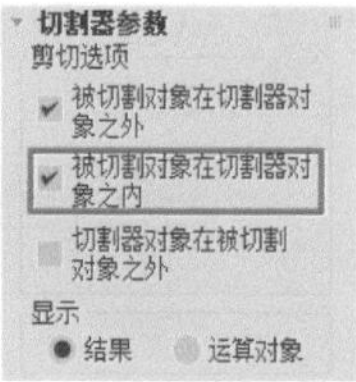　　　　图11-81

**09** 设置完成，单击"切割器拾取参数"卷展栏中的"拾取原料对象"按钮，如图11-82所示，再单击场景中的玻璃杯模型，可以将玻璃杯模型切割成大小不一的破碎效果。

图11-82

**10** 删除球体模型，可以看到计算完成后玻璃杯的破碎效果如图11-83所示。

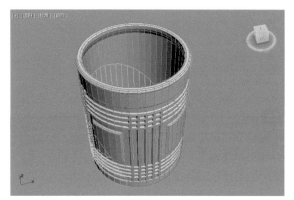

图11-83

**11** 选择场景中的所有玻璃杯碎片模型，在"层次"面板中单击"仅影响轴"按钮，再单击"居中到对象"按钮，调整玻璃杯碎片模型的坐标轴，如图11-84所示。

**12** 在"实用程序"面板中，单击"重置选定内容"按钮，如图11-85所示。

图11-84　　　　图11-85

**13** 执行菜单栏"图形编辑器"|"粒子视图"命令，打开"粒子视图"面板，在"仓库"中选择"空流"操作符，以拖曳的方式将其添加至"工作区"中作为"粒子流源001"，如图11-86所示。

图11-86

**14** 选择场景中的粒子流图标，在"修改"面板中，调整"视口%"的值为100，如图11-87所示。

**15** 在"粒子视图"面板的"仓库"中，选择"出生组"操作符，以拖曳的方式将其放置于"工作区"中作为"事件001"，并将其连接至"粒子流源001"上，如图11-88所示。

图11-87 图11-88

**16** 在"出生组001"卷展栏中，先单击"添加"按钮，再单击"按列表"按钮，将场景中的玻璃杯碎片模型添加到"粒子对象"文本框内，如图11-89所示。设置完成，隐藏场景中的玻璃杯碎片模型，可以看到场景中还有一个完全由粒子生成的玻璃杯模型，如图11-90所示。

图11-89

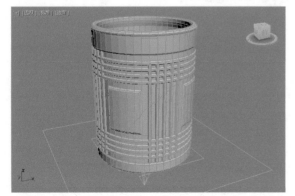

图11-90

**17** 单击"创建"面板中的"重力"按钮、"阻力"按钮和"粒子爆炸"按钮，如图11-91所示。

图11-91

**18** 在场景中创建一个重力对象，阻力对象和粒子爆炸对象，如图11-92所示。

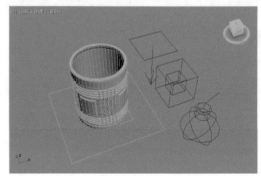

图11-92

**19** 在"粒子视图"面板的"仓库"中，选择"力"操作符，以拖曳的方式将其放置于"工作区"中的"事件001"中，如图11-93所示。

**20** 在"力001"卷展栏中，将场景中的重力对象，阻力对象和粒子爆炸对象分别添加到"力空间扭曲"下方的文本框内，如图11-94所示。

图11-93 图11-94

**21** 选择重力对象，如图11-95所示。

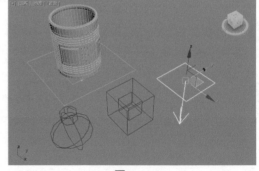

图11-95

**22** 在"修改"面板中,在第30帧位置处,设置"强度"值为0,并设置关键帧,如图11-96所示。

**23** 在第31帧位置处,设置"强度"值为1,并设置关键帧,如图11-97所示。

图11-96　　　　图11-97

**24** 选择阻力对象,如图11-98所示。

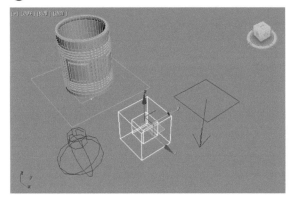

图11-98

**25** 在"修改"面板中,设置"线性阻尼"的"X轴""Y轴"和"Z轴"的值均为20%,如图11-99所示。

**26** 选择阻力对象,如图11-100所示。将其移动至玻璃杯模型的中心位置处,如图11-101所示。

图11-99

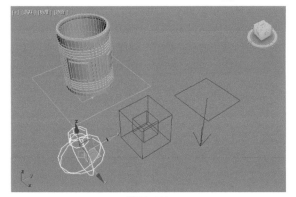

图11-100

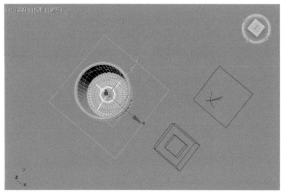

图11-101

**27** 设置完成后,播放场景动画,可以看到玻璃杯炸裂的动画效果,如图11-102所示。

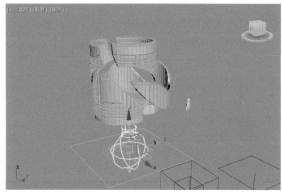

图11-102

**28** 单击"创建"面板中的"导向板"按钮,如图11-103所示。

**29** 在场景中创建一个导向板,用来制作玻璃杯碎片受到重力影响掉落在地上并多次弹起的动画效果,如图11-104所示。

图11-103

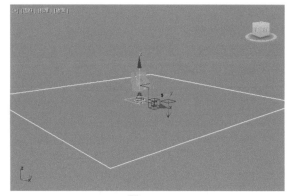

图11-104

**30** 在"粒子视图"面板的"仓库"中,选择"碰撞"操作符,以拖曳的方式将其放置于"工作区"中的"事件001"中,如图11-105所示。

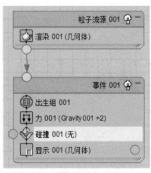

图11-105

**31** 在"碰撞001"卷展栏中，将刚刚创建出来的导向板添加到"导向器"下方的文本框内，并设置"测试真值的条件是粒子"的选项为"碰撞多次"，设置"次数"值为3，如图11-106所示。

**32** 在"粒子视图"面板的"仓库"中，选择"停止"操作符，以拖曳的方式将其放置于"工作区"中作为"事件002"，并将其与"事件001"中的"碰撞"操作符连接起来，如图11-107所示。

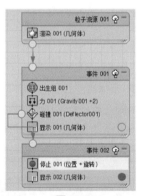

图11-106          图11-107

**33** 设置完成后，播放场景动画。本实例的最终动画效果如图11-108所示。

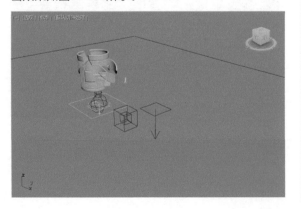

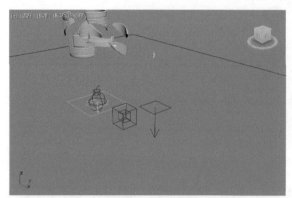

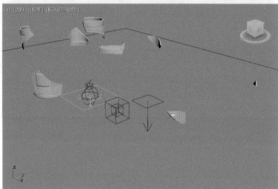

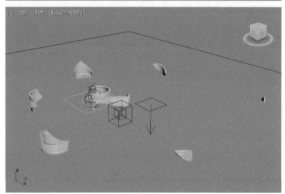

图11-108

**实例** 制作雨滴飞溅动画

本实例详细讲解使用粒子系统制作雨滴飞溅的特效动画，最终渲染动画序列如图11-109所示。

图11-109

**01** 启动3ds Max 2022软件，打开本书附带的配套资源文件"雨景.max"，如图11-110所示。

图11-110

**02** 执行菜单栏"图形编辑器"|"粒子视图"命令，打开"粒子视图"面板，在"仓库"中选择"空流"操作符，并以拖曳的方式将其添加至"工作区"中作为"粒子流源001"，如图11-111所示。

**03** 在"粒子视图"面板的"仓库"中，选择"出生"操作符，以拖曳的方式将其放置于"工作区"中作为"事件001"，并将其连接至"粒子流源001"上，如图11-112所示。

图11-111          图11-112

**04** 在"出生001"卷展栏中，设置"发射开始"值为0，"发射停止"值为100，"数量"值为8000，如图11-113所示。

**05** 在"粒子视图"面板的"仓库"中，选择"位置对象"操作符，以拖曳的方式将其放置于"工作区"中的"事件001"中，如图11-114所示。

图11-113          图11-114

**06** 在场景中选择粒子图标，在"修改"面板中调整其"长度"值和"宽度"值均为200，如图11-115所示。并调整其在场景中的坐标位置如图11-116所示。

图11-115

图11-116

**07** 在"粒子视图"面板的"仓库"中，选择"图形"操作符，以拖曳的方式将其放置于"工作区"中的"事件001"中，如图11-117所示。

**08** 在"形状001"卷展栏中，设置粒子的形状为"长菱形"，"大小"值为0.4，如图11-118所示。

图11-117          图11-118

**09** 在"粒子视图"面板的"仓库"中，选择"力"操作符，以拖曳的方式将其放置于"工作区"中的"事件001"中，如图11-119所示。

**10** 单击"创建"面板中的"重力"按钮，如图11-120所示。

    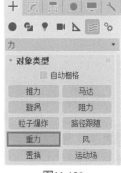

图11-119          图11-120

**11** 在场景中创建一个重力对象，如图11-121所示。

225

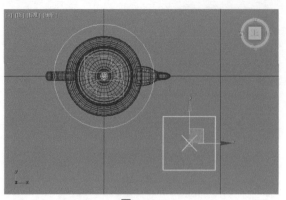

图11-121

**12** 在"力001"卷展栏中,将刚刚创建出来的重力对象添加至"力空间扭曲"文本框内,如图11-122所示。

**13** 单击"创建"面板中的"全导向器"按钮,如图11-123所示。

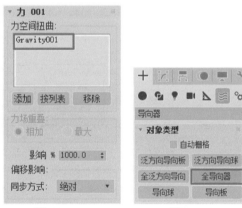

图11-122                图11-123

**14** 在场景中任意位置处创建两个全导向器,并在"修改"面板中分别拾取场景中的地面模型和茶壶模型,如图11-124所示。

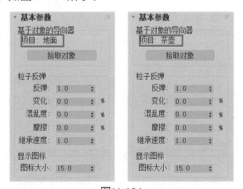

图11-124

**15** 在"粒子视图"面板的"仓库"中,选择"碰撞繁殖"操作符,以拖曳的方式将其放置于"工作区"中的"事件001"中,如图11-125所示。

**16** 在"碰撞繁殖001"卷展栏中,将刚刚创建出来

的两个全导向器添加至"导向器"下方的文本框中,设置"子孙数"值为12,"继承%"值为25,"比例因子%"值为30,如图11-126所示。

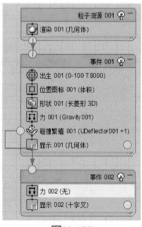

图11-125                图11-126

**17** 在"粒子视图"面板的"仓库"中,选择"力"操作符,以拖曳的方式将其放置于"工作区"中作为"事件002"中,并将其与"事件001"中的"碰撞繁殖"操作符连接起来,如图11-127所示。

图11-127

**18** 在"力002"卷展栏中，将刚刚创建出来的重力对象添加至"力空间扭曲"文本框内，如图11-128所示。

图11-128

**19** 在"粒子视图"面板的"仓库"中，选择"删除"操作符，以拖曳的方式将其放置于"工作区"内的"事件002"中，如图11-129所示。

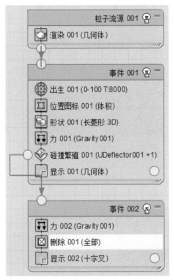

图11-129

**20** 在"删除001"卷展栏中，设置"移除"的选项为"按粒子年龄"，设置"寿命"值为5，"变化"值为0，如图11-130所示。

图11-130

**21** 设置完成后，播放场景动画，本实例的最终动画完成效果如图11-131所示。

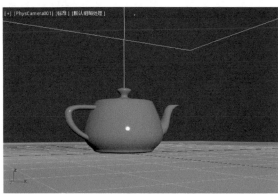
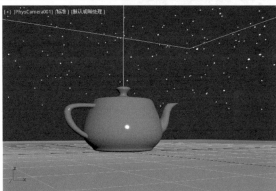

图11-131

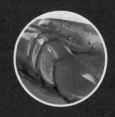

第 12 章

# 动力学技术

## 12.1　动力学概述

3ds Max 2022为动画师提供了多个功能强大且易于掌握的动力学动画模拟系统，主要有MassFX动力学、Cloth修改器、流体等，用来制作运动规律较为复杂的自由落体动画、刚体碰撞动画、布料运动动画以及液体流动动画，这些内置的动力学动画模拟系统不但为动画师提供了效果逼真、合理的动力学动画模拟解决方案，还极大地节省了手动设置关键帧所消耗的时间。不过，需要注意，某些动力学计算需要较高的计算机硬件支持和足够大的硬盘空间存放计算缓存文件才能够得到真实、细节丰富的动画模拟效果。

## 12.2　MassFX 动力学

MassFX动力学通过对物体质量、摩擦力、反弹力等多个属性进行合理设置，可以产生非常真实的物理作用动画计算，并在对象上生成大量的动画关键帧。启动3ds Max 2022后，在"主工具栏"上右击并执行"MassFX工具栏"命令，如图12-1所示，弹出动力学设置相关的命令图标，如图12-2所示。

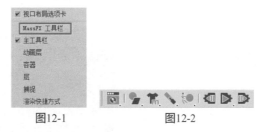

图12-1　　　　　　　　　　　图12-2

## 12.3　MassFX 工具

MassFX模拟的刚体是在动力学计算期间，其形态不发生改变的模型对象。例如，场景中的任意几何体模型设置为刚体，它可能会反弹、滚动和四处滑动，但无论施加了多大的力，它都不会弯曲或折断。另外，还需要特别注意，当进行动力学模拟时，一定要先设置好场景的单位，并保证所要模拟的对象与真实世界中的对象比例相似，这样才能得到较为正确的动画结果。"MassFX工具栏"提供了
"动力学""运动学"和"静态"3种不同的类型供用户选择设置，如图12-3所示。

"MassFX工具"面板中包含有"世界参数""模拟工具""多对象编辑器"和"显示选项"这4个选项卡，如图12-4所示。下面，主要为读者讲解常用的参数命令。

将选定项设置为动力学刚体
将选定项设置为运动学刚体
将选定项设置为静态刚体

图12-3

图12-4

## 12.3.1 "世界参数"选项卡

"世界参数"选项卡内共有"场景设置""高级设置"和"引擎"3个卷展栏，如图12-5所示。

图12-5

### 1. "场景设置"卷展栏

展开"场景设置"卷展栏，其中的参数设置如图12-6所示。

**工具解析**

（1）"环境"组。

● 使用地面碰撞：默认开启此选项。MassFX使用地面高度级别的无限、平面、静态刚体。

● 地面高度：启用"使用地面碰撞"时地面刚体的高度。

● 全局重力：这些设置应用于启用"使用世界重力"的刚体和启用"使用全局重力"的mCloth对象。

● 重力方向：应用MassFX中的内置重力，并且允许用户通过该参数下方的"轴"更改重力的方向。

● 强制对象的重力：可以使用重力空间扭曲将重力应用于刚体。

● 没有重力：选择时，重力不会影响模拟。

（2）"刚体"组。

● 子步数：每个图形更新之间执行的模拟步数，由以下公式确定：（子步数＋1）× 帧速率。

● 解算器迭代数：全局设置，约束解算器强制执行碰撞和约束的次数。

● 使用高速碰撞：全局设置，用于切换连续的碰撞检测。

● 使用自适应力：启用时，MassFX根据需要收缩组合防穿透力来减少堆叠和紧密聚合刚体中的抖动。

● 按照元素生成图形：启用并将"MassFX 刚体"修改器应用于对象后，MassFX会为对象中的每个元素创建一个单独的物理图形。图12-7分别为开启该选项前后的凸面外壳生成显示。

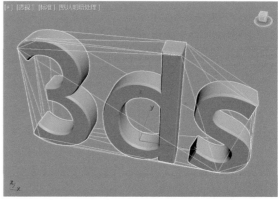

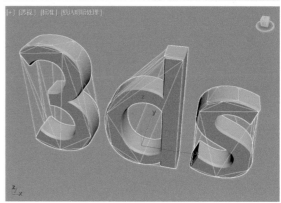

图12-7

### 2. "高级设置"卷展栏

展开"高级设置"卷展栏，其中的参数设置如图12-8所示。

**工具解析**

（1）"睡眠设置"组。

- 自动：MassFX 自动计算合理的线速度和角速度睡眠阈值，高于该阈值即应用睡眠。

图12-8

- 手动：勾选该选项可以根据"睡眠能量"的值来进行睡眠设置计算。
- 睡眠能量：设置"睡眠"机制测量对象的移动量。

（2）"高速碰撞"组。

- 自动：MassFX 使用试探式算法计算合理的速度阈值，高于该值即应用高速碰撞方法。
- 手动：勾选该选项可以根据"最低速度"的值来计算高速碰撞效果。
- 最低速度：通过设置该值可以在模拟中使得移动速度高于此速度（以单位/秒为单位）的刚体自动进入高速碰撞模式。

（3）"反弹设置"组。

- 自动：MassFX 使用试探式算法计算合理的最低速度阈值，高于该值即应用反弹。
- 手动：勾选该选项可以根据"最低速度"的值来进行反弹模拟计算。
- 最低速度：通过设置该值可以在模拟中使得移动速度高于此速度（以单位/秒为单位）的刚体相互反弹。

（4）"接触壳"组。

- 接触距离：允许移动刚体重叠的距离。
- 支撑台深度：允许支撑体重叠的距离。

**3. "引擎"卷展栏**

展开"引擎"卷展栏，其中的参数设置如图12-9所示。

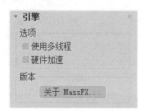

图12-9

**工具解析**

（1）"选项"组。

- 使用多线程：启用时，如果 CPU 具有多个内核，CPU 可以执行多线程，以加快模拟的计算速度。在某些条件下可以提高性能；但是，连续进行模拟的结果可能不同。
- 硬件加速：启用时，如果用户的系统配备 NVIDIA GPU，可以使用硬件加速执行某些计算。在某些条件下可以提高性能；但是，连续进行模拟的结果可能不同。

（2）"版本"组。

- "关于MassFX"按钮 关于 MassFX... ：单击该按钮可以自动弹出"关于MassFX"对话框显示当前MassFX版本信息，如图12-10所示。

图12-10

## 12.3.2　"模拟工具"选项卡

"模拟工具"选项卡内共有"模拟""模拟设置"和"实用程序"3个卷展栏，如图12-11所示。

图12-11

**1. "模拟"卷展栏**

展开"模拟"卷展栏，其中的参数设置如图12-12所示。

**工具解析**

（1）"播放"组。

- "重置模拟"按钮 ◁ ：停止模拟，将时间滑块移动到第一帧，并将任意动力学刚体设置为其初始变换。

图12-12

- "开始模拟"按钮▶：从当前模拟帧运行模拟。
- "开始没有动画的模拟"按钮▶：与"开始模拟"类似（前面所述），只是模拟运行时时间滑块不会前进。可用于使动力学刚体移动到固定点，以准备使用捕捉初始变换。
- "逐帧模拟"按钮▶：运行一个帧的模拟并使时间滑块前进相同量。

（2）"模拟烘焙"组。

- "烘焙所有"按钮 烘焙所有 ：将所有动力学对象（包括 mCloth）的变换存储为动画关键帧时，重置模拟并运行。
- "烘焙选定项"按钮 烘焙选定项 ：与"烘焙所有"类似，只是烘焙仅应用于选定的动力学对象。
- "取消烘焙所有"按钮 取消烘焙所有 ：删除通过烘焙设置为运动学状态的所有对象的关键帧，从而将这些对象恢复为动力学状态。
- "取消烘焙选定项"按钮 取消烘焙选定项 ：与"取消烘焙所有"类似，只是取消烘焙仅应用于选定的适用对象。

（3）"捕获变换"组。

- "捕获变换"按钮 捕获变换 ：将每个选定动力学对象（包括 mCloth）的初始变换设置为其当前变换。

**2. "模拟设置"卷展栏**

展开"模拟设置"卷展栏，其中的参数设置如图12-13所示。

图12-13

**工具解析**

- 在最后一帧：选择当动画进行到最后一帧时，是否继续进行模拟，3ds Max 2022为用户提供"继续模拟""停止模拟"和"循环动画并且"3个选项。

**3. "实用程序"卷展栏**

展开"实用程序"卷展栏，其中的参数设置如图12-14所示。

图12-14

**工具解析**

- "浏览场景"按钮 浏览场景 ：单击该按钮可以打开"MassFX 资源管理器"对话框，如图12-15所示。

图12-15

- "验证场景"按钮 验证场景 ：单击该按钮可以弹出"验证PhysX场景"对话框，验证各种场景元素不违反模拟要求，如图12-16所示。

图12-16

- "导出场景"按钮 导出场景 ：将场景导出为PXPROJ文件以使得该模拟可用于其他程序。

### 12.3.3 "多对象编辑器"选项卡

"多对象编辑器"选项卡在默认状态下如图12-17所示。当用户在场景中选择设置刚体的模型后，则显示分为"刚体属性""物理材质""物理材质属性""物理网格""物理网格参数""力"和"高级"7个卷展栏，如图12-18所示。读者可以通过练习本章节后面的实例学习该选项卡的使用。

图12-17

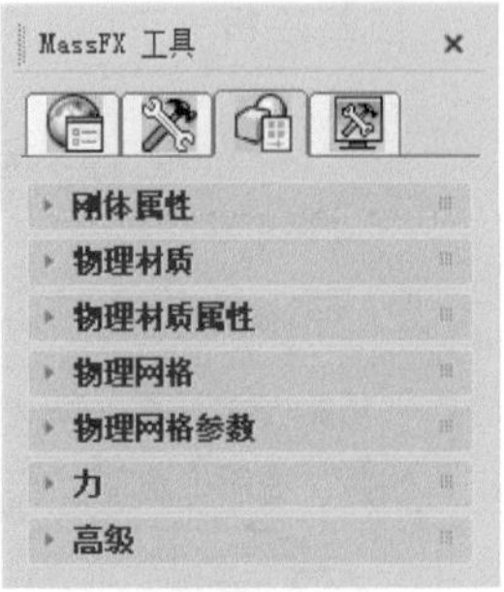

图12-18

## 12.3.4 "显示选项"选项卡

"显示选项"选项卡内共有"刚体"和"MassFX可视化工具"2个卷展栏，如图12-19所示。

图12-19

### 1. "刚体"卷展栏

展开"刚体"卷展栏，其中的参数设置如图12-20所示。

图12-20

### 工具解析

- 显示物理网格：启用时，物理网格显示在视口中，且可以使用"仅选定对象"开关。
- 仅选定对象：启用时，仅选定对象的物理网格显示在视口中。

### 2. "MassFX可视化工具"卷展栏

展开"MassFX可视化工具"卷展栏，其中的参数设置如图12-21所示。

### 工具解析

"选定"组。

- 启用可视化工具：启用时，此卷展栏上的其余设置生效。
- 缩放：基于视口的指示器（如轴）的相对大小。

图12-21

---

基础讲解 刚体基本设置方法

**01** 启动3ds Max 2022软件，执行菜单栏"自定义"|"单位设置"命令，在弹出的"单位设置"对话框中设置"显示单位比例"的选项为厘米，如图12-22所示。

**02** 单击"系统单位设置"按钮，在弹出的"系统单位设置"对话框中设置1单位=1.0厘米，如图12-23所示。

图12-22                图12-23

**03** 单击"创建"面板中的"球体"按钮，如图12-24所示，在场景中创建一个球体模型。

**04** 在"修改"面板中，设置球体的"半径"值为5cm，如图12-25所示。

图12-24                图12-25

**05** 单击"创建"面板中的"长方体"按钮，如图12-26所示，在场景中创建一个长方体模型。

图12-26

**06** 在"修改"面板中，设置"长度"值为200cm，"宽度"值为200cm，"高度"值为10cm，如图12-27所示。

图12-27

**07** 在场景中调整球体的坐标位置如图12-28所示，使得球体在距地近100cm高的位置。

X: 0.0cm　　Y: 0.0cm　　Z: 100.0cm

图12-28

**08** 选择场景中的球体模型，单击"将选定项设置为动力学刚体"按钮，如图12-29所示。

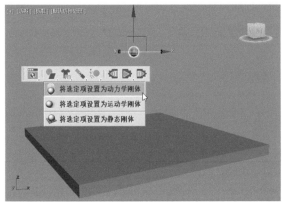

图12-29

**09** 设置完成，可以看到系统自动为球体添加MassFX Rigid Body修改器，如图12-30所示。

**10** 选择场景中的长方体模型，单击"将选定项设置为静态刚体"按钮，如图12-31所示。

图12-30

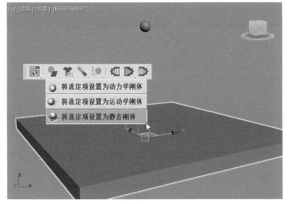

图12-31

**11** 在"MassFX工具"面板中打开"多对象编辑器"选项卡，选择场景中的球体，单击"刚体属性"卷展栏中的"烘焙"按钮，如图12-32所示，可以开始计算球体的自由落体动画。

**12** 本实例的最终动画完成效果如图12-33所示。

图12-32

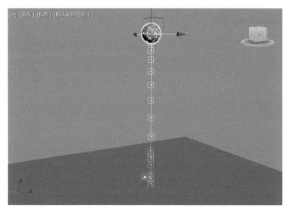

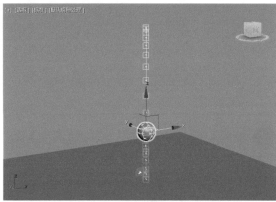

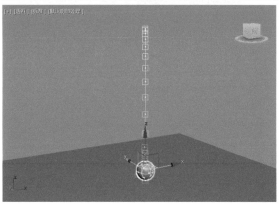

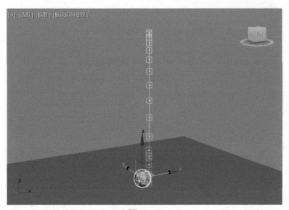

图12-33

**基础讲解** **布料模拟基本设置方法**

**01** 启动3ds Max 2022软件,单击"创建"面板中的"平面"按钮,如图12-34所示,在场景中创建一个平面。

**02** 在"修改"面板中,设置平面模型的参数如图12-35所示。

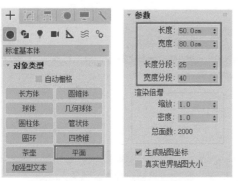

图12-34      图12-35

**03** 选择场景中的平面模型,调整其位置和角度至图12-36所示。

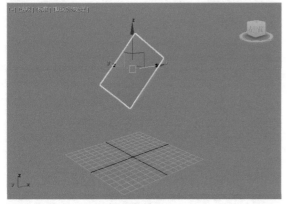

图12-36

**04** 单击"将选定对象设置为mCloth对象"按钮,如图12-37所示。

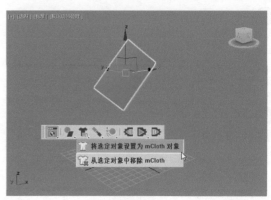

图12-37

**05** 设置完成,系统自动为平面模型添加mCloth修改器,如图12-38所示。

**06** 在"mCloth模拟"卷展栏中,单击"烘焙"按钮,如图12-39所示。可以看到3ds Max 2022开始对平面模型进行布料动画模拟。

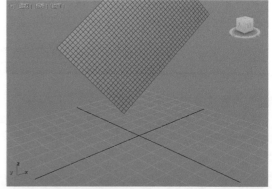

图12-38      图12-39

**07** 本实例的最终动画完成效果如图12-40所示。

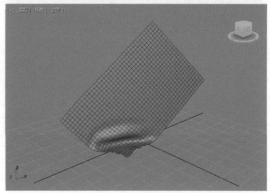

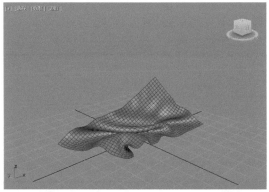

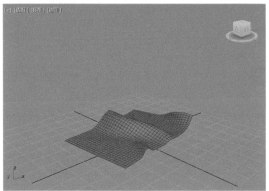

图12-40

◉技巧与提示·◦

　　读者需要注意，刚体模拟所生成的对象动画效果由物体的位移动画和旋转动画所组成，故动画关键帧的颜色由一半红色和一半绿色所组成，如图12-41所示；而布料模拟所生成的对象动画效果则属于形变动画，故动画关键帧的颜色为灰色，如图12-42所示。

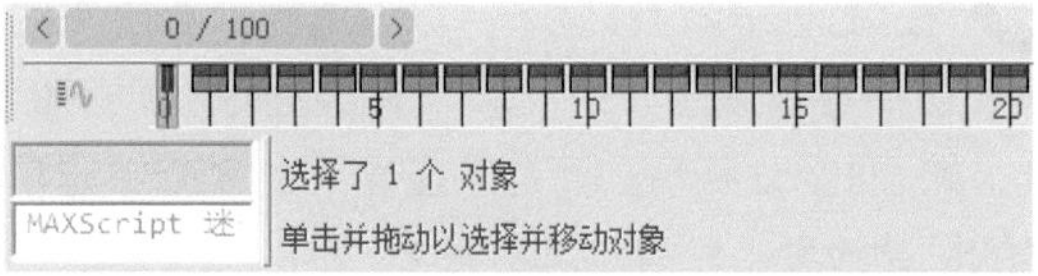

| 0 / 100 > |
|---|
| 选择了 1 个 对象 |
| MAXScript 送　单击并拖动以选择并移动对象 |

图12-41

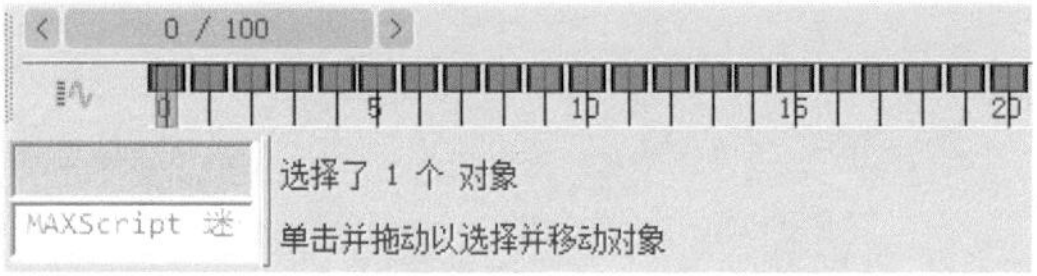

| 0 / 100 > |
|---|
| 选择了 1 个 对象 |
| MAXScript 送　单击并拖动以选择并移动对象 |

图12-42

**实例** 制作物体碰撞动画

　　本实例为读者详细讲解使用"MassFX动力学"系统来制作物体碰撞的动画效果，最终渲染动画序列如图12-43所示。

图12-43

**01** 启动3ds Max 2022软件，打开本书配套资源文件"茶壶.max"，如图12-44所示。

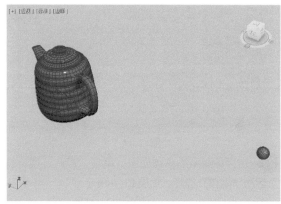

图12-44

**02** 按快捷键N键，开启自动记录关键帧功能。选择球体模型，在第10帧位置处，调整其位置至图12-45所示，再次按快捷键N键，关闭自动记录关键帧功能。

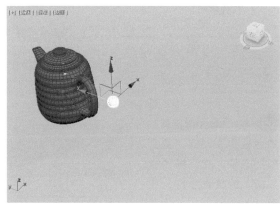

图12-45

**03** 执行菜单栏"图形编辑器"|"轨迹视图-曲线编辑器"命令，在弹出的"轨迹视图-曲线编辑器"面板中找到球体的动画曲线，如图12-46所示。调整动画曲线的形态至图12-47所示后，再关闭该面板。

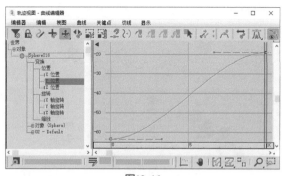

图12-46

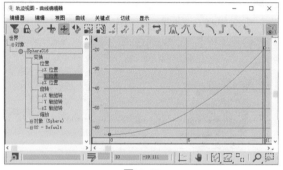

图12-47

**04** 选择场景中的球体模型，单击"将选定项设置为运动学刚体"按钮，如图12-48所示。

图12-48

**05** 在"MassFX工具"对话框中，勾选"直到帧"选项，并设置"直到帧"的数值为10，如图12-49所示。

**06** 选择场景中的茶壶碎片模型和壶盖模型，单击"将选定项设置为动力学刚体"按钮，如图12-49所示。

图12-49

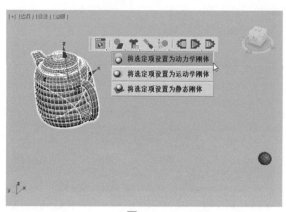

图12-50

**07** 在"MassFX工具"对话框中，勾选"在睡眠模式中启动"选项，如图12-51所示。

**08** 选择场景中的所有已经设置动力学属性的模型后，单击"烘焙"按钮，如图12-52所示。可以开始碰撞动画的模拟计算。

图12-51　　　　　　　　图12-52

**09** 在默认的模拟精度下，可以看到计算出来的动画效果不是很理想，茶壶碎片有穿透地面以下的现象，如图12-53所示。而且茶壶碎片还会产生非常明显的抖动效果，显得非常不真实。

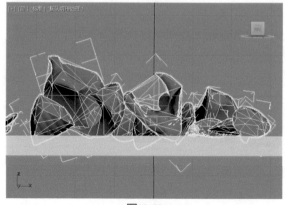

图12-53

**10** 按快捷键组合 Ctrl+Z，后退一步，回到未进行动画模拟的状态。在"MassFX工具"对话框中，设置"子步数"值为10，"解算器迭代数"值为20，如图12-54所示。

**11** 单击"烘焙"按钮进行动力学模拟计算，这一次看到模拟出来的效果跟之前相比变化较大，而且茶壶碎片基本上没有明显插进地面的情况，碎片的抖动情况也有明显改善，如图12-55所示。

图12-54

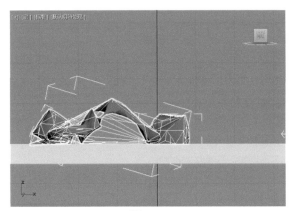

图12-55

**12** 本实例的最终动画计算完成效果如图12-56所示。

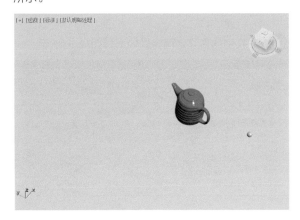

图12-56

◎技巧与提示·◦

　　使用MassFX动力学系统所计算出来的动画关键帧可能会产生一定的误差，有时候很难避免，这时候需要仔细观察计算出来的动画关键帧，可以考虑将多余的抖动动画关键帧进行删除，只保留效果较为理想的关键帧。

**实例** 制作桌布下落动画

本实例详细讲解使用"MassFX动力学"系统制作布料自由落体的动画效果，最终渲染动画序列如图12-57所示。

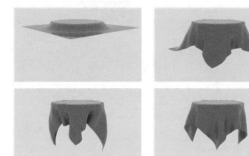

图12-57

**01** 启动3ds Max 2022软件，打开本书附带的配套资源文件"桌布.max"，本场景中有一个圆柱体模型和一个平面模型，如图12-58所示。

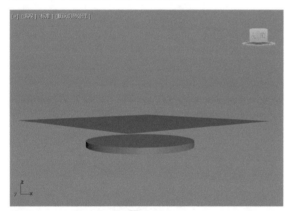

图12-58

**02** 选择场景中的圆柱体模型，单击"将选定项设置为静态刚体"按钮，如图12-59所示。

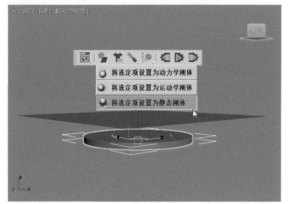

图12-59

**03** 设置完成，可以看到系统自动为圆柱体模型添加MassFX Rigid Body修改器，如图12-60所示。

图12-60

**04** 选择场景中的平面模型，单击"将选定对象设置为mCloth对象"按钮，如图12-61所示。

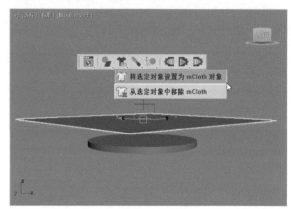

图12-61

**05** 设置完成，系统自动为平面模型添加mCloth修改器，如图12-62所示。

**06** 在"mCloth模拟"卷展栏中，单击"烘焙"按钮，如图12-63所示。可以看到3ds Max 2022开始对平面模型进行布料动画模拟。

图12-62　　　　　　　图12-63

**07** 本实例的最终动画完成效果如图12-64所示。

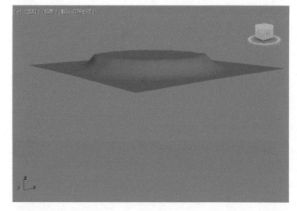

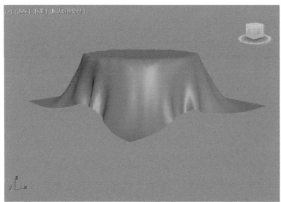

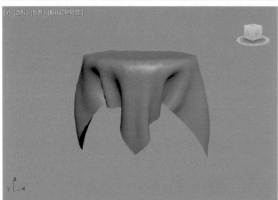

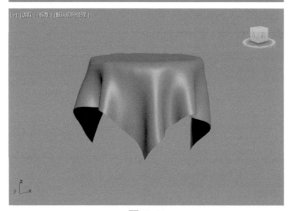

图12-64

## 12.4 流体

3ds Max 2022为用户提供功能强大的液体模拟系统——流体，使用该动力学系统，特效师们可以制作效果逼真的水、油等液体流动动画。在"创建"面板中，将下拉列表切换至"流体"，即可看到其"对象类型"中为用户提供"液体"按钮和"流体加载器"按钮，如图12-65所示。其中"液体"按钮用来创建液体并计算液体流动动画，而"流体加载器"按钮则用来添加现有的计算完成的"缓存文件"。

图12-65

### 12.4.1 液体

单击"液体"按钮，可以在场景中绘制一个液体图标，如图12-66所示。

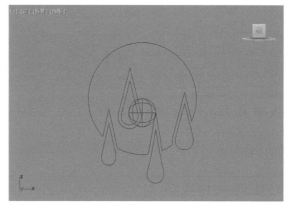

图12-66

在"修改"面板中，可以看到液体分为"设置"卷展栏和"发射器"卷展栏，如图12-67所示。其中，"设置"卷展栏里只有"模拟视图"一个按钮，单击该按钮可以打开"模拟视图"面板，里面包含了流体动力学系统的全部参数命令设置。"发射器"卷展栏里的命令与"模拟视图"面板中"发射器"卷展栏里的命令完全一样，读者可以参考接下来的章节进行学习。

图12-67

### 12.4.2 流体加载器

单击"流体加载器"按钮，可以在场景中绘制一个流体加载器的图标，如图12-68所示。

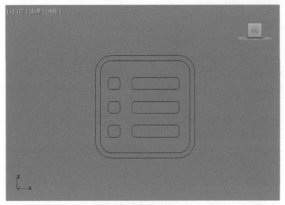

图12-68

在"修改"面板中，可以看到流体加载器只有一个"参数"卷展栏，主要设置流体加载器的图标大小及开启"模拟视图"面板，如图12-69所示。

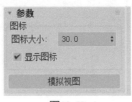

图12-69

## 12.4.3 模拟视图

"模拟视图"面板分为液体属性、解算器参数、缓存、显示设置和渲染设置5个选项卡，如图12-70所示。在液体动画的模拟设置上主要对液体属性和解算器参数2个选项卡中的参数进行设置，故主要介绍2个选项卡中卷展栏内的常用参数。

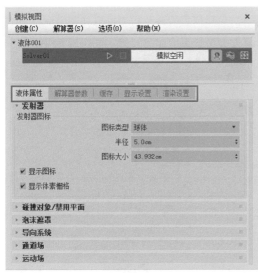

图12-70

### 1. "发射器"卷展栏

展开"发射器"卷展栏，其中的参数设置如图12-71所示。

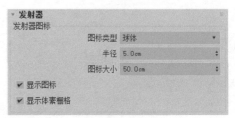

图12-71

### 工具解析

● 图标类型：选择发射器的图标类型："球体""长方体""平面"或"自定义"，如图12-72所示。

● 半径：设置球体发射器的半径。

● 图标大小：设置"液体"图标的大小。

球体
长方体
平面
自定义

图12-72

● 显示图标：在视口中显示"液体"图标。

● 显示体素栅格：显示体素栅格以可视化当前主体素的大小。

### 2. "碰撞对象/禁用平面"卷展栏

展开"碰撞对象/禁用平面"卷展栏，其中的参数设置如图12-73所示。

图12-73

### 工具解析

● "添加碰撞对象"列表：单击该列表下方的"拾取"按钮可以拾取场景中的对象作为碰撞对象，单击"添加"按钮可以从对话框中选择碰撞对象。单击"垃圾桶"按钮可以删除选定的现有碰撞对象。

● "添加禁用平面"列表：单击该列表下方的"拾取"按钮可以拾取场景中的对象作为禁用平面，单击"添加"按钮可以从对话框中选择禁用平面。单击"垃圾桶"按钮可以删除选定的现有禁用平面。

### 3. "泡沫遮罩"卷展栏

展开"泡沫遮罩"卷展栏，其中的参数设置如图12-74所示。

图12-74

#### 工具解析

- "添加泡沫遮罩"列表：单击"拾取"按钮可以拾取场景中的对象作为泡沫遮罩。单击"添加"按钮可以从对话框中选择泡沫遮罩。单击"垃圾桶"按钮可以删除选定的现有泡沫遮罩。

### 4. "导向系统"卷展栏

展开"导向系统"卷展栏，其中的参数设置如图12-75所示。

图12-75

#### 工具解析

- "添加导向发射器"列表：单击该列表下方的"拾取"按钮可以拾取场景中的对象作为导向发射器。单击"添加"按钮可以从对话框中选择导向发射器。单击"垃圾桶"按钮可以删除选定的现有导向发射器。
- "添加导向网格"列表：单击该列表下方的"拾取"按钮可以拾取场景中的对象作为导向网格。单击"添加"按钮可以从对话框中选择导向网格。单击"垃圾桶"按钮可以删除选定的现有导向网格。

### 5. "通道场"卷展栏

展开"通道场"卷展栏，其中的参数设置如图12-76所示。

图12-76

#### 工具解析

- "添加通道场"列表：单击"拾取"按钮可以拾取场景中的对象作为通道场。单击"添加"按钮可以从对话框中选择通道场。单击"垃圾桶"按钮可以删除选定的现有通道场。

### 6. "运动场"卷展栏

展开"运动场"卷展栏，其中的参数设置如图12-77所示。

图12-77

#### 工具解析

- "添加运动场"列表：单击"拾取"按钮可以拾取场景中的对象作为运动场。单击"添加"按钮可以从对话框中选择运动场。单击"垃圾桶"按钮可以删除选定的现有运动场。

### 7. "常规参数"卷展栏

展开"常规参数"卷展栏，其中的参数设置如图12-78所示。

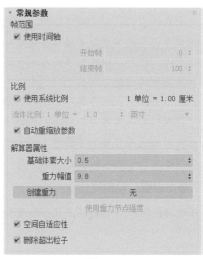

图12-78

**工具解析**

（1）"帧范围"组。

● 使用时间轴：使用当前时间轴来设置模拟的
帧范围。

● 开始帧：设置模拟的开始帧。

● 结束帧：设置模拟的结束帧。

（2）"比例"组。

● 使用系统比例：将模拟设置为使用系统比
例，可以在"自定义"菜单的"单位设置"
下修改系统比例。

● 流体比例：覆盖系统比例并使用具有指定单
位的自定义比例。模型比例不等于所需的
真实世界比例时，这有助于使模拟看起来更
真实。

● 自动重缩放参数：自动重缩放主体素大小以
使用自定义流体比例。

（3）"解算器属性"组。

● 主体素大小：设置模拟的基本分辨率（以栅
格单位表示）。值越小，细节越详细，精度
越高，但需要的内存和计算越多。较大的值
有助于快速预览模拟行为，或者适用于内存
和处理能力有限的系统。

● 重力幅值：重力加速强度默认以米每秒的平
方表示。值 9.8 对应于地球重力，值为 0 则
模拟零重力环境。

● "创建重力"按钮：在场景中创建重力辅助
对象。箭头方向将调整重力的方向。

● 使用重力节点强度：启用后，将在场景中
使用重力辅助对象的强度而不是"重力
幅值"。

● 空间自适应性：对于液体模拟，此选项允许
较低分辨率的体素位于通常不需要细节的流
体中心。这样可以避免不必要的计算并有助
于提高系统性能。

● 删除超出粒子：低分辨率区域中的每体素粒
子数超过某一阈值时，移除一些粒子。如果
在空间自适应模拟和非自适应模拟之间遇到
体积丢失或其他大的差异，则禁用此选项。

**8. "模拟参数"卷展栏**

展开"模拟参数"卷展栏，其中的参数设置如
图12-79所示。

图12-79

**工具解析**

（1）"传输步数"组。

● 自适应性：控制在执行压力计算后用于沿体
素速度场平流传递粒子的迭代次数。值越
低，触发后续子步骤的可能性越低。

● 最小传输步数：设置传输迭代的最小数目。

● 最大传输步数：设置传输迭代的最大数目。

● 时间比例：更改粒子流的速度。

（2）"时间步阶"组。

● 自适应性：控制每帧的整个模拟（其中包括
体素化、压力和传输相位）的迭代次数。值
越低，触发后续子步骤的可能性越低。

● 最小时间步阶：设置时间步长迭代的最小
次数。

● 最大时间步阶：设置时间步长迭代的最大
次数。

（3）"体素缩放"组。

● 碰撞体素比例：用于对所有碰撞对象体素化
的"主体素大小"倍增。

● 加速体素比例：用于对所有加速器对象体素
化的"主体素大小"倍增。

● 泡沫遮罩体素比例：用于对所有泡沫遮罩体
素化的"主体素大小"倍增。

**9. "液体参数"卷展栏**

展开"液体参数"卷展栏，其中的参数设置如
图12-80所示。

## 工具解析

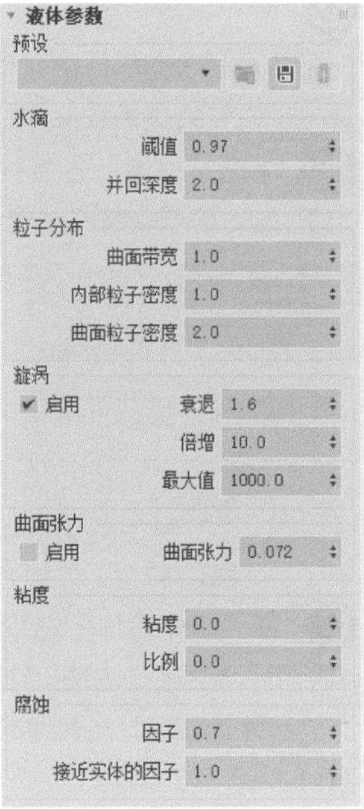

（1）"预设"组。

● 预设：加载、保存和删除预设液体参数。列表包括以下多种常见液体的预设。

（2）"水滴"组。

● 阈值：设置粒子转化为水滴时的阈值。

● 并回深度：设置在重新加入液体并参与流体动力学计算之前水滴必须达到的液体曲面深度。

（3）"粒子分布"组。

● 曲面带宽：设置液体曲面的宽度，以体素为单位。

● 内部粒子密度：设置液体整个内部体积中的粒子密度。

● 曲面粒子密度：设置液体曲面上的粒子密度。

（4）"漩涡"组。

● 启用：启用漩涡通道的计算。这是体素中旋转幅值的累积。漩涡可用于模拟涡流。

● 衰退：设置从每一帧累积漩涡中减去的值。

● 倍增：设置当前帧卷曲幅值在与累积漩涡相加之前的倍增。

● 最大值：设置总漩涡的钳制值。

（5）"曲面张力"组。

● 启用：启用曲面张力。

● 曲面张力：增加液体粒子之间的吸引力，这会增强成束效果。

（6）"粘度"组。

● 粘度：控制流体的厚度。

● 比例：将模拟的速度与邻近区域的平均值混合，从而平滑和抑制液体流。

（7）"腐蚀"组。

● 因子：控制流体曲面的腐蚀量。

● 接近实体的因子：确定流体曲面是否基于碰

图12-80

撞对象曲面的法线，在接近碰撞对象的区域中腐蚀。

### 10．"发射器参数"卷展栏

展开"发射器参数"卷展栏，其中的参数命令如图12-81所示。

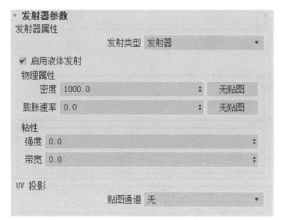

图12-81

## 工具解析

（1）"发射器属性"组。

● 发射类型：设置发射类型，即发射器或容器。

● 启用液体发射：启用时，允许发射器生成液体。此参数可设置动画。

● 密度：设置流体的物理密度。

● 膨胀速率：展开或收拢发射器内的液体。正值将粒子从所有方向推出发射器，而负值则将粒子拉入发射器。

● 强度：设置此发射器中的流体黏着到附近碰撞对象的量。

● 带宽：设置此发射器中流体与碰撞对象产生粘滞效果的间距。

（2）"UV 投影"组。

● 贴图通道：设置贴图通道以便将 UV 投影到液体体积中。

**实例** **制作倒入酒水动画**

本实例为读者详细讲解使用"流体"系统来制作倒入酒水的动画效果，最终渲染动画序列如图12-82所示。

图12-82

**01** 启动3ds Max 2022软件，打开本书配套资源文件"酒杯.max"，如图12-83所示。

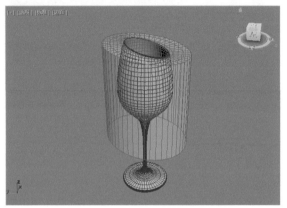

图12-83

**02** 在"创建"面板中，将下拉列表切换至"流体"，单击"液体"按钮，如图12-84所示。

**03** 在前视图中绘制一个液体对象，如图12-85所示。

图12-84

图12-85

**04** 调整液体对象的坐标位置如图12-86所示。

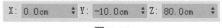

图12-86

**05** 在"修改"面板中，展开"发射器"卷展栏，设置"发射器图标"的"图标类型"为"球体"，设置"半径"的值为1cm，如图12-87所示。

**06** 单击"设置"卷展栏中的"模拟视图"按钮，如图12-88所示，打开"模拟视图"面板。

图12-87

图12-88

**07** 在"液体属性"选项卡中，展开"碰撞对象/禁用平面"卷展栏，单击"拾取"按钮，将场景中名称为"计算用模型"的模型设置为液体的碰撞对象，如图12-89所示。

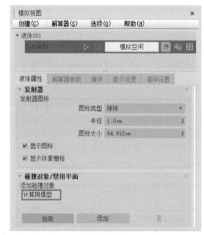

图12-89

**08** 在"解算器参数"选项卡中，在左侧的列表中单击"模拟参数"，在右侧的参数面板中，设置"解算器属性"的"主体素大小"值为0.5，如图12-90所示。

图12-90

**09** 在"发射器转化参数"卷展栏中，勾选"启用其他速度"选项，设置"倍增"值为单击"创建辅助对象"按钮，如图12-91所示。

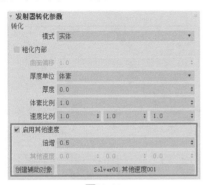

图12-91

**10** 设置完成，可以看到场景中流体对象位置自动生成一个箭头对象，如图12-92所示。

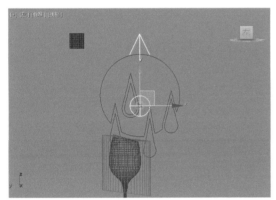

图12-92

**11** 在场景中旋转箭头对象的角度至图12-93所示。

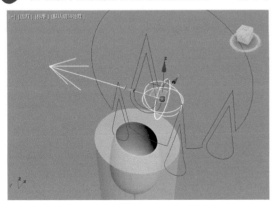

图12-93

**12** 单击"播放"按钮，开始进行液体模拟计算，如图12-94所示。

图12-94

**13** 液体动画模拟计算完成，拖动"时间滑块"，液体动画的模拟效果如图12-95所示。

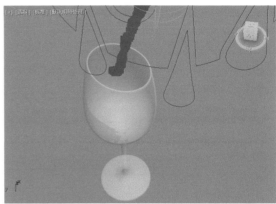

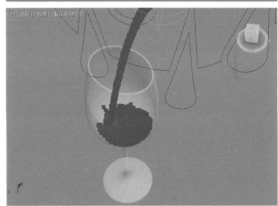

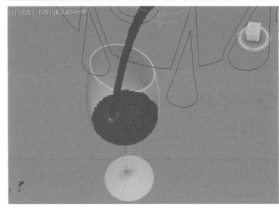

图12-95

**14** 在"显示设置"选项卡中,将"液体设置"卷展栏内的"显示类型"更改为"Bifrost动态网格"选项,如图12-96所示。这样,液体将以实体模型的方式显示,如图12-97和图12-98所示为更改"显示类型"选项前后的液体显示对比。

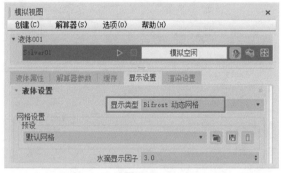

图12-96

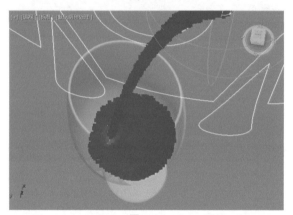

图12-97

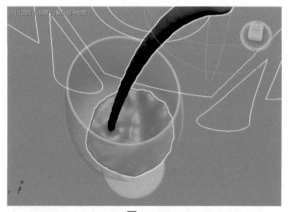

图12-98

**15** 本实例的最终动画完成效果如图12-99所示。

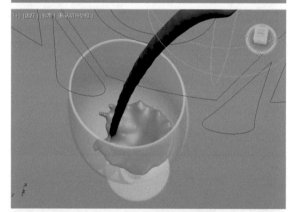

图12-99

## 实例 制作果酱挤出动画

本实例为读者详细讲解使用"流体"系统来制作果酱挤出的动画效果，最终渲染动画序列如图12-100所示。

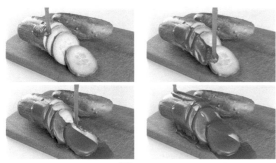

图12-100

**01** 启动3ds Max 2022软件，打开本书配套资源文件"黄瓜.max"，如图12-101所示。

图12-101

**02** 在"创建"面板中，将下拉列表切换至"流体"，单击"液体"按钮，在前视图中创建一个液体图标，如图12-102所示。

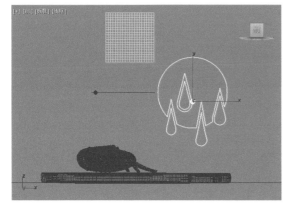

图12-102

**03** 在"修改"面板中，单击"设置"卷展栏内的"模拟视图"按钮，如图12-103所示，打开"模拟视图"面板。

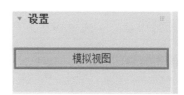

图12-103

**04** 在"模拟视图"面板中，设置发射器的"图标类型"为"自定义"，这样可以使用场景中的对象作为液体的发射器。单击"添加自定义发射器对象列表"下方的"拾取"按钮，单击场景中的球体模型，将其作为液体的发射器，如图12-104所示。

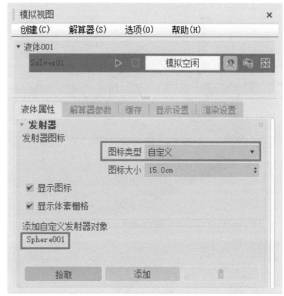

图12-104

**05** 在"碰撞对象/禁用平面"卷展栏中，单击"添加碰撞对象列表"下方的"拾取"按钮，将场景中的黄瓜模型和菜板模型添加进来，作为液体的碰撞对象，如图12-105所示。

图12-105

**06** 设置完成，单击"模拟视图"面板内的"播放"按钮，开始进行液体动画模拟计算，如图12-106所示。

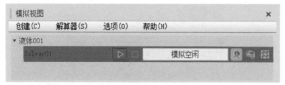

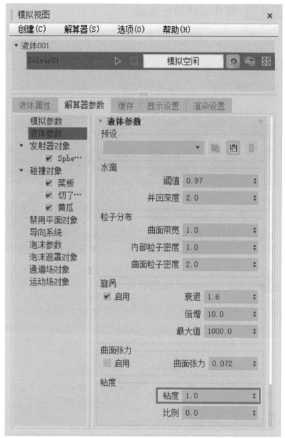

**07** 液体动画模拟计算完成，拖动"时间滑块"，得到的液体模拟动画效果如图12-107所示。可以看到液体模拟出来的与黄瓜模型所产生的碰撞效果感觉没有体现出果酱那种较为粘稠的特性，同时，在前视图中还可以看出液体动画模拟还产生一些位于平面下方不必要的液体动画，如图12-108所示。

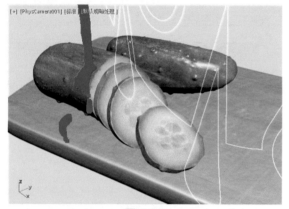

图12-107

图12-109

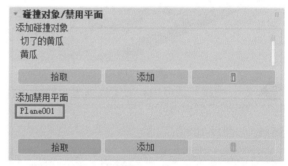

图12-110

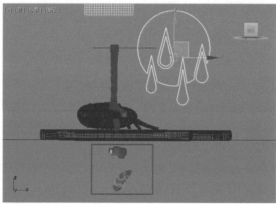

图12-108

**08** 在"解算器参数"选项卡中，在左侧列表中单击"液体参数"，在右侧的参数面板中，设置液体的"粘度"值为1，增加液体模拟的黏稠程度，如图12-109所示。

**09** 在"碰撞对象/禁用平面"卷展栏中，单击"添加禁用平面列表"下方的"拾取"按钮，将场景中的平面模型添加进来，作为液体的禁用平面对象，这样，液体将不会在平面的下方进行模拟计算，如图12-110所示。

**10** 设置完成，再次单击"播放"按钮，进行动画模拟。这时，系统自动弹出"运行选项"对话框，单击"重新开始"按钮可以开始液体动画模拟，如图12-111所示。

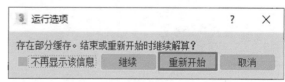

图12-111

**11** 液体动画模拟计算完成后，拖动"时间滑块"，这次得到的液体模拟动画效果则没有产生之前的溅射效果，如图12-112所示。

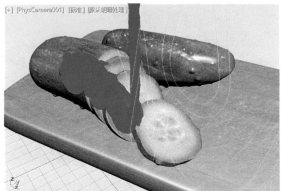

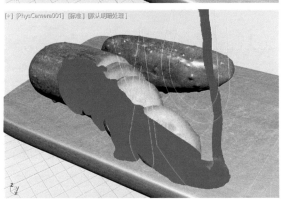

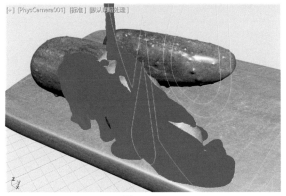

图12-112

12 在"显示设置"选项卡中，将"液体设置"的"显示类型"设置为"Bifrost动态网格"选项，如图12-113所示。这样，液体模拟的果酱效果在场景中看起来更加直观一些，如图12-114所示。

图12-113

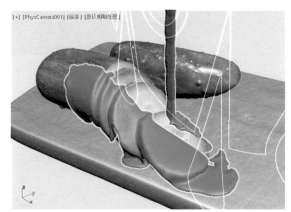

图12-114

13 打开"材质编辑器"，将里面提供的"果酱"材质赋予场景中的液体模型，如图12-115所示。

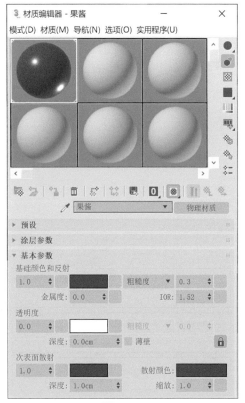

图12-115

249

**14** 渲染场景，液体的渲染结果如图12-116所示。

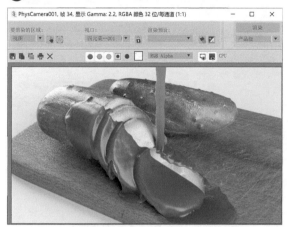

图12-116

**15** 本实例的果酱动画模拟效果如图12-117所示。

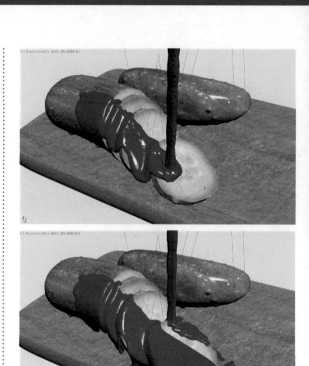

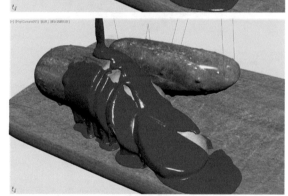

图12-117

# 第 13 章
# 毛发技术

## 13.1　毛发概述

　　毛发特效一直是众多三维软件共同关注的核心技术之一，制作毛发不但极其麻烦，渲染起来也是非常耗时。通过3ds Max 2022自带的"Hair和Fur（WSM）"修改器，可以在任意物体或物体的局部上制作出非常理想的毛发效果以及毛发的动力学碰撞动画。使用这一修改器，不但可以制作人物的头发，还可以制作出漂亮的动物毛发、自然的草地效果及逼真的地毯效果。如图13-1和图13-2所示。

图13-1

图13-2

## 13.2　Hair 和 Fur（WSM）修改器

　　"Hair 和 Fur（WSM）"修改器是3ds Max毛发技术的核心所在。该修改器可应用于要生长毛发的任意对象，既可以为网格对象也可为样条线对象。如果对象是网格对象，则可在网格对象的整体表面或局部生成大量的毛发。如果对象是样条线对象，头发将在样条线之间生长，这样通过调整样条线的弯曲程度及位置可以轻易控制毛发的生长形态。

　　"Hair 和 Fur（WSM）"修改器在"修改器列表"中，属于"世界空间修改器"类型，意味着此修改器只能使用世界空间坐标，而不能使用局部坐标。同时，在应用了"Hair 和 Fur（WSM）"修改器之后，"环境和效果"面板中会自动添加"Hair 和 Fur"效果，如图13-3所示。

　　"Hair 和 Fur（WSM）"修改器在"修改"面板中具有14个卷展栏，如图13-4所示。

图13-3

图13-4

## 13.2.1 "选择"卷展栏

"选择"卷展栏展
开如图13-5所示。

图13-5

### 工具解析

- "导向"按钮：
  访问"导向"子对
  象层级。
- "面"按钮：访问"面"子对象层级。
- "多边形"按钮：访问"多边形"子对象层级。
- "元素"按钮：访问"元素"子对象层级。
- 按顶点：启用该选项，只需选择子对象使用的顶点，即可选择子对象。
- 忽略背面：启用此选项，使用鼠标选择子对象只影响面对用户的面。
- "复制"按钮 复制 ：将命名选择放置到复制缓冲区。
- "粘贴"按钮 粘贴 ：从复制缓冲区中粘贴命名选择。
- "更新选择"按钮 更新选择 ：根据当前子对象选择重新计算毛发生长的区域，然后刷新显示。

## 13.2.2 "工具"卷展栏

"工具"卷展栏展开如图13-6所示。

### 工具解析

- "从样条线重梳"
  按钮 从样条线重梳 ：
  用于使用样条线对
  象设置毛发的样
  式。单击此按钮，
  然后选择构成样条
  线曲线的对象。头
  发将该曲线转换为
  导向，并将最近的
  曲线的副本植入到
  选定生长网格的每
  个导向中。

图13-6

- （1）"样条线变形"组。
- "无"按钮 无 ：
  单击此按钮可以选
  择将用来使头发变
  形的样条线。
- X按钮：停止使用样条线变形。
- "重置其余"按钮 重置其余 ：单击此按钮可以使得生长在网格上的毛发导向平均化。
- "重生毛发"按钮 重生毛发 ：忽略全部样式信息，将头发复位其默认状态。
- （2）"预设值"组。
- "加载"按钮 加载 ：单击此按钮可以打开"Hair和Fur预设值"对话框，如图13-7所示。"Hair和Fur预设值"对话框内提供多达13种预设毛发可供用户选择使用。

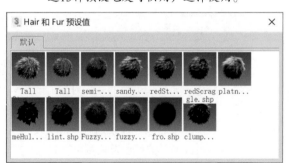

图13-7

- "保存"按钮 保存 ：保存新的预设值。
- （3）"发型"组。
- "复制"按钮 复制 ：将所有毛发设置和样式信息复制到粘贴缓冲区。
- "粘贴"按钮 粘贴 ：将所有毛发设置和样

式信息粘贴到当前选择的对象上。

（4）"实例节点"组。

- "无"按钮 无 ：要指定毛发对象，可单击此按钮，然后选择要使用的对象。此后，该按钮显示拾取的对象的名称。
- X按钮 X ：清除所使用的实例节点。
- 混合材质：启用之后，将应用于生长对象的材质以及应用于毛发对象的材质合并为"多维/子对象"材质，并应用于生长对象。关闭之后，生长对象的材质将应用于实例化的毛发。

（5）"转换"组。

- "导向→样条线"按钮 导向 → 样条线 ：将所有导向复制为新的单一样条线对象。初始导向并未更改。
- "毛发→样条线"按钮 毛发 → 样条线 ：将所有毛发复制为新的单一样条线对象。初始毛发并未更改。
- "毛发→网格"按钮 毛发 → 网格 ：将所有毛发复制为新的单一网格对象。初始毛发并未更改。
- "渲染设置"按钮 渲染设置... ：打开"效果"面板并添加"Hair 和 Fur"效果。

## 13.2.3 "设计"卷展栏

"设计"卷展栏展开如图13-8所示。

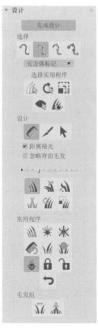

图13-8

**工具解析**

- "设计发型"按钮 设计发型 ：只有单击此按钮，才可以激活"设计"卷展栏内的所有功能，同时"设计发型"按钮 设计发型 更改为"完成设计"按钮 完成设计 。

（1）"选择"组。

- "由头梢选择毛发"按钮 ：允许用户可以只选择每根导向头发末端的顶点，如图13-9所示。

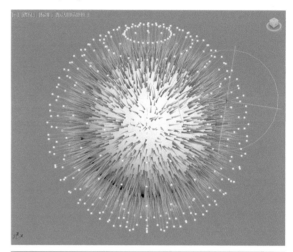

图13-9

- "选择全部顶点"按钮 ：选择导向头发中的任意顶点时，会选择该导向头发中的所有顶点，如图13-10所示。
- "选择导向顶点"按钮 ：可以选择导向头发上的任意顶点进行编辑，如图13-11所示。

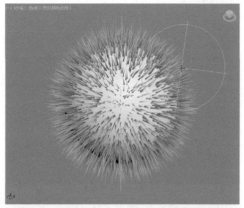

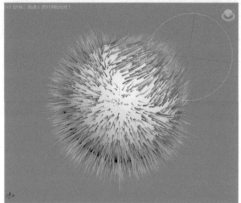

图13-10

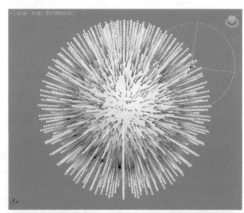

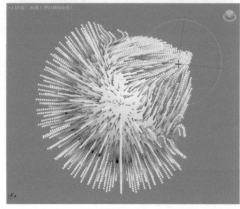

图13-11

- "由根选择导向"按钮：可以只选择每根导向头发根处的顶点，此操作将选择相应导向头发上的所有顶点，如图13-12所示。

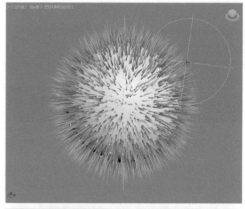

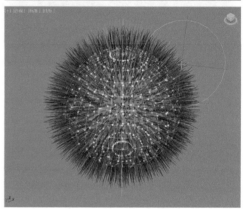

图13-12

- "反选"按钮：反转顶点的选择。
- "轮流选"按钮：旋转空间中的选择。
- "扩展选定对象"按钮：通过递增的方式增大选择区域，从而扩展选择。
- "隐藏选定对象"按钮：隐藏选定的导向头发。
- "显示隐藏对象"按钮：取消隐藏任何隐藏的导向头发。

（2）"设计"组。

- "发梳"按钮：在这种样式模式下，拖动鼠标置换影响笔刷区域中的选定顶点。
- "剪毛发"按钮：可以修剪头发。
- "选择"按钮：在该模式下可以配合使用3ds Max所提供的各种选择工具。
- 距离褪光：刷动效果朝着笔刷的边缘褪光，从而提供柔和效果。
- 忽略背面头发：启用此选项时，背面的头发不受笔刷的影响。

- "笔刷大小"滑块————————：通过拖动此滑块更改笔刷的大小。
- "平移"按钮：按照鼠标的拖动方向移动选定的顶点。
- "站立"按钮：向曲面的垂直方向推选定的导向。
- "蓬松发根"按钮：向曲面的垂直方向推选定的导向头发。
- "丛"按钮：强制选定的导向之间相互更加靠近。
- "旋转"按钮：以光标位置为中心旋转导向头发顶点。
- "比例"按钮：放大或缩小选定的毛发。

（3）"实用程序"组。

- "衰减"按钮：根据底层多边形的曲面面积缩放选定的导向。
- "选定弹出"按钮：沿曲面的法线方向弹出选定头发。
- "弹出大小为零"按钮：只能对长度为零的头发操作。
- "重梳"按钮：使导向与曲面平行，使用导向的当前方向作为线索。
- "重置剩余"按钮：使用生长网格的连接性执行头发导向平均化。
- "切换碰撞"按钮：启用此选项，设计发型时将考虑头发碰撞。
- "切换Hair"按钮：切换生成头发的视口显示。
- "锁定"按钮：将选定的顶点相对于最近曲面的方向和距离锁定。锁定的顶点可以选择但不能移动。
- "解除锁定"按钮：解除对锁定的所有导向头发的锁定。
- "撤销"按钮：后退至最近的操作。

（4）"毛发组"组。

- "拆分选定毛发组"按钮：将选定的导向拆分至一个组。
- "合并选定毛发组"按钮：重新合并选定的导向。

## 13.2.4 "常规参数"卷展栏

"常规参数"卷展栏展开如图13-13所示。

图13-13

### 工具解析

- 毛发数量：头发总数。在某些情况下，这是一个近似值，但是实际的数量通常和指定数量非常接近。如图13-14和图13-15所示分别为"毛发数量"值是8000和20 000的渲染结果。

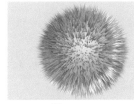 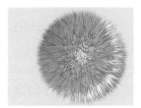

图13-14　　　　　　　　图13-15

- 毛发段：每根毛发的段数。
- 毛发过程数：用来设置毛发的透明度，如图13-16和图13-17所示分别为"毛发过程数"是1和10的渲染结果。

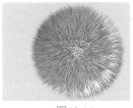 

图13-16　　　　　　　　图13-17

- 密度：可以通过数值或者贴图来控制毛发的密度。
- 比例：设置毛发的整体缩放比例。
- 剪切长度：控制毛发整体长度的百分比。
- 随机比例：将随机比例引入到渲染的毛发中。
- 根厚度：控制发根的厚度。
- 梢厚度：控制发梢的厚度。

### 13.2.5 "材质参数"卷展栏

"材质参数"卷展栏展开如图13-18所示。

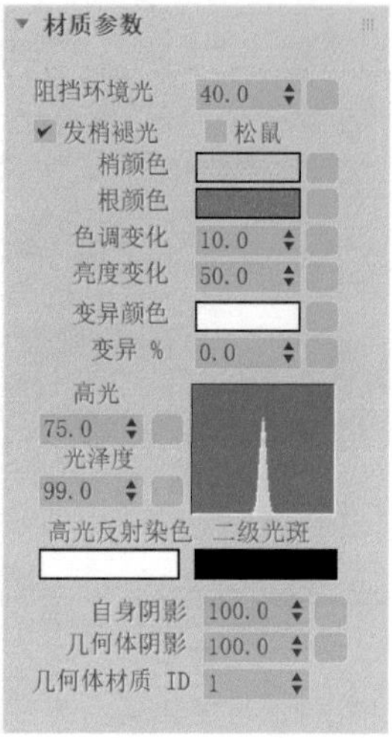

**工具解析**

- 阻挡环境光：控制照明模型的环境或漫反射影响的偏差。

- 发梢褪光：启用此选项时，毛发朝向梢部淡出到透明。

图13-18

- 松鼠：启用后，根颜色与梢颜色之间的渐变更加锐化，并且更多的梢颜色可见。

- 梢颜色：距离生长对象曲面最远的毛发梢部的颜色。

- 根颜色：距离生长对象曲面最近的毛发根部的颜色。

- 色调变化：令毛发颜色变化的量，默认值可以产生看起来比较自然的毛发。

- 值变化：令毛发亮度变化的量，如图13-19和图13-20所示分别为"值变化"是20和80的渲染结果。

图13-19

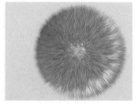

图13-20

- 变异颜色：变异毛发的颜色。

- 变异%：接受变异颜色的毛发的百分比，如图13-21和图13-22所示分别为"变异%"的值为10和70的渲染结果。

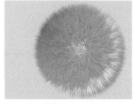

图13-21

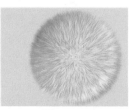

图13-22

- 高光：在毛发上高亮显示的亮度。

- 光泽度：毛发上高亮显示的相对大小。较小的高亮显示产生看起来比较光滑的毛发。

- 自身阴影：控制自身阴影的多少，即毛发在相同"Hair和Fur"修改器中对其他毛发投影的阴影。值为0.0将禁用自阴影，值为100.0产生的自阴影最大。默认值为100.0。范围为0.0至100.0。

- 几何体阴影：头发从场景中的几何体接收到的阴影效果的量。默认值为100.0。范围为0.0至100.0。

- 几何体材质ID：指定给几何体渲染头发的材质ID。默认值为1。

◎技巧与提示·◎

"材质参数"卷展栏内的参数仅当渲染器使用"扫描线渲染器"时才有效。由于3ds Max 2022版本的默认渲染器是Arnold渲染器，所以毛发的颜色则由生成毛发对象的几何体材质来决定。

### 13.2.6 "自定义明暗器"卷展栏

"自定义明暗器"卷展栏展开如图13-23所示。

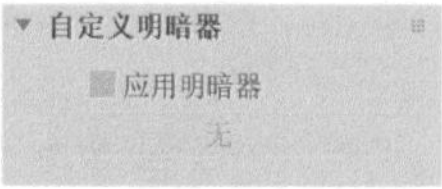

**工具解析**

图13-23

- 应用明暗器：启用此选项时，可以应用明暗器生成头发。

### 13.2.7 "海市蜃楼参数"卷展栏

"海市蜃楼参数"卷展栏展开如图13-24所示。

**工具解析**

图13-24

- 百分比：设置要对其应用"强度"和"Mess强度"值的毛发百分比。

- 强度：强度指定海市蜃楼毛发伸出的长度。

- Mess强度：Mess强度将卷毛应用于海市蜃楼毛发。

## 13.2.8 "成束参数"卷展栏

"成束参数"卷展栏展开如图13-25所示。

图13-25

### 工具解析

- 束：相对于总体毛发数量，设置毛发束数量，如图13-26所示分别为该值是12和50的毛发显示结果对比。

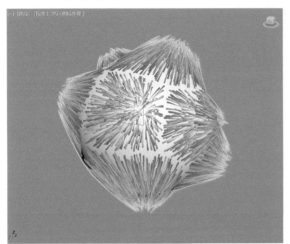

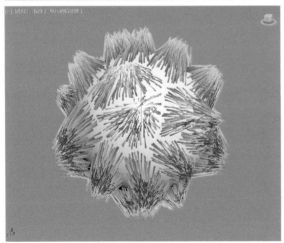

图13-26

- 强度："强度"越大，束中各个梢彼此之间的吸引越强。范围从0.0到1.0。
- 不整洁：值越大，越不整洁地向内弯曲束，每个束的方向是随机的。范围为0.0至400.0。
- 旋转：扭曲每个束。范围从0.0到1.0。
- 旋转偏移：从根部偏移束的梢。范围从0.0

到1.0。较高的"旋转"和"旋转偏移"值使束更卷曲。

- 颜色：非零值可改变束中的颜色。
- 随机：控制随机的比率。
- 平坦度：在垂直于梳理方向的方向上挤压每个束。

## 13.2.9 "卷发参数"卷展栏

"卷发参数"卷展栏展开如图13-27所示。

图13-27

### 工具解析

- 卷发根：控制头发在其根部的置换。默认设置为15.5。范围为0.0至360.0。
- 卷发梢：控制毛发在其梢部的置换。默认设置为130.0。范围为0.0至360.0。
- 卷发X/Y/Z频率：控制三个轴中每个轴上的卷发频率效果。
- 卷发动画：设置波浪运动的幅度。
- 动画速度：此倍增控制动画噪波场通过空间的速度。

## 13.2.10 "纽结参数"卷展栏

"纽结参数"卷展栏展开如图13-28所示。

图13-28

### 工具解析

- 纽结根：控制毛发在其根部的纽结置换量，如图13-29所示为该值是0和2的毛发显示结果对比。

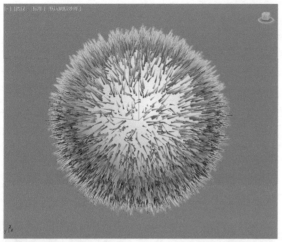

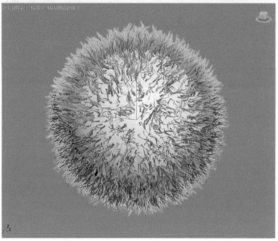

图13-29

- 组结梢：控制毛发在其梢部的组结置换量。
- 组结 X/Y/Z 频率：控制三个轴中每个轴上的组结频率效果。

### 13.2.11 "多股参数"卷展栏

"多股参数"卷展栏展开如图13-30所示。

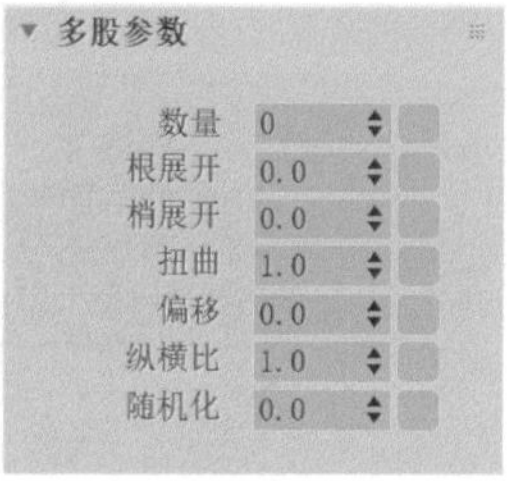

**工具解析**

| 多股参数 | |
| --- | --- |
| 数量 | 0 |
| 根展开 | 0.0 |
| 梢展开 | 0.0 |
| 扭曲 | 1.0 |
| 偏移 | 0.0 |
| 纵横比 | 1.0 |
| 随机化 | 0.0 |

图13-30

- 数量：每个聚集块的头发数量。
- 根展开：为根部聚集块中的每根毛发提供随机补偿。
- 梢展开：为梢部聚集块中的每根毛发提供随机补偿。
- 扭曲：使用每束的中心作为轴扭曲束。
- 偏移：使束偏移其中心。离尖端越近，偏移越大。并且，将"扭曲"和"偏移"结合使

用可以创建螺旋发束。

- 纵横比：在垂直于梳理方向的方向上挤压每个束；效果是缠结毛发，使其类似于诸如猫或熊等的毛。
- 随机化：随机处理聚集块中的每根毛发的长度。

### 13.2.12 "动力学"卷展栏

"动力学"卷展栏展开如图13-31所示。

**工具解析**

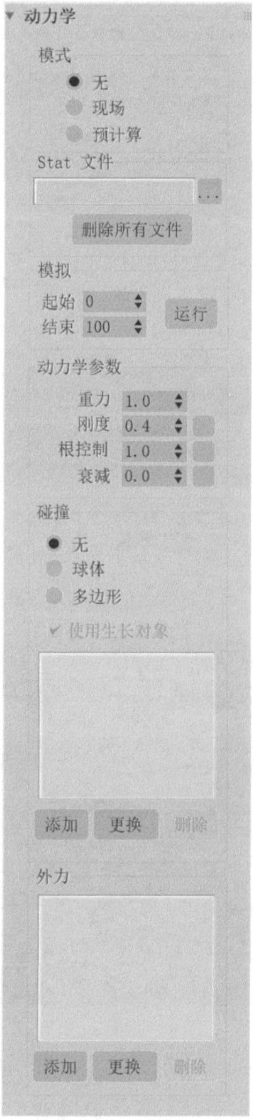

（1）"模式"组。

- 无：毛发不进行动力学计算。
- 现场：毛发在视口中以交互方式模拟动力学效果。
- 预计算：将设置动力学动画的毛发生成Stat文件存储在硬盘中，以备渲染使用。

（2）"Stat文件"组。

- "另存为"按钮：单击此按钮打开"另存为"对话框，设置Stat文件的存储路径。
- "删除所有文件"按钮 删除所有文件 ：单击此按钮则删除存储在硬盘中的Stat文件。

（3）"模拟"组。

- 起始：设置模拟毛发动力学的第一帧。
- 结束：设置模拟毛发动力学的最后一帧。
- "运行"按钮 运行 ：单击此按钮开始进行毛发的动力学模拟计算。

图13-31

（4）"动力学参数"组。

- 重力：用于指定在全局空间中垂直移动毛发的力。负值上拉毛发，正值下拉毛发。要令毛发不受重力影响，可将该值设置为 0.0。

- 刚度：控制动力学效果的强弱。如果将刚度设置为 1.0，动力学不会产生任何效果。默认值为 0.4。范围为 0.0 至 1.0。

- 根控制：与刚度类似，但只在头发根部产生影响。默认值为 1.0。范围为 0.0 至 1.0。

- 衰减：动态头发承载前进到下一帧的速度。增加衰减将增加这些速度减慢的量。因此，较高的衰减值意味着头发动态效果较为不活跃。

（5）"碰撞"组。

- 无：动态模拟期间不考虑碰撞。这将导致毛发穿透其生长对象以及其所开始接触的其他对象。

- 球体：毛发使用球体边界框来计算碰撞。此方法速度更快，其原因在于所需计算更少，但是结果不够精确。当从远距离查看时该方法最为有效。

- 多边形：毛发考虑碰撞对象中的每个多边形。这是速度最慢的方法，但也是最为精确的方法。

- "添加"按钮 添加：要在动力学碰撞列表中添加对象，可单击此按钮然后在视口中单击对象。

- "更换"按钮 更换：要在动力学碰撞列表中更换对象，应先在列表中高亮显示对象，再单击此按钮然后在视口中单击对象进行更换操作。

- "删除"按钮 删除：要在动力学碰撞列表中删除对象，应先在列表中高亮显示对象，再单击此按钮完成删除操作。

（6）"外力"组。

- "添加"按钮 添加：要在动力学外力列表中添加"空间扭曲"对象，可单击此按钮然后在视口中单击对应的"空间扭曲"对象。

- "更换"按钮 更换：要在动力学外力列表中更换"空间扭曲"对象，应先在列表中高亮显示"空间扭曲"对象，再单击此按钮然后在视口中单击"空间扭曲"对象进行更换操作。

- "删除"按钮 删除：要在动力学外力列表中删除"空间扭曲"对象，应先在列表中高亮显示"空间扭曲"对象，再单击此按钮完成删除操作。

### 13.2.13 "显示"卷展栏

图13-32

"显示"卷展栏展开如图13-32所示。

**工具解析**

- 显示导向：勾选此选项，则在视口中显示出毛发的导向线，导向线的颜色由"导向颜色"所控制，如图13-33所示为勾选该选项前后的显示结果对比。

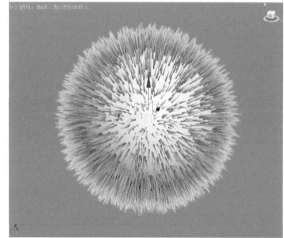

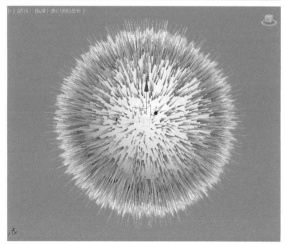

图13-33

- 显示毛发：此选项默认状态下为勾选状态，

在几何体上显示出毛发的形态。

- 百分比：在视口中显示的全部毛发的百分比。降低此值将改善视口中的实时性能。
- 最大毛发数：无论百分比值为多少，在视口中显示的最大毛发数。
- 作为几何体：开启之后，将头发在视口中显示为要渲染的实际几何体，而不是默认的线条。

## 13.2.14 "随机化参数"卷展栏

"随机化参数"卷展栏展开如图13-34所示。

图13-34

**工具解析**

- 种子：通过设置此值来随机改变毛发的形态。

**基础讲解** 制作地毯毛发效果

**01** 启动3ds Max 2022软件，单击"创建"面板中的"平面"按钮，如图13-35所示。在场景中创建一个平面模型作为地毯模型，如图13-36所示。

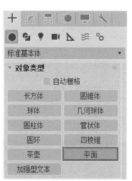

图13-35

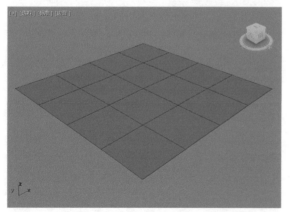

图13-36

**02** 在"修改"面板中，设置地毯模型的参数如图13-37所示。

**03** 选择场景中的地毯模型，在"修改"面板

中为其添加"Hair 和 Fur（WSM）"修改器，如图13-38所示。

图13-37

图13-38

**04** 默认状态下，地毯模型上的毛发效果看起来比较长，而且毛发的根部也显得很粗壮，如图13-39所示。

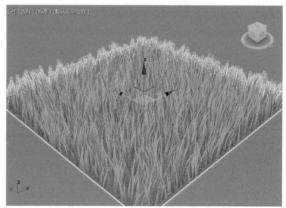

图13-39

**05** 在"修改"面板中，展开"常规参数"卷展栏，设置"毛发数量"的值为90000，增加地毯的毛发数量；设置"比例"的值为50，缩短地毯上毛发的长度；设置"根厚度"的值为5，降低地毯上毛发的粗细，如图13-40所示。

图13-40

**06** 设置完成，地毯上的毛发显示效果如图13-41所示。

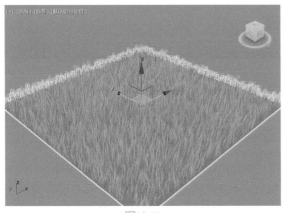

图13-41

**实例** 制作草地动画效果

在本节中，通过制作足球在草地里滚动的动画详细讲解毛发的动力学设置方法，本动画最终完成效果如图13-42所示。

图13-42

**01** 启动3ds Max 2022软件后，打开配套场景"足球.max"文件，如图13-43所示。

图13-43

**02** 选择场景中的草地模型，为其添加Hair 和 Fur（WSM）修改器，可以在视图中观察到默认产生的毛发效果，如图13-44所示。

图13-44

**03** 单击展开"常规参数"卷展栏，调整其参数至如图13-45所示。

图13-45

**04** 草地形态设置完成，仔细观察场景文件中的足球模型。该足球模型的面数相对较高，如图13-46所示。太多的面数会严重影响动力学的计算速度及计算精确程度，从而不利于进行动力学模拟。所以，在场景中需要用一个简模来代替足球模型与草坪进行动力学交互模拟。

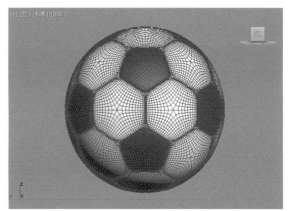

图13-46

**05** 在"创建"面板中，单击"球体"按钮，在场景中创建一个约与足球模型大小近似的球体模型，如图13-47所示。

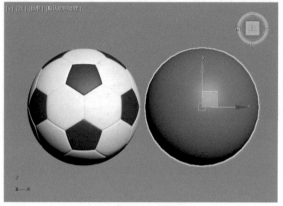

图13-47

**06** 按快捷键N键，打开自动记录关键帧功能。在第100帧位置处，使用"移动"命令将球体设置在图13-48所示的位置，完成球体位移动画的设置。

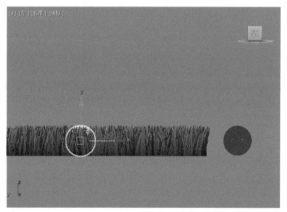

图13-48

**07** 按快捷键E键，使用"旋转"命令对球体的Z轴向进行旋转操作，如图13-49所示，制作出球体的旋转动画。球体的滚动动画设置完成，应按快捷键N键，结束软件的自动记录关键帧功能。

图13-49

**08** 选择场景中的草地模型，在"修改"面板中，展开"动力学"卷展栏。单击"Stat文件"组内的"另存为"按钮，在本地硬盘中选择任意位置存储生成的毛发动力学缓存文件，在"碰撞"组中，选择"多边形"选项，并单击"添加"按钮，在场景中单击球体，即可将球体添加至毛发的动力学模拟计算当中，如图13-50所示。

**09** 设置完成，单击"模拟"组内的"运行"按钮，可以开始毛发的动力学计算。如图13-51所示。

图13-50

图13-51

**10** 动力学计算完成，拖动"时间滑块"按钮，在摄影机视图中查看球体动画对草坪所产生的动力学影响结果，如图13-52所示。

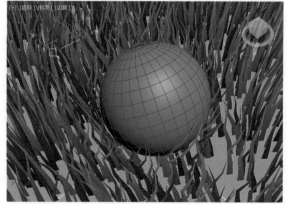

图13-52

**11** 回到第0帧位置处，将场景中的足球模型对齐到球体模型上，如图13-53所示。

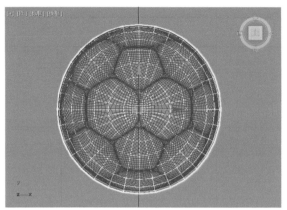

图13-53

**12** 单击"主工具栏"上的"选择并链接"按钮，将足球模型作为子对象链接到球体模型上。设置完成，隐藏场景中的球体模型。本实例的最终动画效果如图13-54所示。

图13-54

# 第 14 章

# 渲染技术

## 14.1 渲染概述

用户使用3ds Max 2022软件制作完成的项目文件，最后都需要经过"渲染"这一步骤来得到单帧或序列帧的图像文件，这些图像文件可能只是整个动画项目里的一个环节的产品，也有可能就是要交付给客户的最终效果图。"渲染"看起来仿佛是用户在3ds Max软件中所要进行的最后一个工作流程，但是在具体的项目工作中并非如此，3ds Max 2022软件为用户提供了多种"渲染器"，这些"渲染器"分别支持不同的材质和灯光，通常，用户需要先确定项目使用什么渲染器来渲染最终图像，然后再根据渲染器设置场景对象的材质及场景灯光，如果在最终渲染时更换了"渲染器"，那么之前的材质及灯光工作很有可能就白做了，需要重新设置。

由于在本书之前的章节中已经为读者介绍了材质及灯光的设置技巧，所以在本章中，"渲染"仅狭义地指在"渲染设置"面板中，通过调整参数来控制最终图像渲染的尺寸、序列及质量等因素，让计算机在一个用户能接受的时间内渲染出质量较高的图像产品。

渲染器可以简单理解成三维软件进行最终图像计算的方法，3ds Max 2022软件提供多种渲染器供用户选择使用，并且还允许用户自行购买及安装由第三方软件生产商提供的渲染器插件来进行渲染。单击"主工具栏"上的"渲染设置"按钮 ，可打开3ds Max 2022软件的"渲染设置"面板，在"渲染设置"面板的标题栏上，可查看当前场景文件所使用的渲染器名称，在默认状态下，3ds Max 2022软件使用的渲染器为Arnold渲染器，如图14-1所示。

如果想要更换渲染器，可以通过单击"渲染器"后面的下拉列表完成此操作，如图14-2所示。

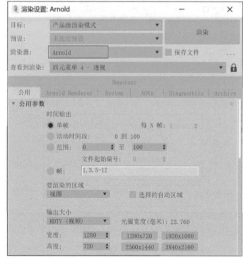

图14-1

图14-2

3ds Max 2022软件的默认渲染器——Arnold渲染器是一款非常优秀的渲染器，可以帮助用户渲染出画质逼真的静帧图像和连续的序列帧图像。该渲染器还支持3ds Max 2022的默认材质——物理材质，所以，读者应熟练掌握与该渲染器有关的部分知识。另外，本书的大部分实例均以该渲染器进行渲染制作。

# 14.2 Arnold 渲染器

Arnold渲染器是世界公认的著名渲染器之一，曾参与过许多优秀电影的视觉特效渲染工作。如果用户之前已经具备足够的渲染器知识或是已经熟练掌握了其他的渲染器（比如说VRay渲染器），那么学习Arnold渲染器将会非常容易上手。如果用户还需要一个学习该渲染器的理由，那么就是该渲染器作为3ds Max的附属功能之一，以后也将与3ds Max软件保持同步更新，用户无须再另外等待未知的渲染器更新时间，也无须另外付费给第三方渲染器公司。图14-3、图14-4所示均为使用Arnold渲染器制作完成的三维作品。

图14-3

图14-4

Arnold渲染器具有多个选项卡，每个选项卡中又分为一个或多个卷展栏，下面详细讲解使用频率较高的卷展栏里的常用命令。

## 14.2.1 MAXtoA Version（MAXtoA 版本）卷展栏

MAXtoA Version（MAXtoA版本）卷展栏里主要显示Arnold渲染器的版本信息，如图14-5所示。

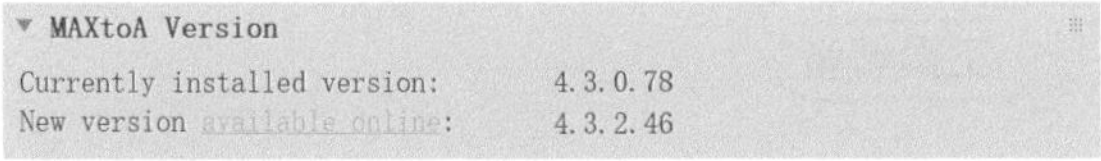

▼ MAXtoA Version
Currently installed version:    4.3.0.78
New version available online:    4.3.2.46

图14-5

**工具解析**

● Currently installed version：显示当前所安装

的Arnold版本号。

● New Version available online：显示在线提供的最新版本号。

## 14.2.2 Sampling and Ray Depth（采样和追踪深度）卷展栏

Sampling and Ray Depth（采样和追踪深度）卷展栏主要用于控制最终渲染图像的质量，其参数命令如图14-6所示。

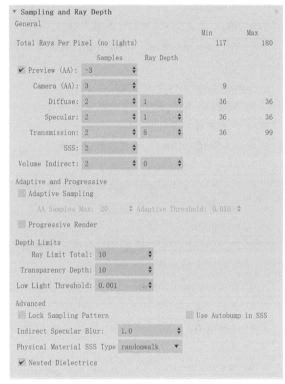
图14-6

**工具解析**

General组。

● Preview（AA）：设置预览采样值，默认值为-3，较小的值可以让用户很快地看到场景的预览结果。

● Camera（AA）：设置摄影机渲染的采样值，值越大，渲染质量越好，渲染耗时越长。图14-7所示分别为该值是3和15的渲染结果对比，通过对比可以看出较高的采样值渲染得到的图像噪点明显减少。

图14-7

- Diffuse：设置场景中物体漫反射的采样值。
- Specular：设置场景中物体高光计算的采样值。
- Transmission：设置场景中物体自发光计算的采样值。
- SSS：设置SSS材质的计算采样值。
- Volume Indirect：设置间接照明计算的采样值。

Adaptive and Progressive组。

- Adaptive Sampling：勾选该复选框可开启自适应采样计算。
- AA Samples Max：设置采样的最大值。
- Adaptive Threshold：设置自适应阈值。
- Progressive Render：勾选该复选框开启渐进渲染计算。

Depth Limits组。

- Ray Limit Total：设置限制光线反射和折射追踪深度的总数值。
- Transparency Depth：设置透明计算深度的数值。
- Low Light Threshold：设置光线的计算阈值。

Advanced组。

- Lock Sampling Pattern：锁定采样方式。
- Use Autobump in SSS：在SSS材质使用自动凹凸计算。

## 14.2.3　Filtering（过滤）卷展栏

展开Filtering（过滤）卷展栏，其中的命令参数如图14-8所示。

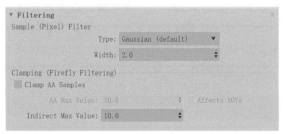

图14-8

**工具解析**

- Type：用于设置渲染的抗锯齿过滤类型，3ds Max 2022软件提供多种不同类型的计算方法，以帮助用户提高图像的抗锯齿渲染质量，如图14-9所示。该选项的默认设置为Gaussian，使用这种渲染方式渲染图像时，Width值越小，图像越清晰；Width值越大，渲染出来的图像越模糊，如图14-10所示分别是Width值是1和10的渲染结果对比。

图14-9

图14-10

- Width：用于设置不同抗锯齿过滤类型的宽度计算，值越小，渲染出来的图像越清晰。

## 14.2.4　Environment，Background & Atmosphere（环境，背景和大气）卷展栏

展开Environment，Background&Atmosphere（环境，背景和大气）卷展栏，其中的命令参数如图14-11所示。

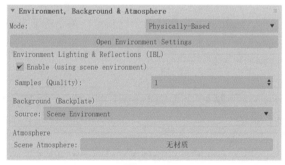

图14-11

**工具解析**

- Open Environment Settings按钮：单击该按钮，可以打开"环境和效果"面板，用户在面板中可以对场景的环境进行设置。

Environment Lighting&Reflections组。

- Enable：启用该选择则使用场景的环境设置。
- Samples：设置环境的计算采样质量。

Background组。

- Source：用于设置场景的背景，有Scene Environment、Custom Color、Custom Map和None 4个选项可选，如图14-12所示。

图14-12

- Scene Environment：使用该选项后，渲染图像的背景使用该场景的环境设置。
- Custom Color：使用该选项后，命令下方则会出现色样按钮，允许用户自定义一个颜色当作渲染的背景，如图14-13所示。

图14-13

- Custom Map：使用该选项后，命令下方会出现贴图按钮，允许用户使用一个贴图命令当作渲染的背景，如图14-14所示。

图14-14

Atmosphere组。

- Scene Atmosphere：通过材质贴图制作场景中的大气效果。

## 14.3 综合实例：卫生间灯光照明表现

本实例使用的一个卫生间的场景来讲解室内空间常用材质、灯光及渲染设置的综合运用，最终的渲染结果如图14-15所示，线框渲染图如图14-16所示。

图14-15

图14-16

### 14.3.1 场景分析

打开本书配套资源"卫生间.max"文件，可以看到本场景中已经设置好模型及摄影机，如图14-17所示。通过最终渲染效果可以看出，本场景所要表现的光照效果为一个封闭室内的人工灯光照明环境。下面首先讲解该场景中的主要材质设置步骤。

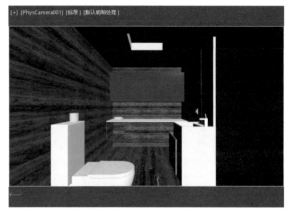

图14-17

### 14.3.2 制作陶瓷材质

本案例中的马桶模型、水池模型均用到了陶瓷材质，其渲染效果如图14-18所示。

图14-18

**01** 打开"材质编辑器"面板，选择一个空白的物理材质球，并重命名为"陶瓷"，如图14-19所示。

图14-19

**02** 物理材质的默认渲染效果非常接近陶瓷质感，所以只需要在"基本参数"卷展栏中，将"基础颜色"设置为白色，"粗糙度"为0.1，如图14-20所示。

图14-20

**03** 设置完成后，实例中的陶瓷材质球如图14-21所示。

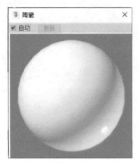

图14-21

### 14.3.3 制作镜面材质

本实例中的镜面材质渲染结果如图14-22所示。

**01** 打开"材质编辑器"面板，选择一个空白的物理材质球，并重命名为"镜面"，如图14-23所示。

图14-22

图14-23

**02** 在"基本参数"卷展栏中，设置"基础颜色"为白色，"粗糙度"的值为0.02，"金属度"的值为1，如图14-24所示。

图14-24

**03** 设置完成后，实例中的镜面材质球如图14-25所示。

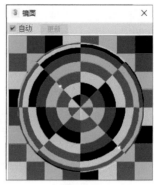

图14-25

### 14.3.4 制作地板材质

本实例中的地板材质渲染结果如图14-26所示。

**01** 打开"材质编辑器"面板，选择一个空白的物理材质球，并重命名为"地板"，如图14-27所示。

图14-26

图14-27

**02** 在"常规贴图"卷展栏中，为"基础颜色"属性添加"地板.jpg"贴图文件，如图14-28所示。

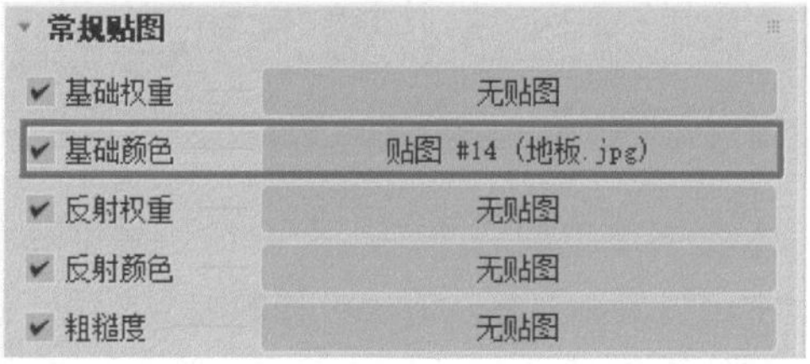

| 常规贴图 | |
| --- | --- |
| ✓ 基础权重 | 无贴图 |
| ✓ 基础颜色 | 贴图 #14（地板.jpg） |
| ✓ 反射权重 | 无贴图 |
| ✓ 反射颜色 | 无贴图 |
| ✓ 粗糙度 | 无贴图 |

图14-28

**03** 在"基本参数"卷展栏中，设置"粗糙度"的值为0.5，降低地板材质的镜面反射属性，如图14-29所示。

**04** 设置完成后，实例中的地板材质球如图14-30所示。

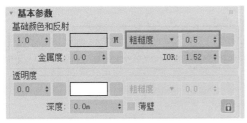

图14-29

图14-30

## 14.3.5　制作墙壁材质

本实例中所表现的墙壁材质是带有一定凹凸质感的木板效果，渲染结果如图14-31所示。

图14-31

**01** 打开"材质编辑器"面板，选择一个空白的物理材质球，并重命名为"墙体"，如图14-32所示。

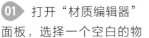

图14-32

**02** 在"常规贴图"卷展栏中，为"基础颜色"属性添加"墙体.jpg"贴图文件，如图14-33所示。

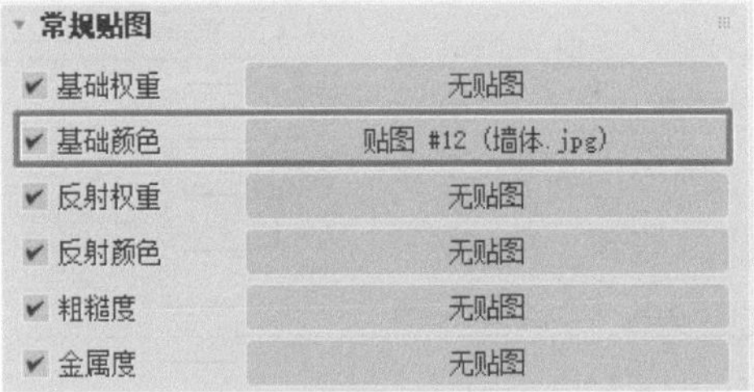

图14-33

**03** 在"基本参数"卷展栏中，设置"粗糙度"

的值为0.25，降低墙体材质的镜面反射属性，如图14-34所示。

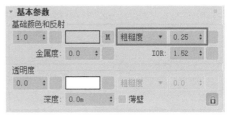

图14-34

**04** 在"特殊贴图"卷展栏中，为"凹凸贴图"属性添加"墙体-凹凸.jpg"贴图文件，并设置"凹凸贴图"的值为5，如图14-35所示。

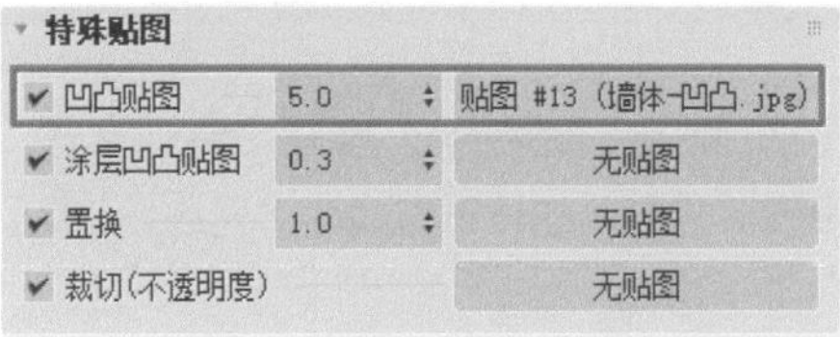

图14-35

**05** 设置完成后，本实例中的墙体材质球如图14-36所示。

图14-36

## 14.3.6　制作棚顶灯光照明效果

本场景中所要模拟的光效大部分为人工灯光所产生的照明效果，在进行灯光设置时，可以考虑根据灯光的照明强度逐一进行制作。

**01** 在"创建"面板中，单击"目标灯光"按钮，如图14-37所示。

图14-37

**02** 在前视图中棚顶灯光模型位置处创建一个目标灯光，如图14-38所示。

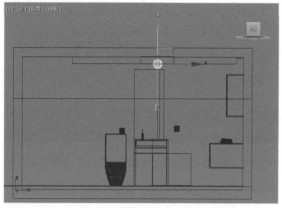

图14-38

**03** 在"修改"面板中，展开"常规参数"卷展栏，设置"阴影"的计算方式为"光线跟踪阴影"，如图14-39所示。

**04** 在"强度/颜色/衰减"卷展栏中，设置灯光的"强度"为1500，如图14-40所示。

图14-39　　　　　图14-40

**05** 在"图形/区域阴影"卷展栏中，设置"从（图形）发射光线"的类型为"矩形"，设置"长度"和"宽度"的值均为0.7m，使得灯光的大小与场景灯光模型的尺寸接近，如图14-41所示。

图14-41

**06** 设置完成后，渲染场景，添加了棚顶灯光的渲染结果如图14-42所示。

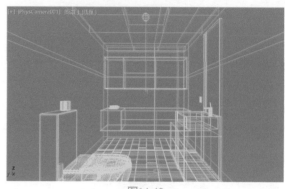

图14-42

### 14.3.7　制作灯带照明效果

**01** 在"创建"面板中，单击"目标灯光"按钮，如图14-43所示。

**02** 在前视图中吊柜模型下方位置处创建一个目标灯光，如图14-44所示。

图14-43

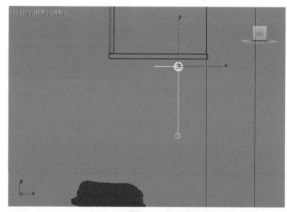

图14-44

**03** 在"修改"面板中，展开"常规参数"卷展栏，设置"阴影"的计算方式为"光线跟踪阴影"，如图14-45所示。

**04** 在"强度/颜色/衰减"卷展栏中，设置灯光"颜色"的选项为"开尔文"，设置"开尔文"值为2600，"强度"为1500，如图14-46所示。

**05** 在"图形/区域阴影"卷展栏中，设置"从（图形）发射光线"的类型为"矩形"，设置"长度"值

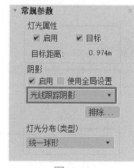

图14-45

为2.45m，设置"宽度"值为0.2m，使得灯光的大小与场景吊柜模型的尺寸接近，如图14-47所示。

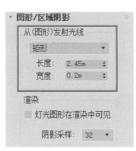

图14-46　　　　　　图14-47

**06** 在前视图中，按快捷键Shift，将该灯光以拖曳的方式向上复制一个，并调整其位置至图14-48所示，制作出吊柜上方的灯带。

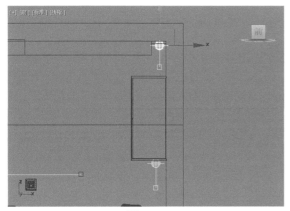

图14-48

**07** 在前视图中，按快捷键Shift，再次以拖曳的方式向下复制一个灯光，并调整其位置至图14-49所示，用来制作柜子底部的灯光。

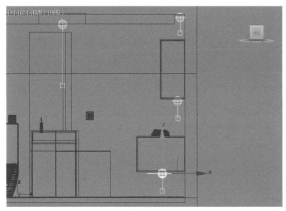

图14-49

**08** 在"修改"面板中，展开"图形/区域阴影"卷展栏，设置灯光的"长度"和"宽度"的值均为

0.5m，缩小灯光的照明范围，如图14-50所示。

**09** 在左视图中，按快捷键Shift，再次以拖曳的方式复制一个灯光，并调整其位置和旋转角度至图14-51所示，用来制作柜子里面的灯光。

图14-50

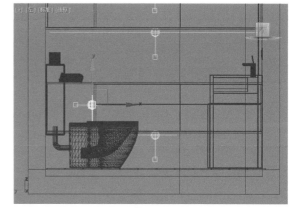

图14-51

**10** 设置完成后，渲染场景，添加了棚顶灯光的渲染结果如图14-52所示。

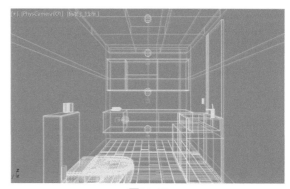

图14-52

### 14.3.8　制作环境补光

**01** 在"创建"面板中，单击"目标灯光"按钮，如图14-53所示。

图14-53

**02** 在前视图中的门口位置处创建一个目标灯光，如图14-54所示。

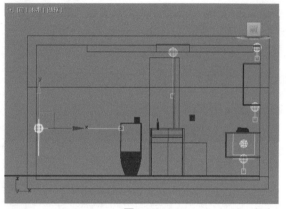

图14-54

**03** 在"强度/颜色/衰减"卷展栏中，设置灯光的"强度"为1500，如图14-55所示。

**04** 在"图形/区域阴影"卷展栏中，设置"从（图形）发射光线"的类型为"矩形"，设置"长度"值为1.2m，设置"宽度"值均为0.7m，如图14-56所示。

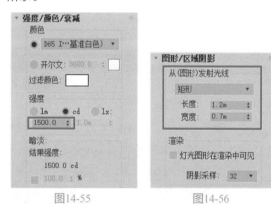

图14-55                    图14-56

**05** 设置完成后，调整灯光的位置至图14-57所示位置处。

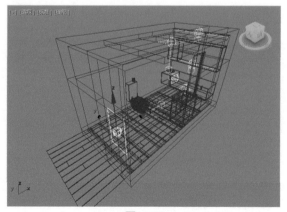

图14-57

### 14.3.9 渲染设置

**01** 打开"渲染设置"面板，可以看到本场景使用默认的Arnold渲染器来渲染场景，如图14-58所示。

图14-58

**02** 在"公用"选项卡中，设置渲染输出图像的"宽度"为1280，"高度"为720，如图14-59所示。

图14-59

**03** 在Arnold Renderer选项卡中，展开Sampling and Ray Depth卷展栏，设置Camera（AA）的值为15，降低渲染图像的噪点，提高图像的渲染质量，如图14-60所示。

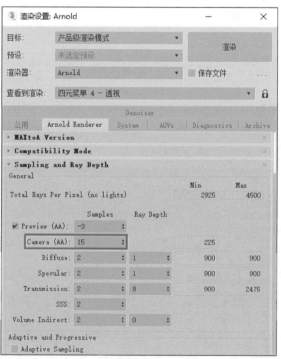

图14-60

**04** 设置完成后，渲染场景，本场景的最终渲染效果如图14-61所示。

图14-61

## 14.4　综合实例：客厅天光照明表现

本实例使用的一个客厅的场景来讲解室内空间常用材质、灯光及渲染设置的综合运用，最终的渲染结果如图14-62所示，线框渲染图如图14-63所示。

图14-62

图14-63

### 14.4.1　场景分析

打开本书配套资源"客厅.max"文件，本场景为一个欧式设计风格的客厅，并且设置好了摄影机的位置及角度，如图14-64所示。下面首先讲解该场景中的主要材质设置步骤。

图14-64

### 14.4.2　制作金色金属材质

本实例中的金色金属材质渲染结果如图14-65所示。

图14-65

**01** 打开"材质编辑器"面板，选择一个空白的物理材质球，并重命名为"金色金属"，如图14-66所示。

图14-66

**02** 展开"基本参数"卷展栏，设置"基础颜色"为金色，设置"粗糙度"值为0.1，"金属度"值为1，如图14-67所示。其中，"基础颜色"的参数设置如图14-68所示。

图14-67

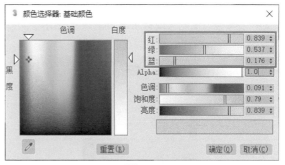

图14-68

**03** 设置完成后的材质球如图14-69所示。

图14-69

### 14.4.3　制作玻璃材质

本实例中的玻璃材质渲染结果如图14-70所示。

图14-70

**01** 打开"材质编辑器"面板，选择一个空白的物理材质球，并重命名为"玻璃"，如图14-71所示。

图14-71

**02** 在"基本参数"卷展栏中，设置"透明度"的权重值为1，"粗糙度"的值为0.05，如图14-72所示。

图14-72

**03** 设置完成后的玻璃材质球如图14-73所示。

图14-73

### 14.4.4　制作地板材质

本实例中的地板材质渲染结果如图14-74所示。

图14-74

**01** 打开"材质编辑器"面板，选择一个空白的物理材质球，并重命名为"地板"，如图14-75所示。

图14-75

**02** 在"常规贴图"卷展栏中，为"基础颜色"属性添加"地板.jpg"贴图文件，如图14-76所示。

图14-76

**03** 在"基本参数"卷展栏中，设置"粗糙度"的值为0.3，降低地板材质的镜面反射强度，如图14-77所示。

图14-77

**04** 设置完成后的材质球如图14-78所示。

图14-78

## 14.4.5 制作蓝色沙发材质

本实例中的蓝色沙发材质渲染结果如图14-79所示。

图14-79

**01** 打开"材质编辑器"面板，选择一个空白的物理材质球，并重命名为"蓝色沙发"，如图14-80所示。

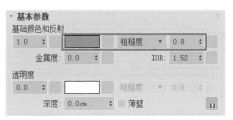

图14-80

**02** 展开"基本参数"卷展栏，设置"基础颜色"为蓝色，"粗糙度"的值为0.8，如图14-81所示。其中，"基础颜色"的参数设置如图14-82所示。

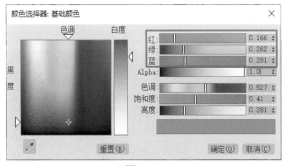

图14-81

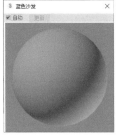

图14-82

**03** 设置完成后的材质球如图14-83所示。

图14-83

## 14.4.6 制作叶片材质

本实例中的龟背竹材质渲染结果如图14-84所示。

图14-84

**01** 打开"材质编辑器"面板，选择一个空白的物理材质球，并重命名为"叶片"，如图14-85所示。

图14-85

**02** 在"常规贴图"卷展栏中，为"基础颜色"属性添加"树叶.jpg"贴图文件，如图14-86所示。

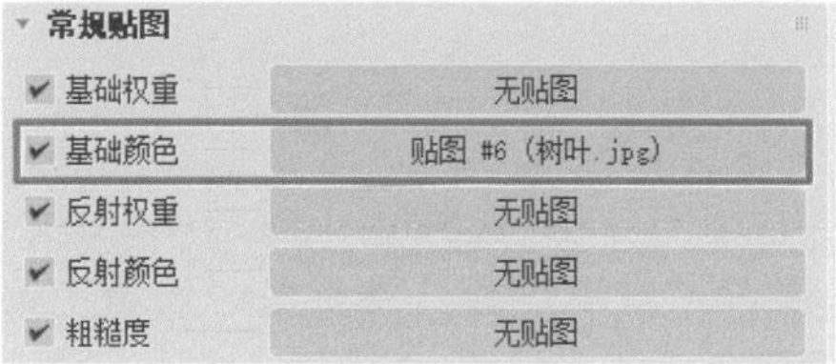

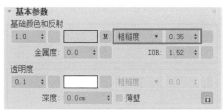

图14-86

**03** 在"基本参数"卷展栏中，设置"粗糙度"的值为0.35，降低叶片材质的镜面反射强度，如图14-87所示。

图14-87

**04** 设置完成后的材质球如图14-88所示。

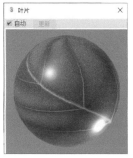

图14-88

## 14.4.7 制作蓝色玻璃花瓶材质

本实例中的蓝色玻璃花瓶材质渲染结果如图14-89所示。

图14-89

**01** 打开"材质编辑器"面板，选择一个空白的物理材质球，并重命名为"蓝色玻璃"，如图14-90所示。

图14-90

**02** 展开"基本参数"卷展栏，设置"基础颜色"为蓝色，"粗糙度"的值为0.05，"透明度"的权重值为0.96，"透明度颜色"为浅蓝色，如图14-91所示。其中，"基础颜色"的参数设置如图14-92所示，"透明度颜色"的参数设置如图14-93所示。

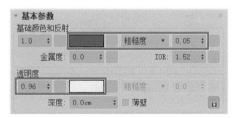

图14-91

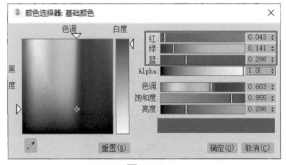

图14-92

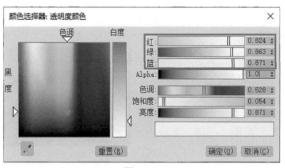

图14-93

**03** 设置完成后的材质球如图14-94所示。

图14-94

## 14.4.8 制作天光照明效果

**01** 在"创建"面板中单击"目标灯光"按钮，如图14-95所示。

**02** 在前视图中窗户位置处创建一个目标灯光，如图14-96所示。

图14-95

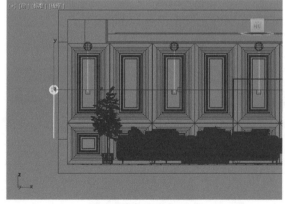

图14-96

**03** 在"修改"面板中，展开"常规参数"卷展栏，设置"阴影"的计算方式为"光线跟踪阴影"，如图14-97所示。

**04** 在"强度/颜色/衰减"卷展栏中，设置灯光"颜色"的选项为"开尔文"，"开尔文"值为8600，"强度"为8500，如图14-98所示。

图14-97　　　　　图14-98

**05** 在"图形/区域阴影"卷展栏中，设置"从（图形）发射光线"的类型为"矩形"，"长度"值为200cm，"宽度"值为340cm，如图14-99所示。

图14-99

**06** 在场景中调整灯光的位置至图14-100所示。

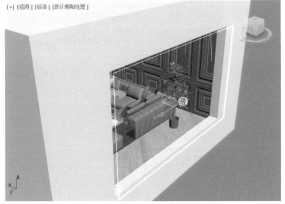

图14-100

**07** 将该灯光进行复制，并调整其位置至场景中房间另一侧的窗户处，如图14-101所示。

**08** 设置完成后，渲染场景，添加了天光照明后的渲染结果如图14-102所示。

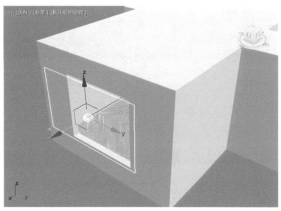

图14-101

图14-102

### 14.4.9　制作筒灯照明效果

**01** 单击"创建"面板中的Arnold Light按钮，如图14-103所示。

**02** 在左视图中创建Arnold灯光，如图14-104所示。

图14-103

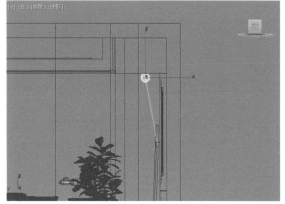

图14-104

**03** 在顶视图中调整灯光的位置至图14-105所示。

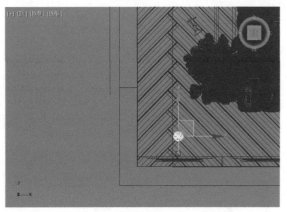

图14-105

**04** 在"修改"面板中，展开Shape卷展栏，设置
灯光的Type为"光度学"，并为其添加"筒灯.ies"文
件，如图14-106所示。

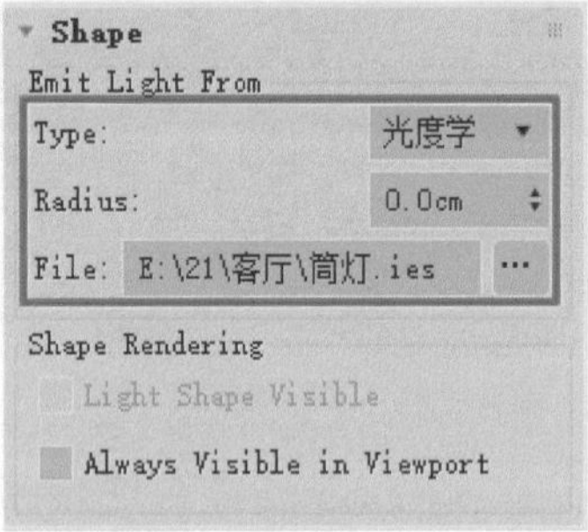

图14-106

**05** 在Color/Intensity卷展栏中，设置Color的类型
为Kelvin，并设置Kelvin的值为3500，Intensity的值
为5，Exposure的值为8，如图14-107所示。

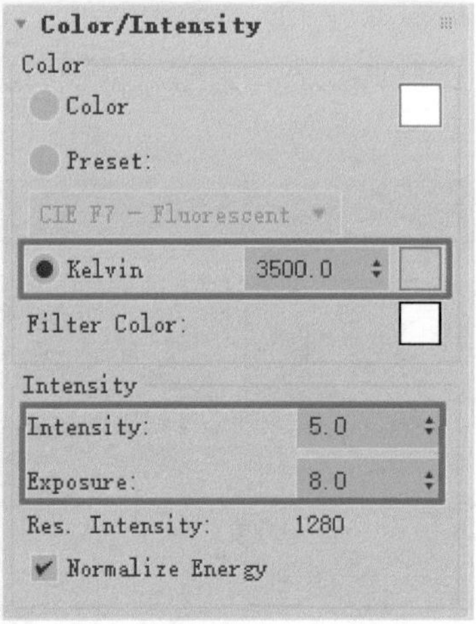

图14-107

**06** 设置完成后，在前视图中，对Arnold灯光进行
复制并调整位置至图14-108所示。

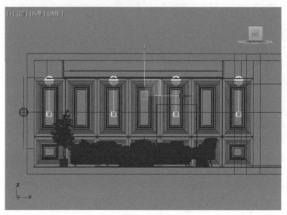

图14-108

## 14.4.10 渲染设置

**01** 打开"渲染设置"面板，可以看到本场景使用
默认的Arnold渲染器来渲染场景，如图14-109所示。

图14-109

**02** 在"公用"选项卡中，设置渲染输出图像的
"宽度"为1280，"高度"为720，如图14-110
所示。

图14-110

**03** 在Arnold Renderer选项卡中，展开Sampling
and Ray Depth卷展栏，设置Camera（AA）的值为
9，降低渲染图像的噪点，提高图像的渲染质量，如
图14-111所示。

图14-111

**04** 设置完成后，渲染场景，本场景的最终渲染效果如图14-112所示。

图14-112

# 第 15 章
# VRay 渲染器

## 15.1　VRay 渲染器概述

　　VRay渲染器是保加利亚的Chaos Group公司开发的一款高质量的渲染引擎，以插件的安装方式应用于3ds Max、Maya、SketchUp等三维软件中，为不同领域的优秀三维软件提供高质量的图片和动画渲染解决方案。无论是室内外空间表现、游戏场景表现、工业产品表现还是角色造型表现，VRay渲染器都有着不俗的表现，其易于使用的渲染设置方式赢得了国内外广大设计师及艺术家的高度认可。图15-1和图15-2所示为笔者早期使用VRay渲染器渲染出的高品质图像。

图15-1　　　　　　　　　　　　　图15-2

　　在3ds Max 2022软件中，按快捷键F10，可以打开"渲染设置"面板。在"渲染器"下拉列表中选择"V-Ray 5，update 1.3"，即可完成VRay渲染器的指定，如图15-3所示。

　　VRay渲染器为用户提供一些专门应用于该渲染器计算的材质、程序贴图、灯光、摄影机及渲染设置命令，但这不意味着用户需要花大量的时间来重新学习这些基础知识。实际上，VRay渲染器所提供的材质、灯光等工具与3ds Max 2022自带的材质、灯光非常相似，通过对本书的学习，读者可以快速地掌握VRay渲染器的使用方法。下面对VRay渲染器中较为常用的工具命令进行详细讲解。

图15-3

## 15.2　VRay 材质

　　VRay渲染器提供多种专业的材质球为用户选择使用。熟练使用VRay材质，用户可以得到更加逼真的材质渲染效果，下面讲解其中较为常用的材质的相关参数。

## 15.2.1　VRayMtl

　　VRayMtl材质是使用最为频繁的一种材质球，可以用来制作日常生活中的绝大多数材质，其基本参数如图15-4所示。

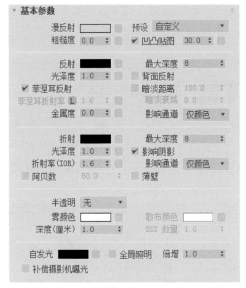

图15-4

### 工具解析

● 漫反射：物体的漫反射决定物体的表面颜色，通过"漫反射"后面的方块按钮可以为物体表面指定贴图，如果未指定贴图，则可以通过漫反射的色块为物体指定表面色彩。

● 粗糙度：数值越大，粗糙程度越明显。

● 预设：VRayMtl材质提供一些较为常用的材质供用户选择使用，如图15-5所示。

● 凹凸贴图：用来设置材质的凹凸效果。

● 反射：用来控制材质的反射程度，根据色彩的灰度来计算。颜色越白反射越强；颜色越黑反射越弱。当反射的颜色是其他颜色时，则控制物体表面的反射颜色，图15-6所示为默认勾选了"菲涅耳反射"复选框后，"反射"颜色分别为黑色和白色的材质渲染结果对比。

图15-5

图15-6

● 光泽度：控制材质反射的模糊程度，真实世界中的物体大多有着或多或少的反射光泽度，当"反射光泽度"为1时，代表该材质无反射模糊，"反射光泽度"的值越小，反射模糊的现象越明显，计算也越慢。图15-7所示为该值分别是0.9和0.7的材质渲染结果对比。

图15-7

● 菲涅耳反射：当勾选该复选框后，反射强度会与物体的入射角度有关系，入射角度越小，反射越强烈。图15-8所示为该选项处于选中状态和未选中状态的材质渲染结果对比。

图15-8

● 菲涅耳折射率：在"菲涅耳反射"中，菲涅耳现象的强弱衰减可以使用该选项来调节。

● 最大深度：控制反射的次数，数值越高，反射的计算耗时越长。

● 金属度：用于控制材质的金属模拟效果，图15-9所示为该值分别是0和1的渲染结果对比。

图15-9

- 折射：和反射的控制方法一样。颜色越白，物体越透明，折射程度越高，图15-10所示为"折射"设置成灰色和白色的渲染结果对比。

图15-10

- 光泽度：用来控制物体的折射模糊程度，图15-11所示为该值设置为1和0.8的渲染结果对比。

图15-11

- 影响阴影：此选项用来控制透明物体产生的通透的阴影效果。
- 折射率（IOR）：用来控制透明物体的折射率，图15-12所示为该值设置为1.3（水）和2.4（钻石）的渲染结果对比。

图15-12

- 最大深度：用来控制计算折射的次数。
- 雾颜色：可以让光线通过透明物体后光线减少，用来控制透明物体的颜色，图15-13所示为设置了不同烟雾颜色的渲染结果对比。

图15-13

- 自发光：用来控制材质的发光属性。

- 全局照明：用于设置该材质是否应用于全局照明。

**基础讲解** 设置 VRayMtl 材质

**01** 启动3ds Max 2022软件，打开本书配套场景文件"VRay材质测试.max"，场景中有一个茶壶模型和一个平面模型，并且设置好了灯光，如图15-14所示。

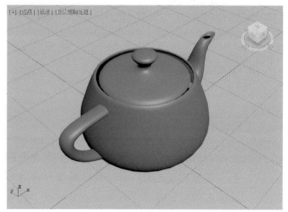

图15-14

**02** 按快捷键M，打开"材质编辑器"面板，单击"物理材质"按钮，如图15-15所示。

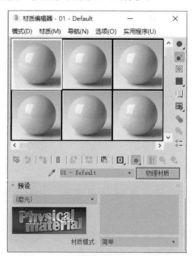

图15-15

**03** 在弹出的"材质/贴图浏览器"对话框中选择VRayMtl，如图15-16所示。

图15-16

**04** 设置完成后，即可看到当前材质已经更改为VRayMtl材质球，如图15-17所示。

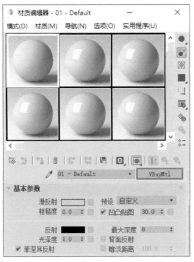

图15-17

**05** 将该材质球赋予场景中的茶壶模型后，VRayMtl材质的默认效果如图15-18所示。

图15-18

◎技巧与提示‧◦

有关VRayMtl材质里的其他常用参数，读者可以观看对应的视频教学来进行学习。

**实例** 使用 VRayMtl 制作玻璃和饮料材质

本实例讲解使用VRayMtl材质制作玻璃和饮料材质的方法，本实例的渲染效果如图15-19所示。

图15-19

**01** 启动3ds Max 2022软件，打开本书配套资源"玻璃材质.max"文件，如图15-20所示。

图15-20

**02** 本场景已经设置好了灯光、摄影机及渲染基本参数。打开"材质编辑器"面板。为场景中的玻璃瓶子模型指定一个VRayMtl材质，并重新命名为"玻璃材质"，如图15-21所示。

图15-21

**03** 在"基本参数"卷展栏中，设置"反射"的颜色为白色，设置"折射"的颜色为白色，如图15-22所示。

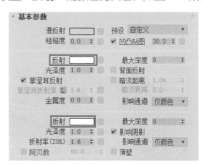

图15-22

**04** 制作完成后的玻璃材质显示效果如图15-23所示。

图15-23

**05** 选择场景中玻璃瓶子中的饮料模型，为其指定一个VRayMtl材质，并重新命名为"饮料材质"，如图15-24所示。

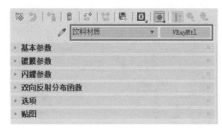

图15-24

**06** 在"基本参数"卷展栏中，设置"反射"的颜色为白色，设置"折射"的颜色为白色。设置"折射率（IOR）"的值为1.3，设置"雾颜色"为浅绿色，如图15-25所示。其中，"雾颜色"的参数设置如图15-26所示。

图15-25

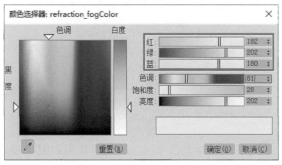

图15-26

**07** 制作完成后的饮料材质显示结果如图15-27所示。

图15-27

**08** 渲染场景，本实例的渲染结果如图15-28所示。

图15-28

**实例** 使用 VRayMtl 制作金属材质

本实例讲解金属材质的制作方法，本实例的渲染效果如图15-29所示。

图15-29

**01** 启动3ds Max 2022软件，打开本书的配套场景资源"金属材质.max"文件，如图15-30所示。

图15-30

**02** 本场景已经设置好了灯光、摄影机及渲染基本参数。打开"材质编辑器"面板。为场景中的水壶和杯子模型指定一种VRayMtl材质，并重新命名为"金属材质"，如图15-31所示。

图15-31

**03** 在"基本参数"卷展栏中，设置"漫反射"的颜色为黄色，"反射"的颜色为白色，"光泽度"的值为0.7，"金属度"的值为1，如图15-32所示。其中，"漫反射"颜色的参数设置如图15-33所示。

图15-32

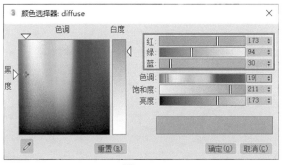

图15-33

**04** 制作完成的金属材质球显示结果如图15-34所示。

图15-34

**05** 渲染场景，本实例的渲染结果如图15-35所示。

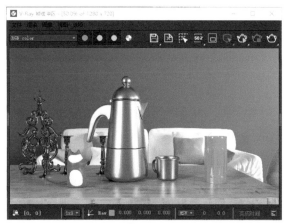

图15-35

**实例** 使用 VRayMtl 制作玉石材质

本实例讲解玉石材质的制作方法，本实例的渲染效果如图15-36所示。

图15-36

**01** 启动3ds Max 2022软件，打开本书的配套场景资源"玉石材质.max"文件。如图15-37所示。

图15-37

**02** 本场景已经设置好了灯光、摄影机及渲染基本参数。打开"材质编辑器"面板。为场景中的狮子雕塑模型指定一个VRayMtl材质，并重新命名为"玉石材质"，如图15-38所示。

图15-38

**03** 在"基本参数"卷展栏中，设置"漫反射"的颜色为绿色，"反射"的颜色为白色。"半透明"的类型为SSS，将"漫反射"的颜色复制到"散布半径"和"SSS颜色"属性上，设置"比例（厘米）"的值为50。如图15-39所示。其中，"漫反射""散布半径"和"SSS颜色"为同一种颜色，其参数设置如图15-40所示。

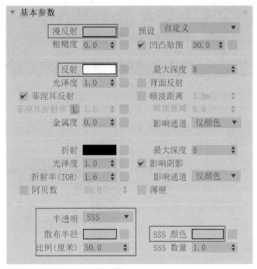

图15-39

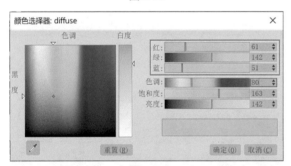

图15-40

**04** 制作完成的玉石材质球显示结果如图15-41所示。

图15-41

**05** 渲染场景，本实例的渲染结果如图15-42所示。

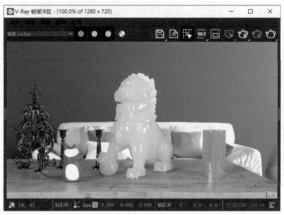

图15-42

**实例** 使用 VRayMtl 制作陶瓷材质

本实例讲解陶瓷材质的制作方法，本实例的渲染效果如图15-43所示。

图15-43

**01** 启动3ds Max 2022软件，打开本书的配套场景资源"陶瓷材质.max"文件，如图15-44所示。

图15-44

**02** 本场景已经设置好了灯光、摄影机及渲染基本参数。打开"材质编辑器"面板，为场景中的瓶子模型指定一个VRayMtl材质，并重新命名为"陶瓷材质"，如图15-45所示。

图15-45

**03** 在"基本参数"卷展栏中，设置"漫反射"的颜色为深红色，设置"反射"的颜色为白色。如图15-46所示。其中，"漫反射"颜色的参数设置如图15-47所示。

图15-46

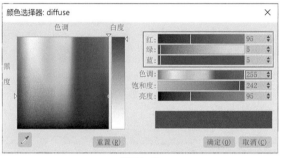

图15-47

**04** 制作完成的陶瓷材质球显示结果如图15-48所示。

图15-48

**05** 渲染场景，本实例的渲染结果如图15-49所示。

图15-49

**实例** 使用 VRayMtl 制作木纹材质

本实例讲解木纹材质的制作方法，本实例的渲染效果如图15-50所示。

图15-50

**01** 启动3ds Max 2022软件，打开本书的配套场景资源"木纹材质.max"文件，如图15-51所示。

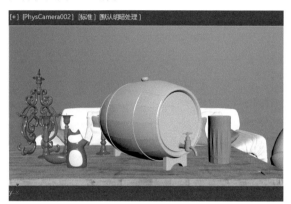

图15-51

**02** 本场景已经设置好了灯光、摄影机及渲染基本参数。打开"材质编辑器"面板。为场景中的酒桶模型指定一个VRayMtl材质，并重新命名为"木纹材质"，如图15-52所示。

图15-52

**03** 在"贴图"卷展栏中，为"漫反射"属性添加一张"木桶.png"贴图文件，并将其复制到"凹凸"属性上，如图15-53所示。

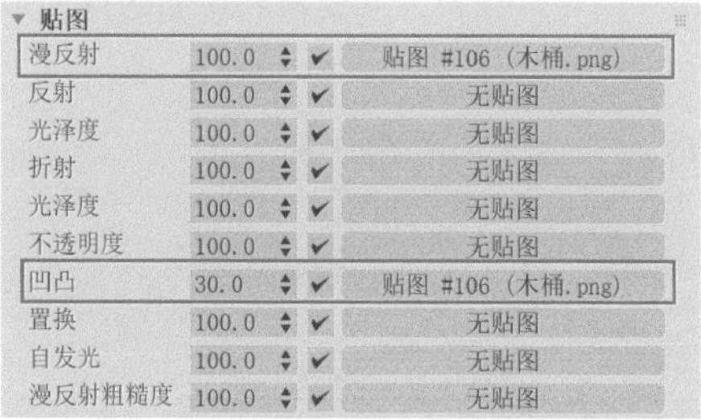

| 贴图 | | | |
|---|---|---|---|
| 漫反射 | 100.0 | ✔ | 贴图 #106（木桶.png） |
| 反射 | 100.0 | ✔ | 无贴图 |
| 光泽度 | 100.0 | ✔ | 无贴图 |
| 折射 | 100.0 | ✔ | 无贴图 |
| 光泽度 | 100.0 | ✔ | 无贴图 |
| 不透明度 | 100.0 | ✔ | 无贴图 |
| 凹凸 | 30.0 | ✔ | 贴图 #106（木桶.png） |
| 置换 | 100.0 | ✔ | 无贴图 |
| 自发光 | 100.0 | ✔ | 无贴图 |
| 漫反射粗糙度 | 100.0 | ✔ | 无贴图 |

图15-53

**04** 在"基本参数"卷展栏中，设置"反射"的颜色为白色，"光泽度"的值为0.7，如图15-54所示。

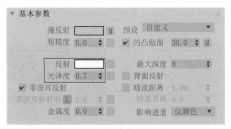

图15-54

**05** 制作完成的木纹材质球显示结果如图15-55所示。

图15-55

**06** 渲染场景，本实例的渲染结果如图15-56所示。

图15-56

## 15.2.2　VRay 灯光材质

"VRay灯光材质"可以用来制作灯光照明及室外环境的光线模拟，其属性参数如图15-57所示。

图15-57

### 工具解析

- 颜色：设置发光的颜色，并可以通过后面的微调器来设置发光的强度。
- 不透明度：用贴图来控制发光材质的透明度。
- 背面发光：勾选此复选框后，材质可以双面发光。

**实例**　使用 VRay 灯光材质制作灯泡材质

在本实例中，讲解灯泡材质的制作方法，本实例的渲染效果如图15-58所示。

图15-58

**06** 启动3ds Max 2022软件，打开本书的配套场景资源"灯泡材质.max"文件。如图15-59所示。

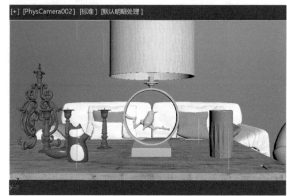

图15-59

**07** 本场景已经设置好了灯光、摄影机及渲染基本参数。打开"材质编辑器"面板，为场景中台灯灯罩里面的球形灯泡模型指定一个VRay灯光材质，并重新命名为"灯泡材质"，如图15-60所示。

图15-60

**08** 在"参数"卷展栏中，设置"颜色"为黄色，灯光材质的亮度值为300，如图15-61所示。其中，"颜色"的参数设置如图15-62所示。

图15-61

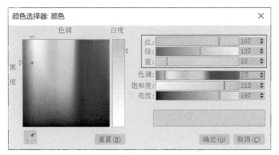

图15-62

09　制作完成的灯泡材质球显示结果如图15-63所示。

图15-63

10　渲染场景，本实例的渲染结果如图15-64所示。

图15-64

## 15.3　VRay 灯光及摄影机

　　VRay提供独立的灯光系统和专业的摄影机系统供用户选择使用，同时，VRay所提供的灯光及摄影机与3ds Max所提供的灯光及摄影机亦可相互配合使用。

### 15.3.1　VR- 灯光

　　"VR-灯光"是制作室内空间表现使用频率最高的灯光，可以模拟灯泡、灯带、面光源等的照明效果，其自身的网格属性还允许用户拾取任何形状的几何体模型来作为"VR-灯光"的光源。

　　"VR-灯光"在"修改"面板中分为"常规""矩形/圆形灯光""选项""采样""视口"和"高级选项"6个卷展栏，如图15-65所示。下面详细讲解其中较为常用的卷展栏命令。

图15-65

1. "常规"卷展栏

　　"常规"卷展栏中的参数设置如图15-66所示。

**工具解析**

● 开：控制"VR-灯光"的开启与关闭。

● 类型：设置VR-灯光的类型，有"平面""穹顶""球体""网格"和"圆形"5种类型可选，如图15-67所示。

图15-66

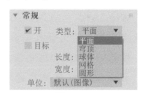

图15-67

● 平面：默认的VR-灯光类型，其中包括"1/2长"和"1/2宽"属性可以设置，是一个平面形状的光源。

● 穹顶：将VR-灯光设置为穹顶形状，类似于3ds Max的"天光"灯光的照明效果。

● 球体：将VR-灯光设置为球体，通常可以用来模拟灯泡之类的"泛光"效果。

- 网格：当VR-灯光设置为网格，可以通过拾取场景内任意几何体来根据其自身形状创建灯光，同时，VR-灯光的图标将消失，而所选择的几何体则在其"修改"面板上添加了"VR-灯光"修改器，如图15-68所示。

图15-68

- 圆形：可以将VR-灯光设置为一个圆形的光源。
- 目标：勾选该复选框，VR-灯光将产生一个目标点。
- 长度/宽度：用来设置VR-灯光的大小。
- 单位：用来设置VR-灯光的发光单位，有"默认（图像）""发光率（lm）""亮度（lm/m2/sr）""辐射率（w）"和"辐射（W/m2/sr）"5种单位可选。
- 默认（图像）：VR-灯光的默认单位。依靠灯光的颜色和亮度控制灯光的强弱，如果忽略曝光类型等因素，那么灯光颜色为对象表面受光的最终色彩。
- 发光率（lm）：当选择此单位时，灯光的亮度将和灯光的大小无关（100W的亮度大约等于1500lm）。
- 亮度（lm/m2/sr）：当选择此单位时，灯光的亮度将和灯光的大小有关系。
- 辐射率（w）：当选择此单位时，灯光的亮度将和灯光的大小无关，同时，此瓦特与物理上的瓦特有显著差别。
- 辐射（W/m2/sr）：当选择此单位时，灯光的亮度将和灯光的大小有关系。
- 倍增：控制VR-灯光的照明强度。
- 模式：设置VR-灯光的颜色模式，有"颜色"和"温度"两种可选，如图15-69所示。当选择"颜色"时，"温度"为不可设置状态；当选择"温度"时，可激活"温度"参数并通过设置"温度"数值控制"颜色"的色彩。

图15-69

### 2. "选项"卷展栏

"选项"卷展栏中的参数设置如图15-70所示。

图15-70

- "排除"按钮：用来排除灯光对物体的影响。
- 投射阴影：控制是否对物体产生投影。
- 双面：勾选此复选框后，当VR-灯光为"平面"类型时，可以向两个方向发射光线，图15-71所示为该选项勾选前后的渲染结果对比。

图15-71

- 不可见：此选项可以用来控制是否渲染出VR-灯光的形状，图15-72所示为该选项勾选前后的渲染结果对比。

图15-72

- 不衰减：勾选此复选框后VR-灯光将不计算灯光的衰减程度。
- 天光入口：此选项将VR-灯光转换为"天光"，当勾选"天光入口"复选框后，（VR）灯光中的"投射阴影""双面""不可见"和"不衰减"4个复选框将不可用。
- 存储发光图：勾选此复选框，同时将"全局照明（GI）"里的"首次引擎"设置为"发光图"，VR-灯光的光照信息将保存在"发光图"中。在渲染光子时渲染速度将变得更慢，但是在渲染出图时，渲染速度可以提高很多。光子图渲染完成后，即可关闭此选项，渲染效果不会对结果产生影响。

- 影响漫反射：此选项决定VR-灯光是否影响物体材质属性的漫反射。
- 影响高光：此选项决定VR-灯光是否影响物体材质属性的高光。
- 影响反射：勾选此复选框后，灯光将对物体的反射区进行光照，物体可以将光源进行反射。

**实例** 使用 VR- 灯光制作室内天光照明效果

在本实例中，讲解如何使用"VR-灯光"来制作室内天光照明效果，本实例的渲染效果如图15-73所示。

图15-73

**01** 启动3ds Max 2022软件，打开本书配套场景文件"室内场景.max"，如图15-74所示。本场景为摆放了简单家具的客厅空间一角，并且设置好了材质及摄影机的拍摄角度。

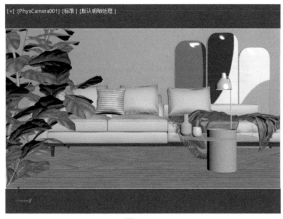

图15-74

**02** 单击"创建"面板中的"VR-灯光"按钮，如图15-75所示。

图15-75

**03** 在前视图窗户位置处创建一个与窗口大小接近的VR-灯光，如图15-76所示。

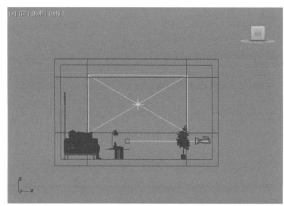

图15-76

**04** 在"修改"面板中，展开"常规"卷展栏，设置"倍增"的值为0.75，如图15-77所示。

**05** 在"透视"视图中，调整灯光的位置至图15-78所示。

图15-77

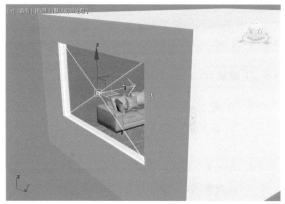

图15-78

**06** 在顶视图中，复制一个VR-灯光，并调整其位置和角度至图15-79所示。

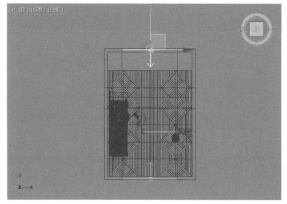

图15-79

**07** 设置完成后，渲染场景，渲染结果如图15-80所示。

图15-80

## 15.3.2　VR- 光域网

VR-光域网可以用来模拟射灯、筒灯等光照，与3ds Max所提供的"光度学"类型中的"目标灯光"很接近。下面详细讲解VR-光域网灯光的常用命令参数。

VR-光域网的参数设置如图15-81所示。

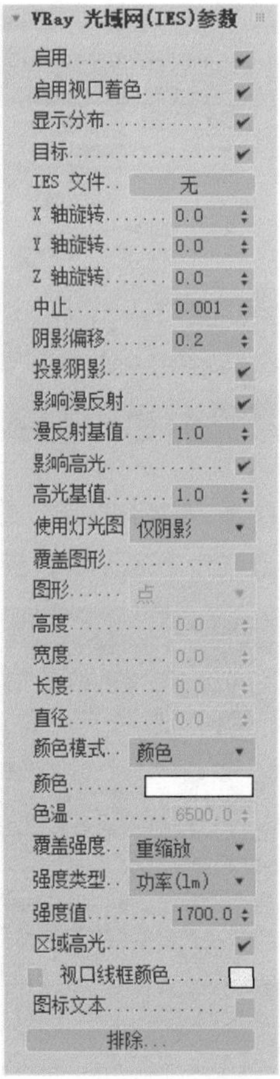

### 工具解析

- 启用：控制是否开启VR-光域网灯光。
- 启用视口着色：控制是否在视口中显示灯光对物体的影响。
- 目标：控制VR-光域网灯光是否具有目标点。
- IES文件：可以通过"IES文件"后面的按钮来选择硬盘中的IES文件，以设置灯光所产生的光照投影。
- X/Y/Z轴旋转：分别控制VR-光域网灯光的沿着各个轴向的旋转照射方向。

图15-81

- 阴影偏移：此参数用来控制物体与投影之间的偏移距离。
- 投影阴影：控制灯光对物体是否产生投影。
- 影响漫反射：此选项决定了VR-光域网灯光是否影响物体材质属性的漫反射。
- 影响高光：此选项决定了VR-光域网灯光是否影响物体材质属性的高光。
- 颜色：用来设置VR-光域网灯光的颜色。
- 色温：当"颜色模式"选择为"温度"时，用户可以使用"色温"值控制灯光的颜色。
- 强度值：用来设置VR-光域网灯光的照明强度。
- 图标文本：勾选后，将在视口中显示VR-光域网的名称。
- "排除"按钮：用来设置排除VR-光域网灯光对物体的影响。

## 15.3.3　VR- 太阳

"VR-太阳"主要用来模拟真实的室内外阳光照明，其参数设置如图15-82所示。

### 工具解析

- 启用：开启VR-太阳灯光的照明效果。
- 强度倍增：设置VR-太阳光照的强度。

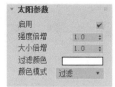

图15-82

- 大小倍增：设置渲染天空中太阳的大小，"大小倍增"的值越小，渲染出的太阳半径越小，同时地面上的阴影越实；"大小倍增"的值越大，渲染出的太阳半径越大，同时地面上的阴影越虚。

**实例**　使用 VR- 太阳制作天空环境照明效果

在本实例中，讲解如何使用"VR-太阳"制作室外天空环境的照明效果，本实例的渲染效果如图15-83所示。

图15-83

**01** 启动3ds Max 2022软件，打开本书配套场景文件"汽车.max"，如图15-84所示。本场景中有一个汽车模型，并且设置好了材质及摄影机的拍摄角度。

图15-84

**02** 单击"创建"面板中的"VR-太阳"按钮，如图15-85所示。

图15-85

**03** 在前视图中创建一个VR-太阳灯光，如图15-86所示。

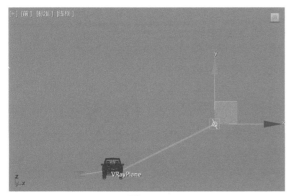

图15-86

**04** 创建VR-太阳灯光的同时，系统还会弹出"V-Ray太阳"对话框，单击"是"按钮后系统会自动添加一张"VRay天空"环境贴图，如图15-87所示。

图15-87

**05** 执行菜单栏"渲染"|"环境"命令，在"环境和效果"面板中可以看到刚刚系统自动添加的"VRay天空"环境贴图，如图15-88所示。

图15-88

**06** 渲染场景，本实例的最终渲染结果如图15-89所示。

图15-89

### 15.3.4　VR- 物理摄影机

"VR-物理摄影机"是基于现实中真正的摄像机功能而研发相应参数的摄像机。如果三维艺术家对摄影有所了解，那么在3ds Max中使用这个物理摄像机是非常容易上手的。使用VR-物理摄影机不仅可以渲染出写实风格的效果，而且通过调整相应的参数，还可以直接制作出类似于经过后期处理软件校正色彩后的画面，以及模拟摄像机拍摄画面时所出现的暗角效果。

VR-物理摄影机所提供的参数与我们所使用的真实相机非常接近，如胶片规格、曝光、白平衡、快门速度、延迟等参数。在"修改"面板中，分为"基本和显示""传感器和镜头""光圈""景深和运动模糊""颜色和曝光""倾斜和移动""散景（景深）特效""失真""剪切与环境"和"滚动快门"10个卷展栏，如图15-90所示。

图15-90

### 1. "基本和显示"卷展栏

"基本和显示"卷展栏中的参数命令如图15-91所示。

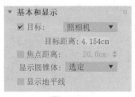

图15-91

#### 工具解析

- 目标：勾选该复选框即为有目标点的摄影机，取消勾选该复选框则目标点消失。
- 下拉列表：在这里可以选择摄影机的类型，有"照相机""摄影机（电影）"和"摄像机（DV）"3种可选。其中，"照相机"可以用来模拟一台常规快门的静态画面照相机；"摄影机（电影）"可以用来模拟一台圆形快门的电影摄影机；而"摄像机（DV）"可以用来模拟带CCD矩阵的快门摄像机。
- 目标距离：用来显示VR-物理摄影机和目标点之间的距离。
- 焦点距离：勾选该选项后，可以设置VR-物理摄影机的焦点位置。
- 显示圆锥体：用来设置VR-物理摄影机是否显示其圆锥体位置。

### 2. "传感器和镜头"卷展栏

"传感器和镜头"卷展栏中的参数命令如图15-92所示。

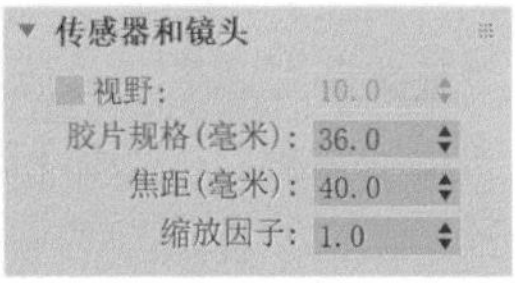

图15-92

#### 工具解析

- 视野：勾选"视野"复选框后，可以通过该值调整摄影机的视野范围。
- 胶片规格（毫米）/焦距（毫米）：与"视野"参数类似，可以通过该值来调整VR-物理摄影机的拍摄范围。
- 缩放因子：控制摄影机视图的缩放，值越大，摄影机视图拉得越近。

### 3. "光圈"卷展栏

"光圈"卷展栏中的参数命令如图15-93所示。

图15-93

#### 工具解析

- 胶片速度（ISO）：控制渲染图像的明暗程度。值越大，图像越亮；值越小，图像越暗。
- 光圈数：控制摄影机的光圈大小，以此来控制摄影机渲染图像的最终亮度。值越小，图像越亮。如图15-94和图15-95所示分别是"光圈数"值是7和10的渲染图像结果。

图15-94 　　　　　　　图15-95

- 快门速度（s^-1）：模拟快门控制进光的时间，值越小，进光时间越长，图像越亮；值越大，进光时间越短，图像越暗。
- 快门角度（度）：当VR-物理摄影机的类型更换为摄影机（电影）时，可激活该参数，同时也可用来调整渲染画面的明暗度。
- 快门偏移（度）：当VR-物理摄影机的类型更换为摄影机（电影）时，可激活该参数，主要用来控制快门角度的偏移。
- 延迟（秒）：当VR-物理摄影机的类型更换为摄像机（DV）时，可激活该参数，同时也可用来调整渲染画面的明暗度。

图15-100　　　　　　　图15-101

## 4."景深和运动模糊"卷展栏

"景深和运动模糊"卷展栏中的参数命令如图15-96所示。

图15-96

**工具解析**

- 景深：勾选该复选框可以开启景深效果计算。
- 运动模糊：勾选该复选框可以开启运动模糊效果计算。

## 5."颜色和曝光"卷展栏

"颜色和曝光"卷展栏中的参数命令如图15-97所示。

图15-97

**工具解析**

- 曝光：默认为物理曝光，能有效防止渲染出来的画面出现曝光效果。
- 光晕：勾选该复选框后，渲染的图像上四个角会变暗，用来模拟相机拍摄出来的暗角效果。"光晕"后面的数值可以控制暗角的程度。如果取消勾选该复选框，则渲染图像无暗角效果，图15-98和图15-99分别是开启了光晕效果前后的图像渲染结果。

图15-98　　　　　　　图15-99

- 白平衡：与真实的相机一样，用来控制图像的颜色。
- 自定义平衡：可以通过设置色彩的方式改变渲染图像的偏色。将"自定义平衡"色彩设为天蓝色，可以用来模拟黄昏的室外效果，如图15-100所示。将"自定义平衡"色彩设为橙黄色，可以用来模拟清晨的室外效果，如图15-101所示。

# 15.4　VRay 综合实例：客厅室内照明表现

## 15.4.1　效果展示

新中式风格是在对中国当代文化充分理解的基础上，提炼出传统中式风格中的经典元素并加以简化和创新产生的一种设计理念，其空间配色更加丰富和自然。本实例为一个新中式设计风格的客厅室内灯光表现效果，实例的最终渲染结果如图15-102、图15-103所示。通过渲染结果，可以看出本实例中所要表现的灯光主要为室内人工照明效果。

图15-102　　　　　　　图15-103

打开本书配套场景文件"新中式风格客厅.max"，如图15-104所示。接下来将对其中较为典型的常用材质进行详细讲解。

图15-104

## 15.4.2　制作地砖材质

本实例中的地砖材质渲染效果如图15-105所示。

图15-105

**01** 打开"材质编辑器"面板。选择一个空白材质球，将其设置为VRayMtl材质，并重命名为"地砖"，如图15-106所示。

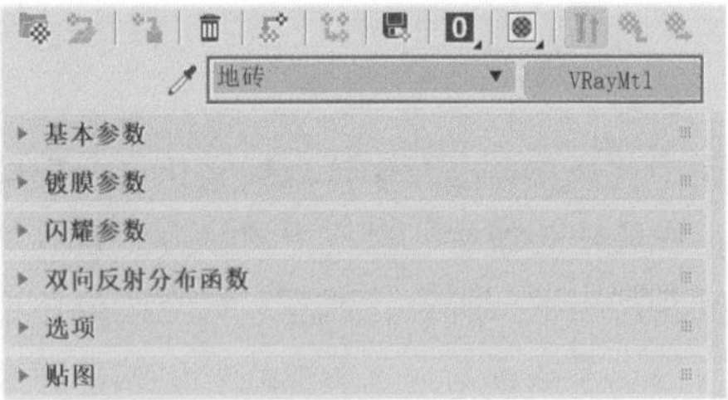

图15-106

**02** 在"贴图"卷展栏中，为"漫反射"的贴图通道添加一张"地砖B.jpg"文件，制作出地砖材质的表面纹理。为"凹凸"的贴图通道添加"噪波"贴图，并调整"凹凸"的值为3，如图15-107所示。

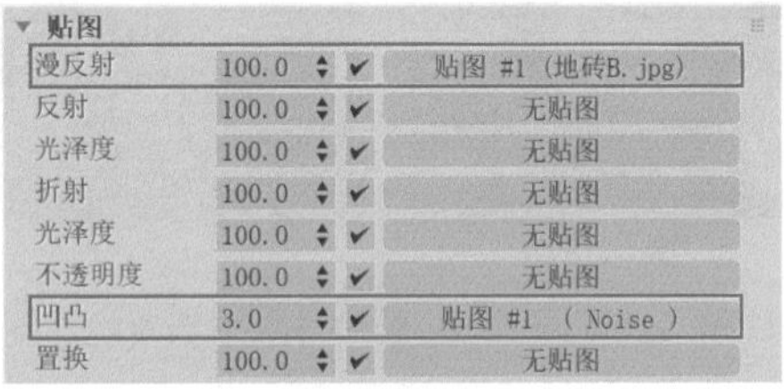

图15-107

**03** 在"噪波参数"卷展栏中，设置噪波的"大小"值为600，如图15-108所示。

图15-108

**04** 在"基本参数"卷展栏中，设置"反射"的颜色为白色，"光泽度"的值为0.9，制作出地砖材质的反射及高光效果，如图15-109所示。

图15-109

**05** 制作完成后的地砖材质球结果如图15-110所示。

图15-110

### 15.4.3　制作木门材质

本实例中木门材质的渲染效果如图15-111所示。

图15-111

**01** 打开"材质编辑器"面板。选择一个空白材质球，将其设置为VRayMtl材质，并重命名为"木门"，如图15-112所示。

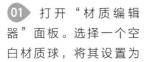

图15-112

**02** 展开"贴图"卷展栏，为"漫反射"的贴图通道添加"木纹.jpg"文件，如图15-113所示。

图15-113

**03** 在"基本参数"卷展栏中，设置"反射"的颜色为白色，"光泽度"的值为0.7，如图15-114所示。

图15-114

**04** 制作完成后的木门材质球显示结果如图15-115所示。

图15-115

## 15.4.4　制作电视屏幕材质

本实例中的电视屏幕材质渲染结果如图15-116所示。

图15-116

**01** 打开"材质编辑器"面板。选择一个空白材质球，将其设置为VRayMt1材质，并重命名为"电视屏幕"，如图15-117所示。

图15-117

**02** 在"基本参数"卷展栏中，设置"漫反射"的颜色为深灰色，"反射"的颜色为灰色，并取消勾选"菲涅耳反射"复选框，如图15-118所示。其中，"漫反射"的颜色参数设置如图15-119所示，"反射"的颜色参数设置如图15-120所示。

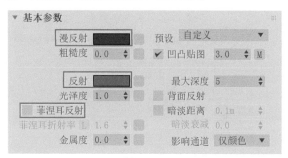

图15-118

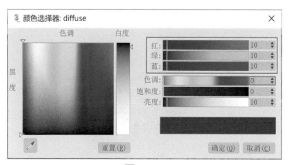

图15-119

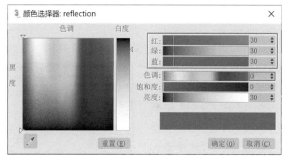

图15-120

**03** 在"贴图"卷展栏中，为"凹凸"的贴图通道添加"噪波"贴图，并设置"凹凸"的值为3，如图15-121所示。

图15-121

**04** 在"噪波参数"卷展栏中，设置噪波的"大小"值为300，如图15-122所示。

图15-122

**05** 制作完成的电视屏幕材质球如图15-123所示。

图15-123

## 15.4.5 制作蓝色陶瓷材质

本实例中电视柜上的狮子造型摆件采用了蓝色的陶瓷材质，渲染结果如图15-124所示。

**01** 打开"材质编辑器"面板。选择一个空白材质球，将其设置为VRayMtl材质，并重命名为"蓝色陶瓷"，如图15-125所示。

图15-124

图15-125

**02** 在"基本参数"卷展栏中，单击"漫反射"后面的方形按钮，如图15-126所示。

图15-126

**03** 在系统自动弹出的"材质/贴图浏览器"对话框中选择"衰减"贴图，如图15-127所示。

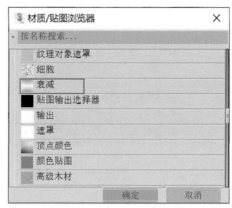

图15-127

**04** 在"衰减参数"卷展栏中，分别设置"前"和"侧"的颜色为深蓝色和浅蓝色，如图15-128所示。其中，"前"的颜色参数设置如图15-129所示，"侧"的颜色参数设置如图15-130所示。

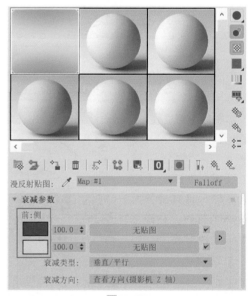

图15-128

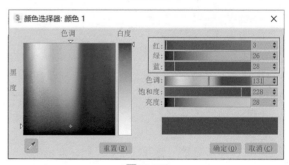

图15-129

**05** 以同样的方式为"反射"属性添加"衰减"贴图，如图15-131所示。

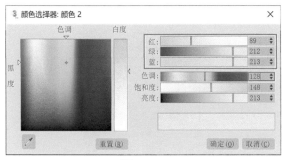

图15-130

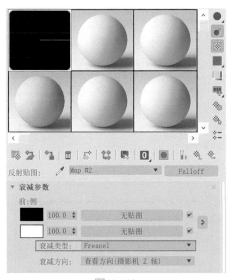

图15-131

**06** 在"衰减参数"卷展栏中,将"衰减类型"设置为Fresnel选项,如图15-132所示。

图15-132

**07** 制作完成后的蓝色陶瓷材质球如图15-133所示。

图15-133

### 15.4.6　制作植物叶片材质

本实例中的植物叶片材质渲染结果如图15-134所示。

图15-134

**01** 打开"材质编辑器"面板。选择一个空白材质球,将其设置为VRayMtl材质,并重命名为"植物叶片",如图15-135所示。

图15-135

**02** 在"贴图"卷展栏中,在"漫反射"的贴图通道中添加"芭蕉树叶.jpg"文件,在"光泽度"的贴图通道中添加"芭蕉树叶光泽度.jpg"文件,并设置"光泽度"的值为40。将"光泽度"贴图通道中的贴图以拖曳的方式复制到"凹凸"的贴图通道中,并设置"凹凸"的值为55,如图15-136所示。

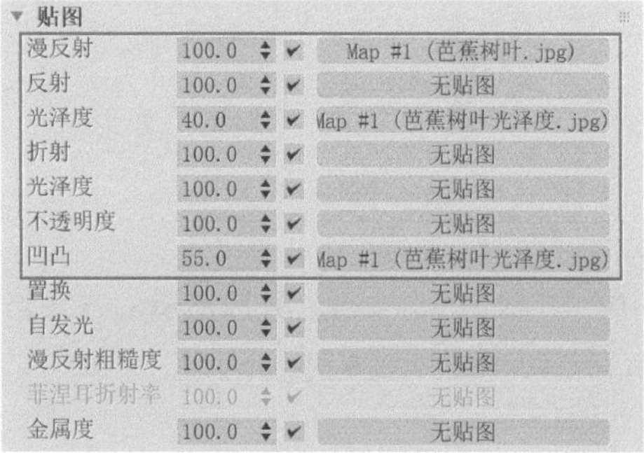

图15-136

**03** 在"基本参数"卷展栏中,设置"反射"的颜色为灰色,设置"光泽度"的值为0.8,如图15-137所示。

图15-137

**04** 制作完成后的植物叶片材质球如图15-138所示。

植物叶片
自动
更新

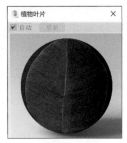

图15-138

## 15.4.7 制作窗帘材质

本实例中窗帘材质的渲染结果如图15-139所示。

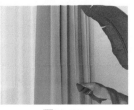

图15-139

**01** 打开“材质编辑器”面板。选择一个空白材质球，将其设置为VRayMtl材质，并重命名为“窗帘”，如图15-140所示。

窗帘
VRayMtl
基本参数
镀膜参数
闪耀参数
双向反射分布函数
选项
贴图

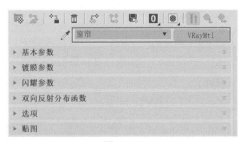

图15-140

**02** 在“贴图”卷展栏中，为“漫反射”的贴图通道添加“布纹.jpg”文件，并以拖曳的方式复制到“凹凸”属性的贴图通道中，并设置“凹凸”的值为30，如图15-141所示。

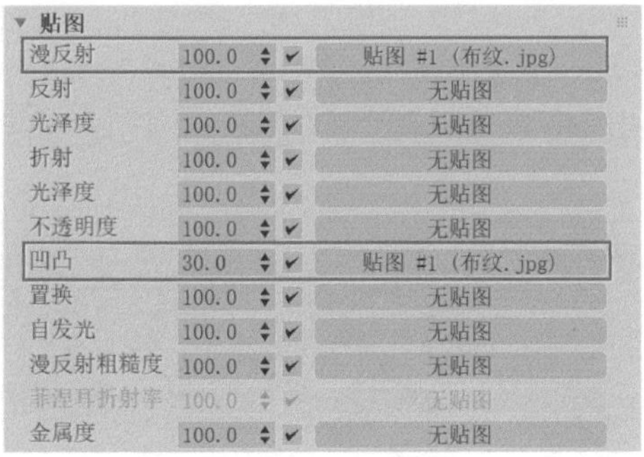

贴图
漫反射 100.0 贴图 #1（布纹.jpg）
反射 100.0 无贴图
光泽度 100.0 无贴图
折射 100.0 无贴图
光泽度 100.0 无贴图
不透明度 100.0 无贴图
凹凸 30.0 贴图 #1（布纹.jpg）
置换 100.0 无贴图
自发光 100.0 无贴图
漫反射粗糙度 100.0 无贴图
菲涅耳折射率 100.0 无贴图
金属度 100.0 无贴图

图15-141

**03** 制作完成后的窗帘材质球如图15-142所示。

窗帘
自动
更新

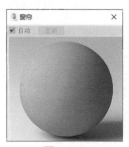

图15-142

## 15.4.8 制作金属门把手材质

本实例中的金属门把手材质渲染结果如图15-143所示。

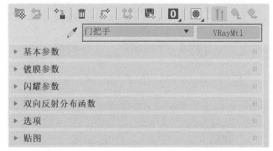

图15-143

**01** 打开“材质编辑器”面板。选择一个空白材质球，将其设置为VRayMtl材质，并重命名为“门把手”，如图15-144所示。

门把手
VRayMtl
基本参数
镀膜参数
闪耀参数
双向反射分布函数
选项
贴图

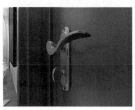

图15-144

**02** 在“基本参数”卷展栏中，设置“漫反射”和“反射”的颜色为黄色，设置“光泽度”的值为0.7，设置“金属度”的值为1，如图15-145所示。其中，“漫反射”和“反射”的颜色参数设置如图15-146所示。

基本参数
漫反射
预设 自定义
粗糙度 0.0
凹凸贴图 30.0
反射
最大深度 5
光泽度 0.7
背面反射
菲涅耳反射
暗淡距离 0.1m
菲涅耳折射率 L 1.6
暗淡衰减 0.0
金属度 1.0
影响通道 仅颜色

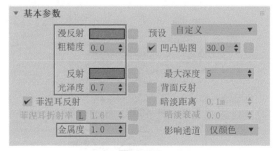

图15-145

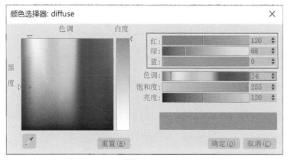

图15-146

**03** 制作完成后的金属门把手材质球显示结果如图15-147所示。

图15-147

### 15.4.9　制作金属茶壶材质

本实例中的金属茶壶材质渲染结果如图15-148所示。

图15-148

**01** 打开"材质编辑器"面板。选择一个空白材质球，将其设置为VRayMtl材质，并重命名为"金属茶具"，如图15-149所示。

图15-149

**02** 在"基本参数"卷展栏中，设置"漫反射"和"反射"的颜色为黄色，"光泽度"的值为0.75，"金属度"的值为1，如图15-150所示。其中，"漫反射"和"反射"的颜色参数设置如图15-151所示。

图15-150

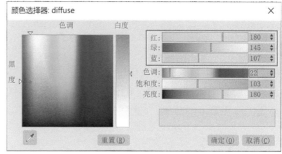

图15-151

**03** 制作完成后的金属茶壶材质球如图15-152所示。

图15-152

### 15.4.10　制作沙发木纹材质

本实例中的沙发木纹材质渲染效果如图15-153所示。

图15-153

**01** 打开"材质编辑器"面板。选择一个空白材质球，将其设置为VRayMtl材质，并重命名为"沙发木纹"，如图15-154所示。

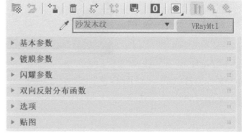

图15-154

**02** 在"贴图"卷展栏中，为"漫反射"贴图通道上添加一个"木纹.jpg"文件，制作出沙发木纹材质的表面纹理，如图15-155所示。

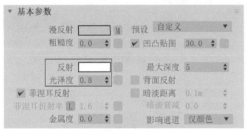

图15-155

**03** 在"基本参数"卷展栏中，设置"反射"的颜色为白色，调整"光泽度"的值为0.8，制作出木纹材质的高光及反射效果，如图15-156所示。

图15-156

**04** 制作完成后的沙发木纹材质球如图15-157所示。

图15-157

## 15.4.11 制作沙发垫子材质

本实例中的沙发垫子材质渲染效果如图15-158所示。

图15-158

**01** 打开"材质编辑器"面板，选择一个空白材质球，将其设置为VRayMtl材质，并重命名为"沙发垫子"，如图15-159所示。

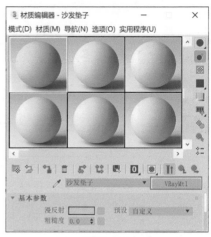

图15-159

**02** 在"贴图"卷展栏中，为"漫反射"的贴图通道添加一个"窗帘布纹.jpg"文件，制作出沙发垫子材质的表面纹理，如图15-160所示。

图15-160

**03** 制作完成后的沙发垫子材质球如图15-161所示。

图15-161

## 15.4.12 摄影机参数设置

**01** 在"创建"面板中，单击"物理"按钮，如图15-162所示。

**02** 在顶视图中，如图15-163所示位置处创建一个物理摄影机。

图15-162

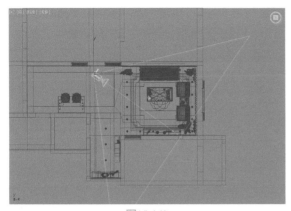

图15-163

**03** 在前视图中，调整摄影机及摄影机目标点的位置至图15-164所示。

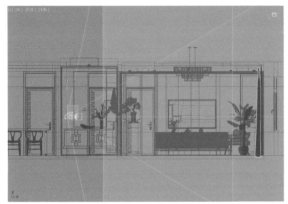

图15-164

**04** 展开"物理摄影机"卷展栏，设置"宽度"的值为36，如图15-165所示。

**05** 设置完成后，按快捷键C，切换至"摄影机"视图，客厅的摄影机展示角度如图15-166所示。

| 物理摄影机 |
|---|
| 胶片/传感器 |
| 预设值：35mm（全画幅）▼ |
| 宽度： 36.0 ↕ 毫米 |
| 镜头 |
| 焦距： 16.0 ↕ 毫米 |
| ☐ 指定视野： 96.56 ↕ 度 |
| 缩放： 1.0 ↕ x |
| 光圈： f / 8.0 ↕ |

图15-165

图15-166

**06** 以同样的操作步骤再次在场景中创建两个物理摄影机，调整完成后，本实例中另外两个摄影机的展示角度分别如图15-167、图15-168所示。

图15-167

图15-168

### 15.4.13 制作天光照明效果

**01** 在"创建"面板中，将"灯光"下拉列表切换至VRay，单击"VR-灯光"按钮，如图15-169所示。

图15-169

**02** 在右视图中，卧室的窗户位置处创建一个大小与窗户模型接近的VR-灯光，如图15-170所示。

**03** 按快捷键P，切换至透视视图。调整VR-灯光的位置至图15-171所示，使其位于卧室窗户的外面。

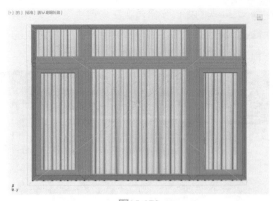

图15-170

图15-171

**04** 在"修改"面板中,展开"常规"卷展栏。设置"倍增"的值为1,"模式"为"温度"选项,"温度"的值为20000,这时可以看到"颜色"自动改变为天蓝色,如图15-172所示。

图15-172

**05** 按快捷键Shift,以拖曳的方式复制出一个VR-灯光,并调整其位置和大小至图15-173所示,模拟另外一侧窗户透射进来的天光效果。

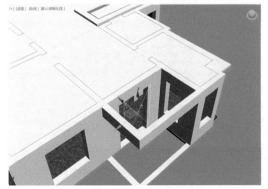

图15-173

**06** 设置完成后,渲染场景,渲染结果如图15-174所示,场景里已经有了微弱了天光照明效果。

图15-174

### 15.4.14 制作灯带照明效果

**01** 单击"创建"面板中的"VR-灯光"按钮,如图15-175所示。

图15-175

**02** 在场景中如图15-176所示位置处,创建一个VR-灯光,用来模拟吊顶上的灯带照明效果。

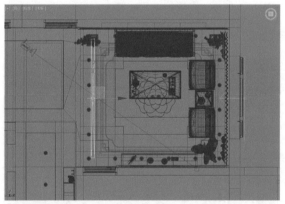

图15-176

**03** 在前视图中,旋转好灯光的照射角度后,移动其位置至图15-177所示。

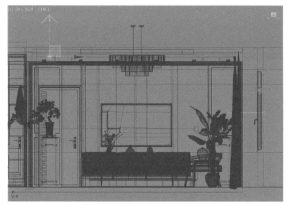

图15-177

**04** 在"修改"面板中，展开"常规"卷展栏。设置"倍增"的值为1，灯光的"颜色"为浅黄色，如图15-178所示。"颜色"的参数设置如图15-179所示。

图15-178

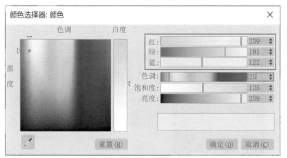

图15-179

**05** 灯光的参数设置完成后，在顶视图中，对其进行复制并分别调整角度和位置至图15-180所示，用来模拟其他三处位置的灯带照明效果。

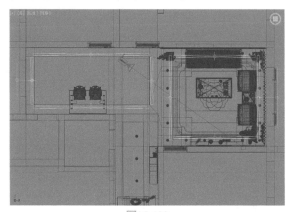

图15-180

**06** 设置完成后，渲染场景，灯带的渲染结果如图15-181所示。

图15-181

### 15.4.15  制作射灯照明效果

**01** 单击"创建"面板中的"VR-光域网"按钮，如图15-182所示。

**02** 在前视图中，如图15-183所示射灯模型位置下方创建一个VR-光域网灯光。

图15-182

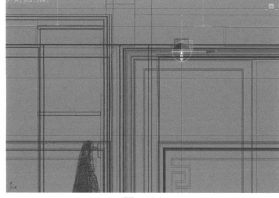

图15-183

**03** 在顶视图中，调整VR-光域网灯光的位置至图15-184所示。

**04** 按住快捷键Shift，对"VR-光域网"灯光进行复制，在系统自动弹出的"克隆选项"对话框中，选择"实例"选项，如图15-185所示。这样，我们复制出来的"VR-光域网"灯光是相互关联的关系，在后续的参数调整上，只需要调整场景中任意一个"VR-光域网"灯光，将会对场景中的所有"VR-光域网"灯光进行更改。

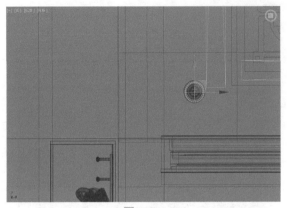

图15-184

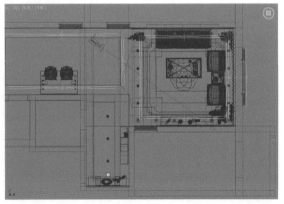

图15-185

**05** 对复制出来的VR-光域网灯光进行位置调整，制作出整个客厅里的射灯照明效果，如图15-186所示。

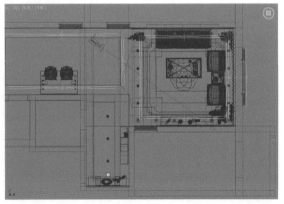

图15-186

**06** 在"修改"面板中，为VR-光域网灯光的"IES文件"属性添加"射灯A.IES"文件，设置"颜色模式"为"颜色"选项，设置"颜色"为橙色，设置"强度值"为300，如图15-187所示。其中，"颜色"的参数设置如图15-188所示。

**07** 设置完成后，渲染场景，添加了射灯照明的客厅渲染结果如图15-189所示。

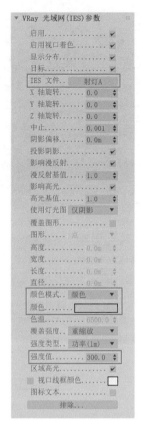

图15-187

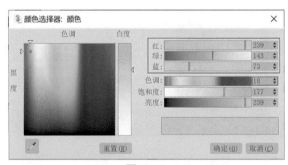

图15-188

图15-189

## 15.4.16　制作玄关灯光照明效果

**01** 单击"创建"面板中的"VR-灯光"按钮，如图15-190所示。

**02** 在场景中如图15-191所示位置处，创建一个VR-灯光来模拟玄关上方的灯光照明效果。

图15-190

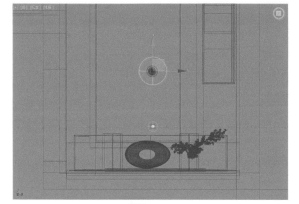

图15-191

**03** 在透视视图中，移动其位置至玄关顶部灯光模型位置处，如图15-192所示。

图15-192

**04** 在"修改"面板中，展开"常规"卷展栏。设置灯光的"类型"为"圆形"，"倍增"的值为2，灯光的"颜色"为白色，如图15-193所示。

图15-193

**05** 灯光的参数设置完成后，在透视视图中，对其进行复制并分别调整角度和位置至图15-194所示。

图15-194

**06** 设置完成后，渲染场景，添加了玄关灯光后的客厅渲染结果如图15-195所示。

图15-195

**07** 最后，将每一步灯光添加完成后的渲染结果放在一起，通过对比来观察这些灯光添加之后的图像渲染结果，如图15-196～图15-199所示。

图15-196

图15-197

图15-198

图15-199

## 15.4.17 渲染设置

**01** 打开"渲染设置"面板，可以看到场景中已经预先设置好使用VRay渲染器渲染场景，如图15-200所示。

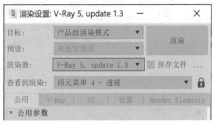

图15-200

**02** 在"公用参数"选项卡中，设置渲染输出图像的"宽度"为1200，"高度"为900，如图15-201所示。

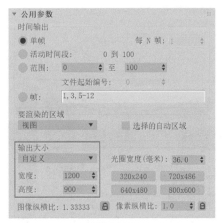

图15-201

**03** 设置完成后，渲染场景，渲染结果如图15-202所示。

图15-202

## 15.4.18 后期处理

**01** 在"V-Ray帧缓冲区"面板中，可以对渲染出来的图像进行细微调整。单击"图层"选项卡中的"创建图层"按钮，如图15-203所示。

**02** 在弹出的下拉菜单中单击"曲线"命令，如图15-204所示。

图15-203　　　　　　图15-204

**03** 在"曲线"卷展栏中，调整曲线的形态至图15-205所示，可以提高渲染图像的亮度。

图15-205

**04** 以相同的方式添加一个"曝光"图层，在"曝光"卷展栏中，设置"曝光"的值为0.05，设置"对比度"的值为0.05，如图15-206所示，增加图像的层次感。

图15-206

**05** 本实例的最终图像渲染结果如图15-207所示。

图15-207

**06** 以相同的操作步骤渲染本实例中的另外两个摄影机角度，渲染结果分别如图15-208和图15-209所示。

图15-208

图15-209